新城镇田园主义 重构城乡中国丛书

生态网络：绿道景观规划设计

么永生 黄生贵 吕明伟 主编

中国建筑工业出版社

INTERCONTINENTAL
北辰西路
规划三路
(天辰西路)

《新城镇田园主义 重构城乡中国》丛书编委会

《生态网络：绿道景观规划设计》编委会

主　　编： 么永生　黄生贵　吕明伟

副 主 编： 黄　然　孙起林　许宇华　黄　通　赵世鑫

编　　委： 卞宗盛　蔡明达　蔡秀琼　曹晓钧　陈　翔　陈建名　董　曦　董文秀
范　娜　高云昆　黄　然　姜海军　李　兵　李元睿　梁　炯　廖自涵
刘大伟　刘　洋　卢忠华　路　磊　吕佳怡　罗　华　马　娱　潘晓岚
宋　阳　孙少婧　万　文　王奕修　吴　妍　谢　琳　谢文贵　熊亚平
杨蕉榕　于新江　于宗顺　杨培莉　计　云　梁全才　王毓莉　刘　洋
田孝团　吴　刚　陈　瑜　周文娟　何慧莹　许宇华　徐震海　慈云飞

参编单位： 北京市海淀区园林工程设计所
北京中联大地景观设计有限公司
北京市园林古建设计研究院
北京景观园林设计有限公司
上海普陀区园林建设综合开发有限公司
上海诚培信园林企业发展有限公司
上海贻贝景观设计有限公司
上海点聚环境规划设计有限公司
上海朗道国际设计有限公司
上海现代建筑设计集团
天津市雅蓝景观设计工程有限公司
江苏大千设计院有限公司
深圳市四季青园林花卉有限公司北京分公司
济南同圆建筑设计研究院有限公司
台湾老圃造园工程股份有限公司
台湾合圃股份有限公司

总序一　新城镇田园主义

2011年，中国城镇化率已经达到51.27%，城镇人口首次超过农村人口，达到6.9亿人，到2013年，中国大陆总人口为136072万人，城镇常住人口73111万人，乡村常住人口62961万人，中国城镇化率达到了53.7%，具有悠久历史的中国完成从农业社会结构向以城镇为主导的社会结构的转变。这一转变过程迄今已经历近百年，预计到2030年，中国城镇化率有可能达到70%左右，基本完成城镇化。21世纪，中国新型城镇化进程将对全球发展产生深远影响，随着中国新型城镇化规划与建设步伐的加快，我们必须重新审视我们的城乡规划思路和方法、重新审视人与自然环境的关系。

在全球城镇化发展浪潮中，每一次城镇化的大发展都能产生里程碑式的规划思潮和方法，第一次英国的城镇化浪潮大约用了近200年时间，在这期间诞生了《明日的田园城市》这本城市规划的伟大著作，奠定了近代城市规划学发展的基础。第二次美国及北美国家城镇化浪潮从1860年到1950年，用了90年的时间，在这期间诞生的区域规划学说以及后来的设计遵从自然、新城市主义、精明增长等新的规划思潮涌动，继续探寻着城市之间以及城乡之间和谐发展的理想模式。被称为第三次城镇化浪潮，即我国的城镇化过程与美国城镇化过程几乎一样长，约一百年左右。但是中国城镇化不同于英美等发达国家和地区的城市化道路，中国是世界上人口最多的国家，面临着人地关系矛盾突出、资源短缺、地区发展不平衡、速度与质量不匹配等诸多挑战。发展的时代需要科学的理论指导和科学的实践方法，更需要理论研究成果转化成解决实际问题的实战技术。

显然，自19世纪末、20世纪初针对现代城市发展的现代城市规划学诞生以来，理想城市发展模式的世纪探索从未停止，比较著名的规划理论和思潮如城市公园运动、城市美化运动、田园城市理论、卫星城镇理论、有机疏散理论、新城市主义、景观都市主义、生态都市主义等。然而这些极具远见、思潮澎湃的规划思想一方面多关注于城市发展，对于乡村地区的发展并没有给出很好的思路；另一方面其思想创新有限，即便是在解决西方发达国家自身的城市发展上也乏善可陈，更远远不适应发展中国家和转型国家所面临的挑战和问题。

没有了山水田园牧歌式的理想，“田园将芜胡不归”？我们的家园又该何去何从？以心为形役，规划思想上的拿来主义，反映在城市规划建设上就是可怕的规划功能主义盛行，城市也就没有了思想灵魂，如此这般又怎么指导我国城镇化规划建设的可持续发展呢？

因此，中国的城乡规划建设领域需要自己“接地气”的规划理念和思想，来满足新型城镇化进程中现实发展的需求，切切实实解决中国城乡大地上遇到的问题。新城镇田园主义规划理念的提出符合政策，合乎时宜，不失为一种新的城乡规划思想方法。

新城镇田园主义是在中国传统的山水田园自然观、天人合一哲学思想的基础上提出的城乡一体化发展构想与规划理念，对于推动形成人与自然和谐发展的城乡一体化新格局具有一定的启发意义。

从文化传承看，中国人历来钟情山水田园，从孔子《论语·雍也》中的“智者乐水，仁者乐山”、庄子《庄子·知北游》中的“山林与，皋壤与，使我欣欣然而乐欤”、魏晋陶渊明的“采菊东篱下，悠然见南山”到20世纪90年代钱学森提出的山水城市，再到中央城镇化工作会议公报中“让城市融入大自然，让居民望得见山、看得见水、记得住乡愁”，中国人的山水田园情结源远流长，承传了数千年。

从人文地理空间角度看，新城镇田园主义理念从自然物质空间渗透到生活空间和精神空间，从山水延伸到林田、乡村和城市，贯穿于广泛的时空、资源、环境、城乡之间，所提出的以山为骨架，水为脉络，田为基底，林为绿脊，城（镇、村）为内核的山—水—林—田—城（镇、村）和谐发展的山水田园城市（镇、村）人居环境建设模式，有利于重塑和谐的城乡生产、生活、生态空间，重构人文环境与自然环境相协调、融合的城乡一体化空间格局。

从规划理念看，新城镇田园主义是在新型城镇化快速发展背景下提出的，认为山水田园城市（镇、村）、绿色基础设施、产业集聚区等是新型城镇化建设、统筹城乡区域发展、重构城乡中国的重要组成部分。山水田园城市（镇、村）为城乡居民构筑和谐的人居环境；绿色基础设施重塑国土大地景观，重构城乡中国的生态基础；产业集聚区发展加速产业集聚，增强城镇化建设进程中的“造血”功能，强力支撑城乡发展。中国传统的山水田园文化以及以此为基础形成的自然观、哲学观应用到现代城乡规划建设中，并为之提供一套完整的规划思路和可行方案来解决城乡规划建设中复杂的现实问题，具有重大的规划思想创新性，但更需要长期、艰辛的探索和努力。

新城镇田园主义重构城乡中国是一种期许，也是一个目标，真实而生动地凝聚了中国天人合一的哲学思想精髓和数千年来华夏传统文化中的山水田园情结。

我们每一个人都可以为国家和民族的发展贡献自己的一份力量，规划设计师更是责无旁贷！《新城镇田园主义 重构城乡中国》丛书，内容丰实、观点新颖，理论联系实践，是国内数十家规划设计院与相关科研院所的合作结晶，是在对规划案例实践进行归纳总结基础上编写而成，是我国最新研究新型城镇化规划设计的一套著作。全套丛书理论和实践相结合、文字论述和图纸图表相结合，表现形式好，可读性和应用性强，能为我国新型城镇化建设提供良好的启发和经验借鉴。

当前，中国新型城镇化、城乡统筹发展再度进入改革推动新发展的重要时期，且进入取得历史性突破的关键时期。党的十八大首次专篇论述生态文明，把生态文明建设摆在五位一体的总体布局的高度来论述，首次把“美丽中国”作为未来生态文明建设的宏伟目标，并明确指出“把生态文明建设放在突出地位，融入经济建设、政治建设、文化建设、社会建设各方面和全过程，努力建设美丽中国，实现中华民族永续发展。”产业发展、社会繁荣、城乡和谐，山水田园，美丽中国，是一种真实存在，也是人们为之向往和追求的中国梦。

每一位华夏炎黄子孙心中都有一块田园，一个梦想，田园梦、中国梦真实生动地深深扎根在中国人的心中，激励着每个中国人为国家的发展繁荣和中华民族伟大复兴而奋斗。

是为序！

中国科学院地理科学与资源研究所

刘家明　研究员、博士生导师

2014 年 11 月

总序二　新城镇田园主义 重构城乡中国

——21世纪风景园林师的责任和担当

在世界文化交流史上，东学西渐比近代的西学东渐要早得多，有着一千多年的历史。东学西渐是一个和西学东渐互相补充的过程，对世界文化的发展有十分深远的影响。其实很久以来，欧洲就一直渴望了解中国，早在罗马帝国时期，中国的丝绸作为一种奢侈品就曾在上流社会引起轰动，古丝绸之路也由此成为连接东西方之间经济、政治、文化交流的重要载体，上下跨越了2000多年的历史。

早期西方商人和旅行家，尤其是传教士，是东学西渐的重要使者，“中国热”在欧洲开始流行。17~18世纪欧洲文化思潮中引发了中国文化热的一个高潮，“中国热”盛行，东学西渐，汉风正劲。这一时期正值清朝的康乾盛世，疆域辽阔、社会安定、经济繁荣、文化昌盛……中国的盛世图景惊羡了整个欧洲，中国文化艺术开始引领欧洲时尚，中国的文学、艺术、建筑园林等文化的各个领域对英国乃至欧洲产生了重要影响。

18世纪，随着圈地运动、启蒙思想运动以及东学西渐等各种社会文化思潮的影响，日不落帝国英国相继出现了坦普尔、艾迪生、蒲伯等热爱中国文化并歌颂美丽大自然的自然风景式造园思想家，为自然风景更加深入人心奠定了基础，使整个国家都沉浸在对于自然风景、乡村景观的热爱与追求之中。一时间，英国贵族和资产阶级更加崇尚乡村田园和自然风光，精心经营并开始美化自己农庄牧场，风景式造园热潮高起，人人都在美化自己的园子，全国面貌焕然一新。因此1760~1780年，即工业革命开始时期，成为英国庄园园林化的大发展时期，也是英国自然风景式造园的成熟时期。

实际上英国在城市化开始以前，即完成了乡村地区国土大地景观的重构，走的是乡村包围城市的路子，这是与美国和中国大不相同的地方。

英国作为工业革命的摇篮和世界上城市化水平最高的国家之一，乡村田园成为这一国家的景观标志和国家特征，尤其是受风景式造园影响最深远的英格兰，英式乡村景观成为其民族景观形象的缩影，被普遍认为是真正的英格兰之心。如今，起伏的地形、蜿蜒的河流、自然式的树丛和草地，以农场和牧场为主体的乡村景观，在很大程度上构成了英国国土景观的典型特征，成为英国国家景观的象征。当然，威廉·肯特、朗斯洛特·布朗、威廉·钱伯斯、汉弗莱·雷普顿等造园大师功不可没，他们的努力改变了英国18世纪国土大地景观，重塑了一个全新的英国国家景观特色。

可以这样理解，在18世纪下半叶，英国工业革命开始时期，庄园园林化发展达到巅峰，持续上百年的自然风景式造园完成英国乡村地区国土大地景观的重构。而早在17～18世纪初，早期的殖民者将英国风景式造园带到了美国，整个19世纪，杰斐逊、唐宁以及后来的沃克斯、奥姆斯特德等设计大师在继承欧洲风格的基础上，建立标准的建筑式样，并重新定义了乡村，为年轻的美国建构了整体的国家景观风貌，重塑了田园式的美国理想和生活。受欧洲风景式造园的影响，杰斐逊成为美国风景园林最忠实的实践者，造就了帕拉第奥式建筑和自然风景的完美融合。如果说《独立宣言》是美国梦的根基，自由女神像是美国梦的象征，那么，杰斐逊所创造的帕拉第奥式建筑与自然风景相结合的田园牧歌式景观，则代表了广阔的美国国家景观的梦想。杰斐逊提倡改变美国荒野原始的自然，营造田园牧歌式的景观效果，并建立起一套精确的平行分配土地的数学系统，构建了美国国家的大地网格和田园式美国理想，几乎影响了全美所有的国土布局和城乡结构，形成了至今我们从飞机上俯瞰整个美国壮观的大地网格化的田园景观。这一在美国国土大地景观重构上的创举成为田园式美国理想的典范，美国梦的国土景观梦想的真实写照。

18~19 世纪的工业革命不仅带来了生产方式的改变，也带来了生活方式的改变，使成千上万人从农村和小城镇移居到城市之中，城市人口迅猛增加，人口超过 50 万的欧洲城市有 16 座。1880 年，伦敦人口为 90 万，巴黎人口为 60 万，柏林人口为 17 万；到 1900 年，这一数字分别增至 470 万、360 万和 270 万。无疑 18、19 世纪工业革命是西方城市迅速发展的时期。随着全球城市化发展的到来，其视角多转向城市，然而随之而来的是一系列的城市问题：人口爆炸、城市基础设施缺乏、流行病蔓延、社会阶级差距拉大……因此在 19 世纪末、20 世纪初，针对现代城市发展的现代城市规划学诞生，理想城市模式的世纪探索也由此开启。比较著名的规划理论如城市公园运动、城市美化运动、田园城市理论、卫星城镇理论、有机疏散理论等。

1898 年，埃比尼泽·霍华德出版《明日，一条通向真正改革的和平道路》，1902 年修订再版，更名为《明日的田园城市》。霍华德在书中提出了带有开创性的城市规划思想；论证了城市规模、布局结构、人口密度、绿带等城市规划问题，提出一系列独创性的见解，是一个比较完整的城市规划思想体系。田园城市实质上是城和乡的结合体，是一种兼有城市和乡村优点的理想城市。霍华德设想的田园城市包括城市和乡村两个部分，认为“城镇与乡村必须联姻，除了幸福的结合之外，还将孕育出一个新的希望、一种新的生活和一个新的文明。”田园城市理论对现代城市规划思想起到了启蒙作用，被公认为最具经典性的城市规划理论专著，被誉为“迷茫时代的理性之光”。同时期，也出现了一批关心人民生活环境建设的城市规划理论家，尊称为“人本主义城市规划理论家”，最为杰出的代表是帕特里克·格迪斯和刘易斯·芒福德。格迪斯强调城市和区域之间不可分割的联系，把毕生的主要精力用于在世界各地举办城市展览会，宣扬自己的思想观点；芒福德则在很大程度上继承和发展了格迪斯的理论，用其丰富的著作（毕生撰写了 30 多本书和千余篇论文）传承自己博大精深的思想。

但似乎这些规划理论和思想并没有给 20 世纪的城市化发展开出一剂“济世良方”，西方的工业化和城市化发展迅猛，城市郊区化无序蔓延，环境与生态系统破坏严重，城市发展饱受诟病，城市时代大都市的梦想依旧那样遥不可及。当梦想照进现实，让生活更美好的城市依旧如此不堪一击，从而进一步激发起有识之士对都市梦想、生活方式和生态环境的反思。20 世纪 50 年代至 70 年代，道萨迪亚斯的人类聚居学（1954 年）、简·雅各布斯的《美国大城市的死与生》（1961 年）、雷切尔·卡逊的《寂静的春天》（1962 年）、麦克哈格的《设计结合自然》（1969 年）、德内拉·梅多斯等人撰写的《增长的极限》（1972 年）等学说与著作相继问世，在世界各地尤其在西方引起了强烈的反响。

在 20 世纪中叶城市发展最为迅猛的美国，正当大多数主流规划观点都主张消除城市贫民窟，由政府主导进行大规模旧城更新建立新的大都市时，1961 年，一位坊间主妇、城市异见者简·雅各布斯二十万字的著作《美国大城市的死与生》出版，在当时的美国社会引起巨大轰动，成为美国城市规划转向的重要标志，对美国乃至世界城市规划发展影响深远。这本非专业人士撰写的非专业书籍，却成为关于美国城市的权威论述，不但启发了美国 20 世纪 70 年代以后各种类型的强调以社区和居民为主体的社区规划，还在美国城市旧城更新的重大问题及当代城市建设方面影响深远，甚至启迪了 20 世纪 90 年代的一些建筑师和设计师,发起了“新城市主义”运动，继续探索城市时代大都市的梦想。

新城市主义以田园城市和现代城市的失误为出发点，以终结郊区化蔓延为己任，向郊区化无序蔓延宣战，并对城市郊区化的扩张模式进行了深刻反思。1992 年，新城市主义的创始人之一彼得·卡尔索普重新阐释美国城市与郊区的发展模式，提出“以公共交通为导向”的开发模式，试图从传统的城市规划设计思想中发掘灵感，核心是以区域性交通站点为中心，以适宜的步行距离为半径，设计从城镇中心到城镇边缘，重构环境宜人、具有地方特色和文化气息的紧凑型邻里社区。

然而，20 世纪 90 年代末，景观都市主义悄然崛起，对新城市主义理念提出了质疑和挑战，成为郊区化的捍卫者，新城市主义者将这一流派视为自己主要的对手，甚至认为景观都市主义是“拉美式的政变”。

景观都市主义以新的景观概念为核心，宣称景观突破学科的界限，取代建筑作为城市塑造的媒介，正如其代表人物查尔斯·瓦尔德海姆在世纪之交发表的景观都市主义基本宣言中宣称的那样“在这种水平向的城市化方式之中，景观具有了一种新发现的适用性，它能够提供一种丰富多样的媒介来塑造城市的形态，尤其是在具备复杂的自然环境、后工业场地以及公共基础设施的背景下”。因此，景观都市主义更多地被认为是城市的生存策略，主张在城市设计中将自然区域、开放空间和建筑物实体整合为一个和谐的整体系统。

现任哈佛大学设计研究学院院长的莫森•莫斯塔法维，在 21 世纪初是景观都市主义最有力的支持者，在传承景观都市主义思潮的基础上，提出了生态都市主义，并于 2009 年在哈佛组织召开生态都市主义大会，以期把哈佛大学设计学院转化为生态都市主义的大本营，继续探求人们的都市梦想。

正如同新城市主义一样，也很难给景观都市主义、生态都市主义下精确的定义，他们更多属于与现代主义思潮相对应的后现代主义思潮。哈佛的设计大师们效仿唐宁、奥姆斯特德、麦克哈格等设计先驱，期望创造其当年的辉煌，解决城市发展的现实问题。但不管从哪个方面来说，他们的理论都还只是一个刚刚起步、尚未成体系的理念，其影响也远没有宣扬的那么大。从实践项目来看，景观都市主义作品颇为有限，生态都市主义作品更是凤毛麟角，更多体现在概念、理念、思潮阶段。景观都市主义、生态都市主义是悖论还是真理，其应用和效果恐怕还有待实践检验。

从 18 世纪以来，英美等发达国家已率先实现了城市化的快速发展，城乡重构日趋完成。我国经过 30 年的城市化发展，数据显示，2013 年末，中国城镇化率升至 53.73%；到 2020 年，城镇化率将达到 60%；2030 年中国的城镇化水平将达到 70%,中国总人口将超过 15 亿人，届时居住在城市和城镇的人口将超过 10 亿人。中国的新型城镇化建设拥有着巨大的发展潜力，面临着重大历史机遇，但我们必须清醒地意识到，千百年来形成的国土景观风貌、传统生活方式以及地区产业结构正在经历着由于发展所带来的前所未有的挑战，发生着深刻的时代巨变。正如2013年，吴良镛先生在《明日之人居》著作中所言“美好的人居环境是生成中的整体，这种整体是人工创造与自然创造完美结合的产物，城与乡、城市与山川河湖、建筑物与场所、建筑物中与各种技术、技术的融合等都反映了这种整体性。近代的中国人居环境对此逐渐淡然了，其原因多样。

为今之计，是需要寻找失去的整体性。途径之一是寻找、重组已经破裂的，尚未完全消失的传统中国的‘相对的整体性’，意在利用局部的整体性，进行新的重构和激发，在混沌中建构相对的整体。”

城乡统筹发展，规划设计先行。从东学西渐、风景式造园到新城镇田园主义，伟大的中华传统文化是我们设计创作的源泉。在新型城镇化时代背景和新的功能要求下，如何继承和发扬传统的、优秀的华夏文化是我们不可回避的责任，如果离开了其赖以发展的传统文化这一沃土，便如无源之水、无根之木，势必会导致其生命力的丧失。当然，以国际化的视野和专业背景为招牌，在欧美等发达资本主义国家都还停留在“概念”阶段的规划理念和思想，只能博一时之眼球，并不能切实解决中国大地上的发展问题。中国的问题还是要靠中国人民自己来解决，中国新型城镇化道路还是要靠中国自己的规划设计师来探索！“接地气”的规划设计作品必然是融合了世界先进文化与科技和中华民族文化与艺术精华的、具有中国特色的现代设计，代表这种中国特色现代设计的力量，不是西方设计师，而是为数众多的、扎根在中华民族文化与艺术殷实土地上的规划设计师。

发展的时代需要科学的理论指导，科学的实践方法，为促进新型城镇化建设进程中山水田园城市（镇、村）、绿色基础设施、产业集聚等方面的研究和可持续发展，相关科研院所、规划设计单位等合作，相继出版《新城镇田园主义 重构城乡中国》系列丛书。本套丛书将从城乡统筹产业发展、规划布局、社会建构等角度组织海内外生态、地理、规划、旅游、建筑、园林、农业等各个领域的专家学者与设计单位共同编写，将最新理论研究成果与经典规划案例相结合，理论研究与实践并举，加强行业内外的互动交流，为构建新型城镇化健康可持续发展之路提供智力支持，希望能够对业界有所启发。

“民族的，才是世界的”，
梳理—分析—承传—重构
华夏传统之大端源远流长……

我们应以开放的、民主的和负责任的方式来对待中国大地上发生的事情，通过更为因地制宜的规划设计语言，重构尚未完全消失的传统中国、城乡中国，重构尚未失魂的自我……

新城镇田园主义 重构城乡中国
从一寸土地，一份产业，一处风景，一抹乡愁……
开始

编者

2014年7月于林泉艺术馆

前言

我国道路绿化的历史由来已久，3000 多年前，春秋末年左丘明编撰古代最早一部叙事详尽的编年体史书《春秋左氏传》中“列树以表道，立鄙食以守路”，这是我国最早的关于道路绿化的记载。《国语 · 周语》鲁襄公曰：“周制有之曰：列树之表道。”意思种植树木以标明道路，多种植于官道上，广植的如松、柳、榆、槐等树种。《汉书 · 贾山传》中秦代“为驰道于天下，东穷燕齐，南极吴楚，江湖之上，滨海之观毕至。道广五十步，三丈面树，厚筑其外，隐以金椎，树以青松”。驰道是中国历史上最早的国道，也是世界上最早的公路体系。秦驰道在平坦之处，道宽五十步 (约今 69m)，隔三丈 (约今 7m) 栽一棵树，道两旁用金属锥夯筑厚实。 汉至南北朝间，城市建设有了很大发展，便出现了林荫道路，城市道路两旁开始种植松、柳、榆、槐等树种。汉都城御道多用水沟或墙隔成三道，沟旁植柳，路旁种榆槐。隋朝在今洛阳城西营建东都，宫城正门外大街宽 100 步，道旁植樱桃和石榴两行作为行道树。唐代除官道种植槐树外，长安等市内道路绿化更是十分普遍，京城大道两侧，槐树排列成行，有如排衙，故称槐衙，其他道路绿化树种还有榆树、柳树、杨树等，且强调多层次乔、灌木的搭配造景。

欧洲进行道路绿化的历史亦同样悠久，古罗马时期就有栽植行道树的记载。文艺复兴以后的欧洲国家甚至通过颁布道路栽植行道树的法律来促进道路绿化的发展。欧洲道路绿化最典型的案例是 19 世纪豪斯曼主持的巴黎改造计划中林荫大道建设，一条条宽敞的大道贯穿各个街区中心，在这些大道的两侧种植高大的乔木而成为林荫大道。据史料记载仅从 1853 ～ 1870 年的 17 年间，巴黎市区一共种植了超过 10 万棵树木，如今林荫大道为全世界城市规划建设所借鉴采纳。在 19 ～ 20 世纪的美国，林荫道被园林设计大师奥姆斯特德、查尔斯 · 艾略特、克利夫兰分别应用在了纽约中央公园、波士顿公园系统以及明尼阿波利斯公园系统中，成为主导城市区域发展的空间格局，成为城镇化建设发展的典范。

21 世纪，随着科学技术的日新月异和现代工业文明的高速发展，城市化进程加速，道路建设蓬勃发展，快速便捷的道路网承担着交通运输的功能，满足了人们日益增长的人流和物流空间转移的要求。道路不仅是交通功能和城市功能需求的简单直接反映，还是建立在人与自然相互协调发展基础之上的绿色生态走廊。因此道路不但具有交通功能，同时还兼具景观、生态等多种功能。产生于美国 20 世纪 70 年代的“绿道”概念受到全世界各国城市建设的追捧，多功能的绿道将分散的绿色空间进行有效连接，形成综合性的绿色通道网络，发挥了环境保护、经济利益、美学上的巨大价值。1987 年的美国总统委员会的报告中对 21 世纪的美国作了一个展望：“一个充满生机的绿道网络……，使居民能自由地进入他们住宅附近的开敞空间，从而在景观上将整个美国的乡村和城市空间连接起来……，就像一个巨大的循环系统，一直延伸至城市和乡村”。目前，除美国之外，新英格兰绿道网络以及我国的珠三角绿道网络建设，设取得了显著成就，大尺度的“绿道网”、“城市林带”、“生态廊道”开始在新型城镇化建设发展中承担着重构城乡中国的历史重任。

道路园林景观是绿道网络建设的重要内容，也是绿色基础设施建设的重要组成部分。伴随社会对绿道网络和绿色基础设施建设认识的不断加强，道路园林景观建设亦呈现出多种多样类型和样式，其布置形式和结构也由此发生了很大变化。场地范围已不仅仅局限于道路两侧，城市广场、交通岛、隔离带、立体交叉道路、立交桥等无不属于道路园林景观的设计建设范畴。道路园林景观的内容和功能越来越丰富，不但能美化城市环境，成为现代化城市建设中重要的绿色基础设施，还能保护道路，对抗交通污染，遮挡车辆交通产生的尘土、废气和噪声的扩散；并且助于缓解城市道路产生的热岛效应，起到防风吸尘、净化空气、降低噪声的作用。

无论从大尺度的绿道网络体系还是小尺度的街头绿地、游园，其绿化建设越来越受到城市建设部门乃至社会各界的日益关注，但是，众多的绿道网络构建和道路绿化建设却差强人意，常常形成这样的尴尬局面：绿道网络听上去惊心动魄却徒有虚名、炒概念阶段居多，其连贯性及设施配置的人性化与否广受质疑；绿道网络规划建设中道路景观绿化的理念不十分明确、千路一面、缺乏特色；植物品种和配置单调，植物种植比例失衡，绿地结构搭配不合理；道路变成汽车的空间等等。

为道路园林景观建设得更加丰富美观、更具有节奏和韵律、协调的尺度和比例，为新型城镇化进程中绿道网络、绿色基础设施建设提供经验和借鉴，黄生贵、俞旭齐、幺永生组织近20家设计施工单位在大量的设计、施工成果基础上编写了《生态网格：绿道景观规划设计》一书。由设计人员到书稿编写者，这种角色的转换并不容易，从具体项目设计到抽象的归纳总结更是难乎其难。难能可贵的是，经过三年的努力，在繁忙的设计、施工工作中，成功地实现了设计师到书稿编委的角色转换，顺利地完成了该书的编辑整理工作。祝贺他们，也希望读者多提宝贵意见。

编委
2015年12月

目 录

上篇 城市道路绿化景观设计

下篇 立交桥与高速铁路站点景观设计

合作
开放包容

上篇　城市道路绿化景观设计

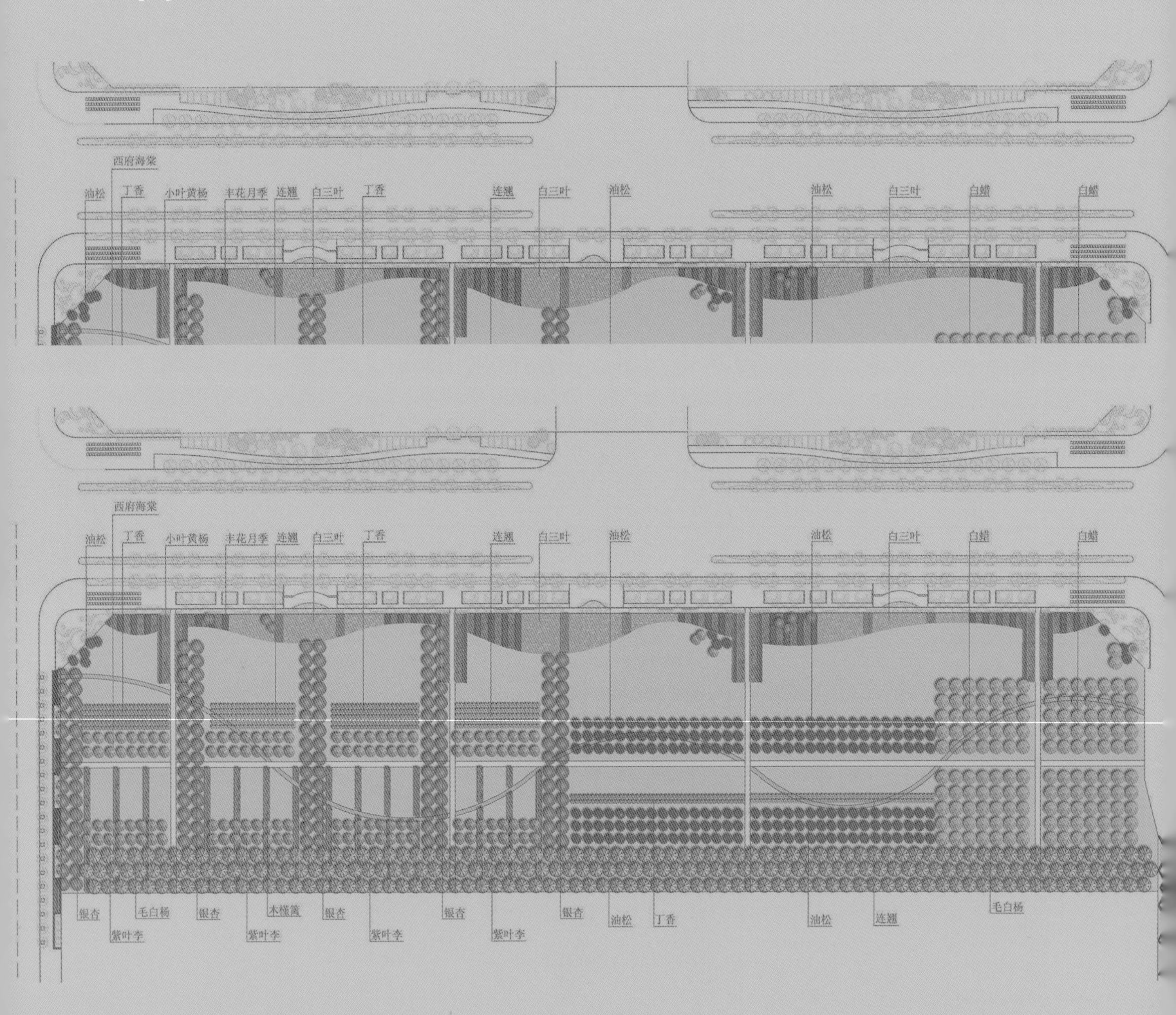

油松
白蜡
小叶黄杨
丰花月季
白三叶
油松
丁香
白三叶
西府海棠
油松
连翘
西府海棠
白三叶
油松
丁香
西府海棠
油松
白蜡
小叶黄杨
丰花月季
白三叶
油松
丁香
白三叶
西府海棠
油松
连翘
西府海棠
白三叶
油松
丁香
西府海棠
毛白杨
油松
银杏
紫叶李
连翘
油松
银杏
紫叶李
木槿篱
丁香
油松
银杏
毛白杨
紫叶李

1 山东省济南市北园大街道路及环境建设工程绿化设计

◎ 济南同圆建筑设计研究院有限公司（原济南市建筑设计研究院）

1.1 项目概况

北园大街位于济南市北部，是济南主城区内铁路以北地区东西贯通的唯一一条交通主干道，横穿天桥、槐荫、历城三区，与多条道路交汇，交通任务繁忙；道路沿线有长途汽车总站等大型对外交通枢纽，并与多条高速公路连接，是济南市一条重要的对外交通要道。

北园大街道路及环境建设工程是济南市城市建设的重点工程，它的建设将对改善交通、整合城市功能、更新城市环境、重塑城市形象、提升城市价值发挥重要作用。

规划中北园大街地面道路工程西起二环西路、东至电建路，全长 13.02km，设计道路标准红线宽 60m，匝道落地处、主要交叉口段红线宽 70m。其中地面道路中央分隔带宽 6.5m，设置高架桥墩柱及快速公交停靠站，两侧快车道各 13.75m，慢行一体各 13m，包括 3m 绿化带、4.5m 自行车道、1.5m 树池、4m 人行道。

1.2 项目分析

通过对北园大街的现场勘察以及对总体规划的解读，认为北园大街主要存在 4 个问题：

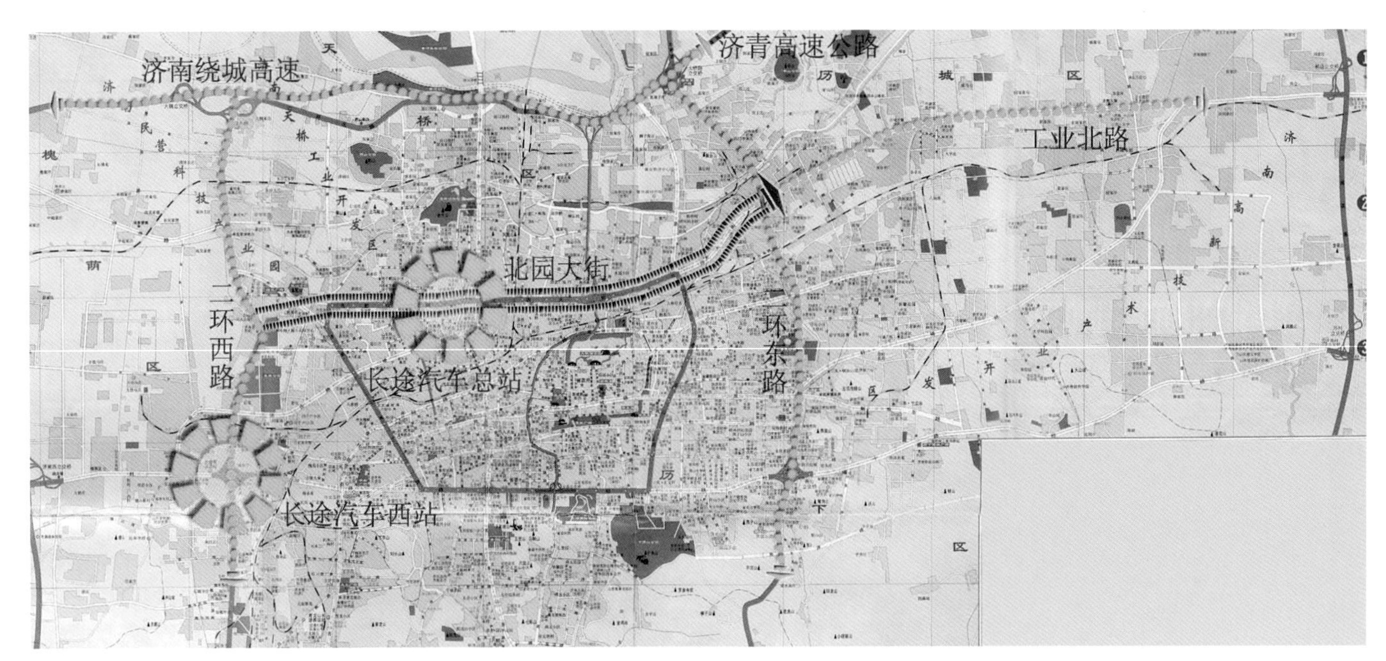

北园大街区位图

（1）道路空间功能要求复杂，绿化格局不连贯。以济洛路—历山路段为例，规划街道空间和建筑界面所围合出的步行活动空间形状多变。在设计过程中根据空间的大小和形状并结合沿街建筑开放通行、停车等功能要求布置景观绿地等来丰富街道内容，提升街道环境质量和城市形象。

（2）绿化界面单薄，层次单一，空间比较单调

（3）车流量大、车速快、噪声强，对周边居民干扰较大。

（4）植物立地条件差，光照和雨水条件不理想。

1.3 设计构思

对此，我们对北园大街的绿化提出了“生态性、环保性、艺术性、安全性、协调性”五大原则，并依据设计原则，确定了“时间、空间、发展”的设计主题，强调北园大街以植物造景为主，合理的利用植物本身因时序物，四季变化丰富的特点，因地制宜，适地适树，强化植物与道路环境的空间关系，并配合周边建筑、小品、雕塑等景观媒体拓展北园大街道路景观变化的多样性，创造具有良好生态效益及层次丰富的立体绿化景观。

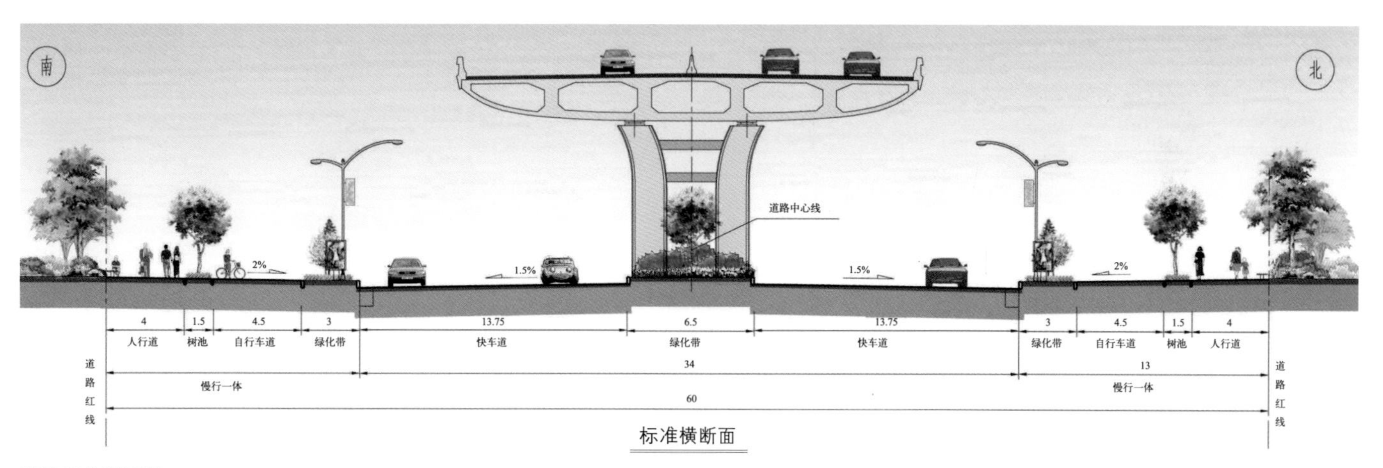

道路标准断面图

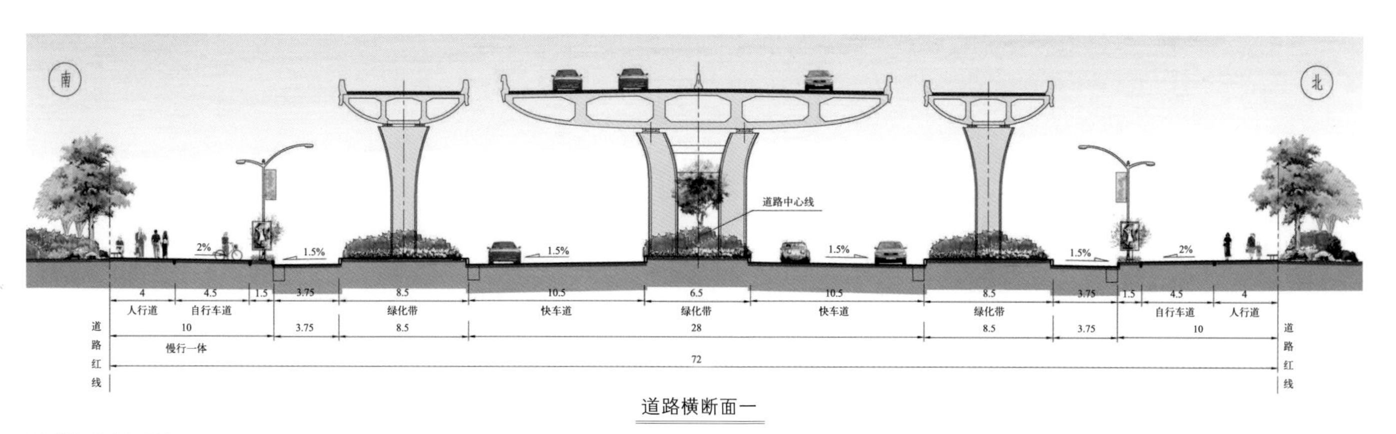

匝道标准断面图

济洛路—历山路道路空间分析图

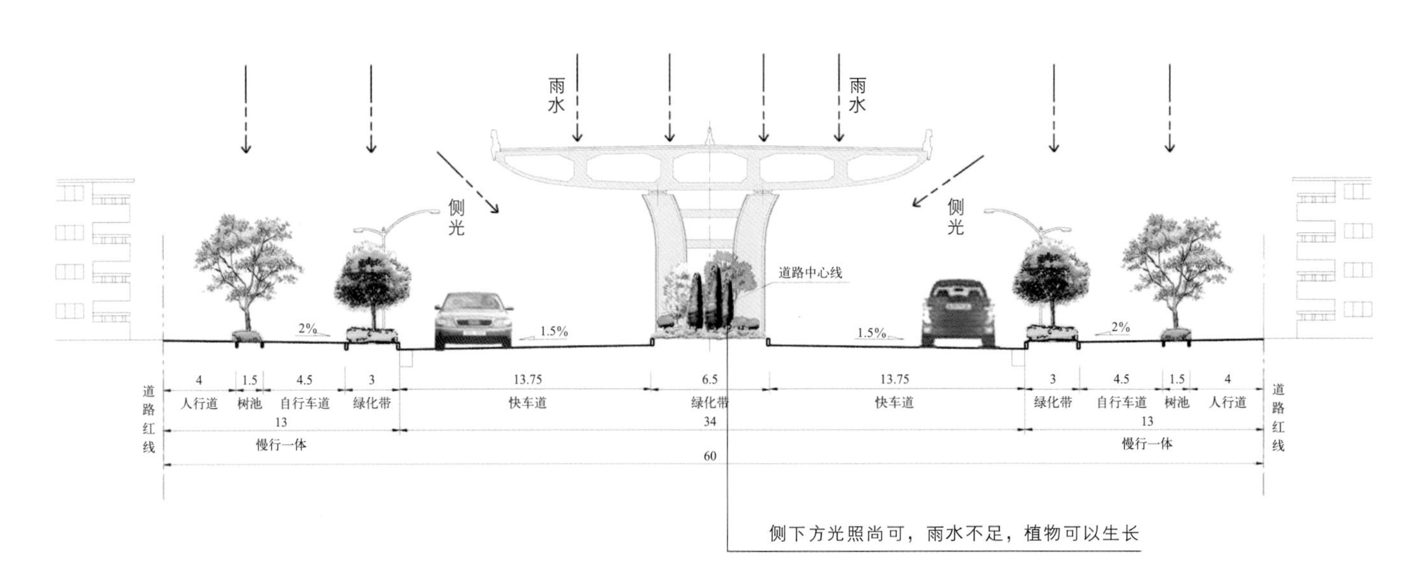

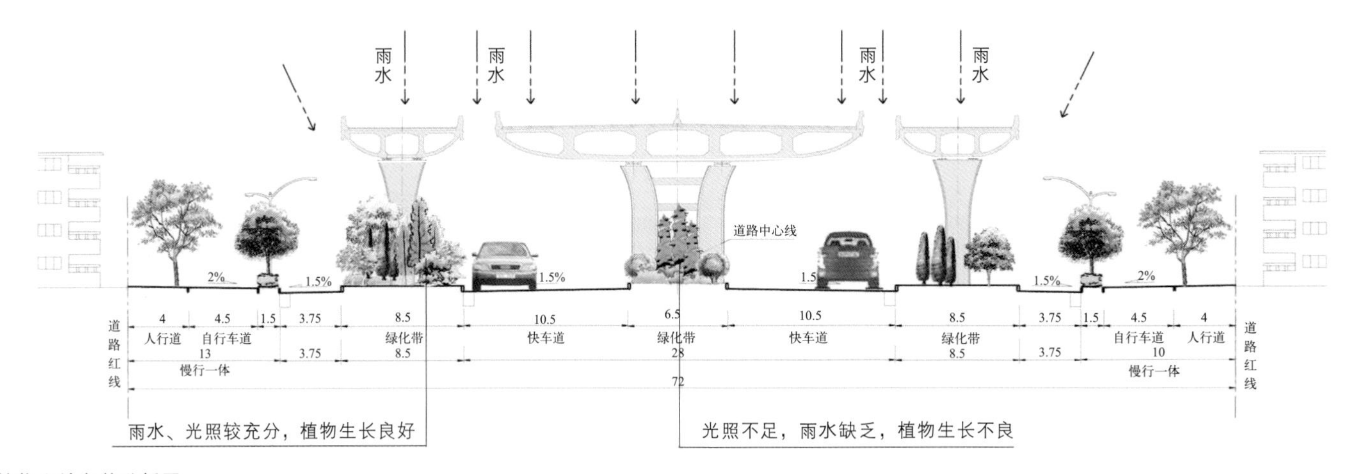

植物立地条件分析图

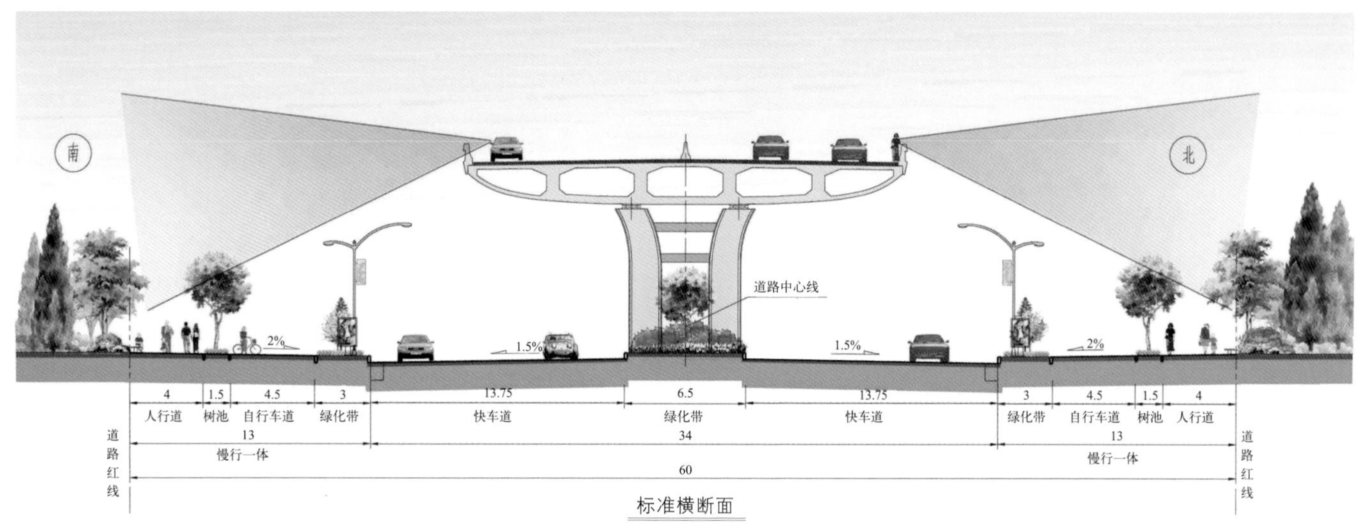

高架桥视线分析及详细景观设计

1.4　标准段绿化设计

1.4.1　道路分车带绿化

“简洁大气有花色，变化之中求统一”。

主要为机动车与非机动车之间的绿化带以及人行道与自行车道之间的绿化带。从整条大道的园林景观效果出发，每一组景观组团采取 30 ～ 40m 间隔变化的尺度，以群落式和模纹色块为主要特色，简洁大气，形态变化富有层次感和韵律美，可有效避免行人的视觉疲劳。将分车带分为三层进行设计，上木层以常绿的大叶女贞为主景树，交替穿插紫叶李、金枝槐等阔叶树种；中层为四时变化多样的花灌木，如紫薇、樱花、垂丝海棠、紫荆等；下层为线形流畅优美，风格细腻的模纹色块或整形修剪的黄杨球，同时在道路转角处适当减少乔木和灌木的种植，以地被和绿篱植物为主。

北园大街慢行一体化设计中绿化隔离带形式有两种，主要是在人行道外侧设置树池，栽植行道树，并在树池上部加设树池箅子，保持良好的行人通行自由度。

1.4.2　高架桥下绿化带

“灌木草本多层次，耐荫群落有韵律”。

北园大街规划红线内的大部分绿地位于高架桥下，由于光照条件和雨水条件不足，大部分绿化生长条件较差，设计中主要选择耐阴抗旱的小乔木、花灌木以及地被植物合理搭配，以群落式的配置手法，表现高架桥下的绿色景观，使其在层次、尺度、色彩和空间上具有丰富的变化，同时能够有效地改善混凝土桥墩带给行人的不舒适感，给人以良好的视觉感受。

高架桥标准断面主要有两种：

高架桥标准段一下绿地采光及雨水条件尚好，绿化注重行人感受，创造复合群落空间，下层种植模纹色带或剑麻、丰花月季、绣线菊等地被植物，局部点缀大叶黄杨球、红瑞木、箬竹，中层布置紫荆、金银木、黄刺玫等，上层以龙柏、紫叶李、大叶女贞为背景。

高架桥标准段二桥体与匝道间距小，投影面积较大，植物立地条件恶劣，故绿化着重表现绿色生态景观，中央分隔带以极耐荫、耐旱的小龙柏作为绿化基调树种进

分车带绿化效果图

慢行一体化设计

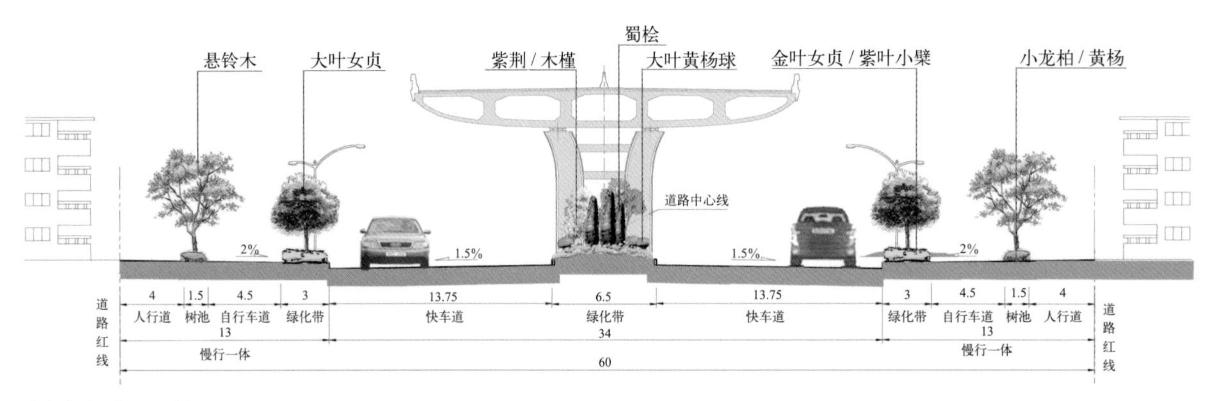

高架桥标准段一断面图

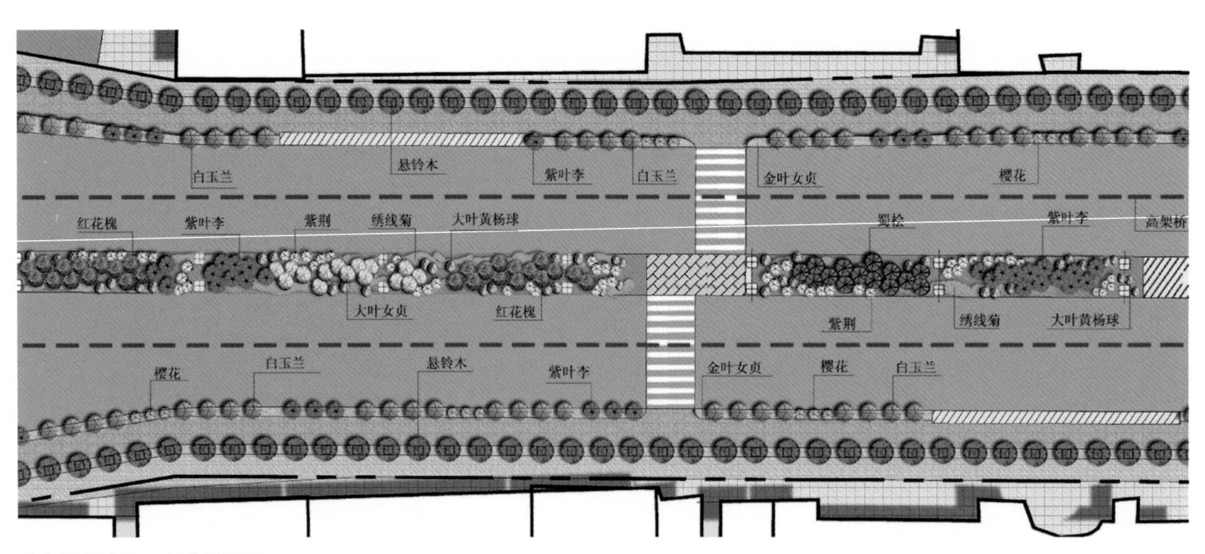

高架桥标准段一绿化平面图

高架桥标准段一绿化效果图

高架桥标准段二绿化平面图

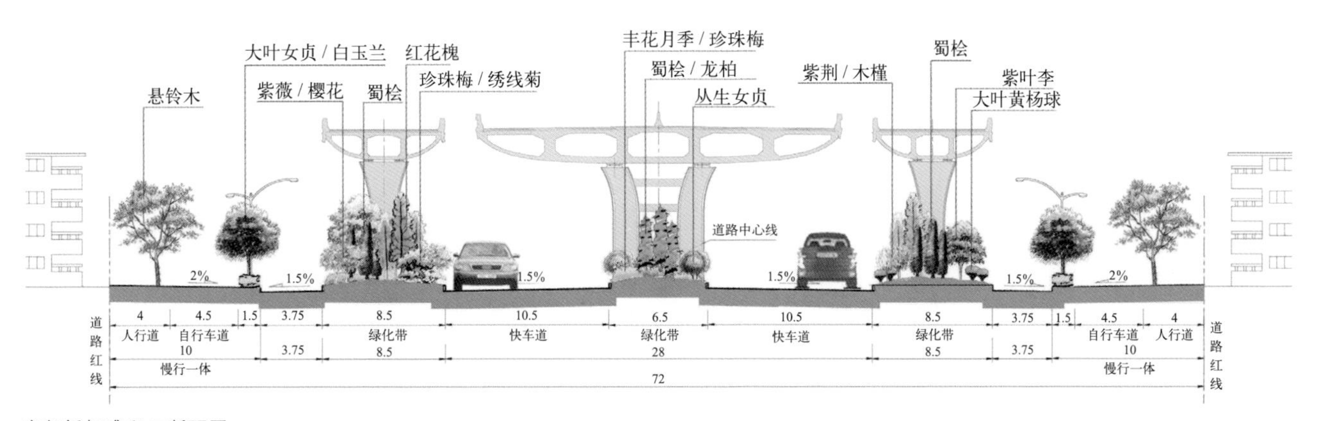

高架桥标准段二断面图

行栽植，搭配玉簪、剑麻、黄杨球等植物，并以龙柏、珍珠梅作为上木层丰富绿化景观层次。机动车与非机动车之间的绿化带，以常绿树桧柏、大叶女贞为背景，前面成丛配置的紫叶李、紫荆、连翘等构成第二层次，下面配置的大叶黄杨球、丰花月季、珍珠梅、金叶女贞等色彩明丽的小灌木和地被植物丰富了道路视觉效果。草坪地被选用管理粗放的白三叶或耐阴性极强的玉簪等。同时，为削弱高架桥混凝土桥墩的生硬感，采用常春藤、爬山虎等对桥墩进行垂直绿化。

1.5 景观节点设计

根据北园大街规划总体布局以及北园大街沿线各个道路交叉口在城市中的位置和绿化规模，将沿线各道路交叉口及绿地节点分为三个等级：区域级景观节点、城市级景观节点、街区级景观节点。

1.5.1 区域级景观节点

主要是指济南与其他城市连接密切的立交桥类节点，该类节点绿地较集中，面积较大，视线多变，能形成大

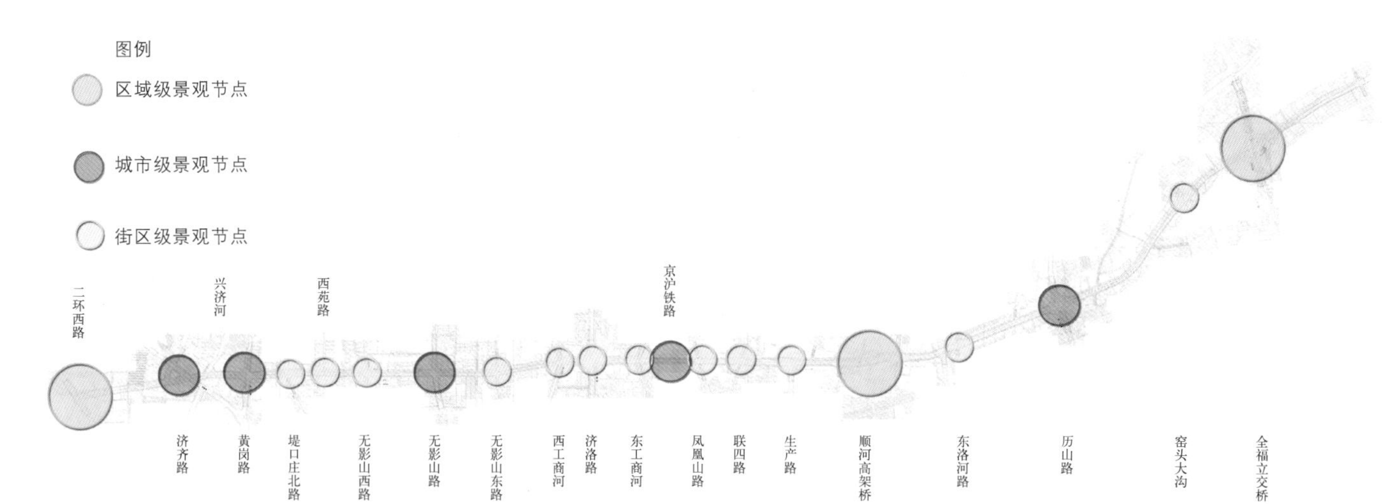

景观节点分析图

全福立交桥景观平面图

全福立交桥景观效果图

顺河高架桥景观效果图

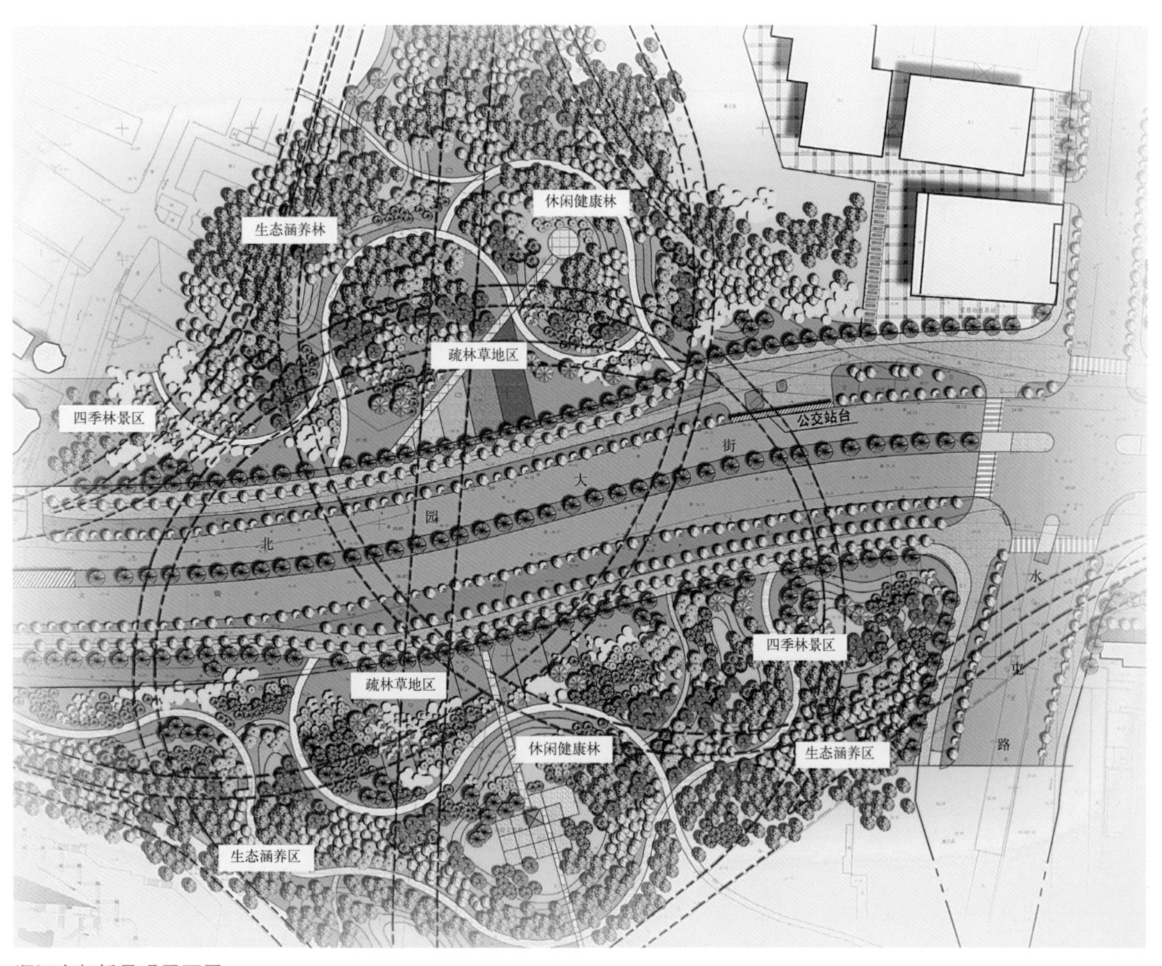

顺河高架桥景观平面图

块面与生态型的植物群落，是济南形象展示的窗口，作为标志景观段进行设计。设计中注重大比例、大尺度的应用，空间视线开阔，气势宏大，是北园大街沿线的景观亮点所在。北园大街沿线区域级景观节点主要有全福立交桥景观节点、顺河高架桥景观节点、二环西路景观节点。设计选取全福立交桥和顺河高架桥作为设计案例。

全福立交桥绿地定位为城市森林景观型绿地，总体上以乔木林形成大块面和生态型的植物群落，绿化覆盖率达 60% 以上。设计以路上行人的观赏感受为依据，创造优美、舒适的行车空间，植物群落的林缘线组织进退有致，满足立交桥下安全行车的需要，并依据周边居民的休闲需要，开辟活动广场、晨练广场、健身步道等。纵向上为突出景观林带林冠线的变化，考虑纵向上的地形起伏，平衡土方，使之富有气势，形成高低起伏且富有变化的基础地形，丰富天际线，使绿化林带林冠线起伏多变，富有节奏。植物配置均采用复合式的群落结构，以乔木为主，增加绿地叶面积系数，构成良好的绿地生态骨架，搭配灌木和地被植物，充分体现物种的多样性，并大量种植市树、市花，以体现地方特色。绿地内均以较高密度的植物群落将空间围合，主要隔离全福立交桥的噪声和灰尘。从空中俯视，如同森林绿洲，枝繁叶茂，乔木、灌木、草坪比率为 7 ∶ 5 ∶ 2，常绿树种与落叶树种比率为 4 ∶ 6。树种选择以济南当地乡土树种为主，规划植物品种约 120 种。

顺河高架桥绿地节点以大气、简洁、明快为主要特色，绿化种植以生态片林为主，考虑植物群落的林冠线

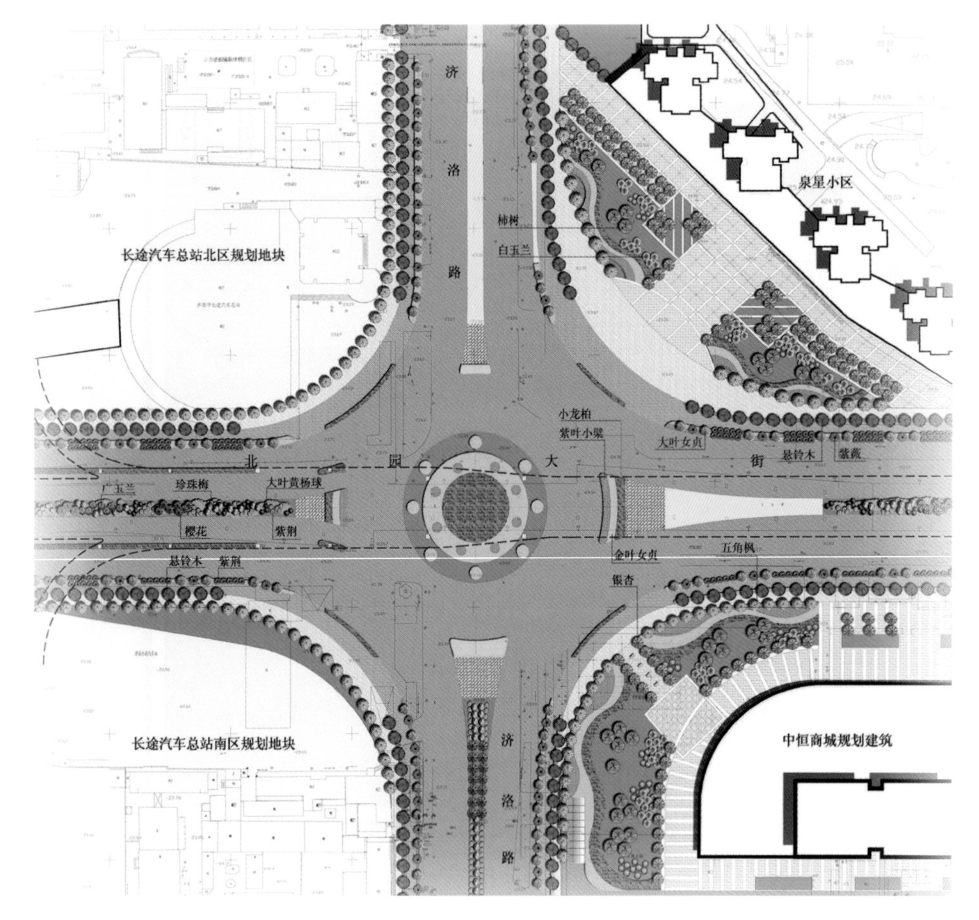

济洛路景观节点平面图

和群体色彩、季相和形体的关系，大量种植乔木，辅以各类灌木、地被，以构成复合式混交林群落，群落上层为高大乔木，中层以小乔木和灌木为主，其高度在2~4m之间，大多数为观赏性开花植物，主要设置在中间位置，底层植被主要靠内侧栽植，形成树种多样、层次丰富的植物组合群落，同时依据地形塑造、园路组织将整个绿地分为四种林相：生态背景林、休闲健康林、疏林草地区、四季林景区。

1.5.2 城市级景观节点

北园大街与其他主要城市道路的交接点，位置较为重要，具有一定的面积和规模，并具有一定的标识性。绿地设计风格着重体现现代城市形象和生活气息，追求简洁明朗，乔木、灌木和草本植物有机结合，形成四季多变的景观效果，同时特别选择部分规格较大的树木，形成该道路节点的主景，从而增强该景观节点的景观个性。城市级景观节点选取历山路节点和济洛路节点作为案例。

济洛路紧临济南长途汽车总站，是城市风貌的展示点，故在该节点设计了色彩绚丽的模纹色块和姿态优美的大型乔木，以简洁的植物组团和建筑前广场上整齐的树阵为背景，烘托了热烈的迎宾气氛，给来宾留下美好的第一印象。

道路交叉口转盘绿地由金叶女贞、小龙柏组成环形图案，并在外围草地上点缀金叶女贞色块，紫叶小檗穿插在环状金叶女贞之中，增加了色彩对比，简洁明朗，

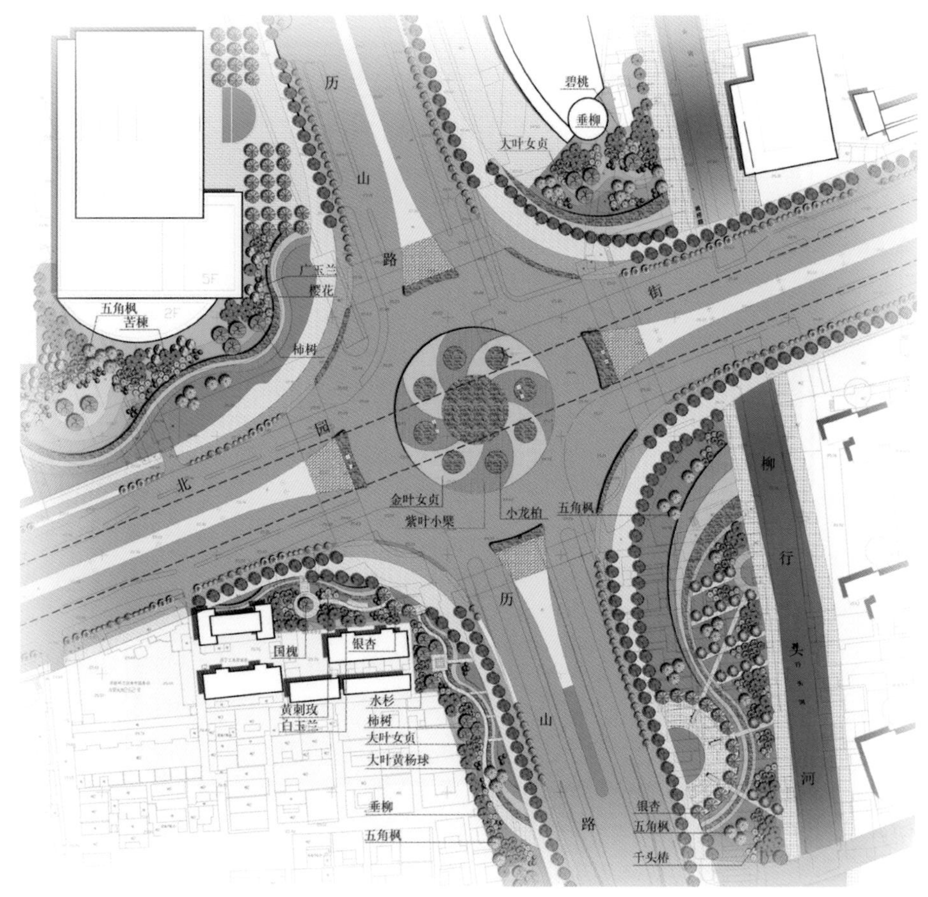

历山路景观节点平面图

济洛路景观节点东北角效果图

济洛路景观节点东南角效果图

历山路景观节点东南角效果图

历山路景观节点西南角效果图

视野开阔。

道路交叉口的东北、东南两个角延续简洁的设计风格，较多地运用了色彩鲜艳、线形流畅的植物模纹色块，与道路中心转盘相呼应，绿地内侧采用常绿、落叶乔木以及花灌木等，形成紧凑的植物组团，并在组团前栽植大型乔木，如柿树、皂角、国槐等，赋予该地块明快大气的个性，同时结合沿线建筑，将建筑前广场作为开放空间纳入城市绿地，以银杏树阵的绿化方式体现强烈的时尚感和现代感。

历山路口出于行车安全性的考虑，同时也为了创造富有时代感的道路空间，以道路交叉口中心环岛为圆点，与周边绿地一起通过自然流畅的曲线、抽象现代的造型、明朗大气的色块共同营造开阔亮丽、空间丰富有序的景观环境。

中心环岛以耐荫性较强的小龙柏作为中心圆，边缘以色彩艳丽的金叶女贞、紫叶小檗交替组合形成具有旋转动感的图案，与车辆行人的通行方向非常协调。

交叉口东南、西南两块绿地面积较大，结合建筑及河道设置休闲活动场所，在留出行车安全空间的基础上种植树形优美的大规格秋色叶乔木，突出路口的观赏性，乔木前沿种植曲线流畅的绿篱色带，通过变化的林缘线和丰富的地被群落，组合形成路口的景观亮点。

东北角和西北角两块绿地塑造起伏，通过不同植物的组合创造清新舒适的群落景观。以常绿和落叶乔木作为背景，前面片植花灌木，绿地开阔和地形高点栽植大型乔木，使该节点更富气势。

1.5.3 街区级景观节点

节点尺度较小，主要服务对象为周边居民及路人，绿化强调精致，追求细节，以丰富的绿化植物种类和细腻的绿化配置形式创造舒适宜人、色彩明快、具有四时季相变化之美的绿地景观，营造城市中一道自然、清新的风景线。同时塑造微地形，并点缀山石、雕塑、景观小品，增加座椅、花架等休闲设施，满足人们休闲活动的需要，体现对人的关怀。街区级景观节点选取京沪铁路桥和工商河节点进行分析。京沪铁路桥节点绿化以隔声降噪功能为主，铁路桥东西两个方向外围列植降噪能力突出的楸树，绿带较宽的地块增加列植雪松，形成一道浓密的绿色屏障。

邻接北园大街的节点开辟为市民休闲活动的场所，

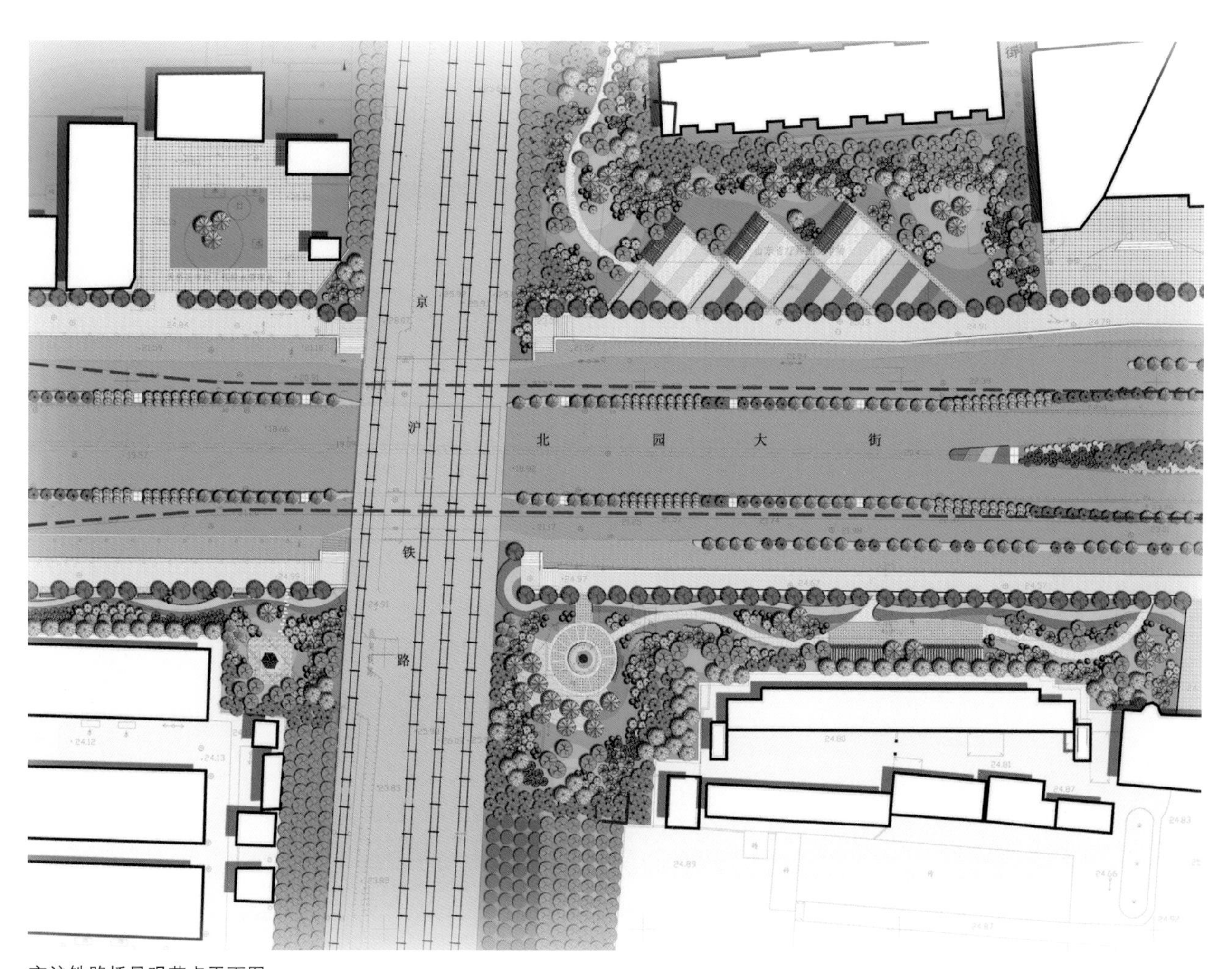

京沪铁路桥景观节点平面图

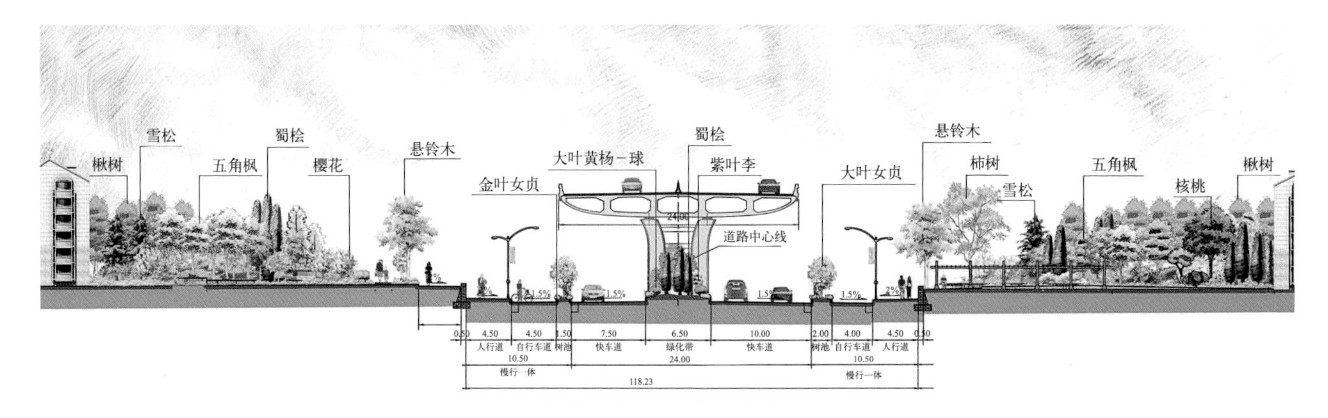

京沪铁路桥景观节点南北方向剖面图

京沪铁路桥景观节点东北角效果图

京沪铁路桥景观节点东南角效果图

京沪铁路桥景观节点西南角效果图

工商河标准段景观效果图

通过广场、雕塑、廊架、座椅等公共设施的设置，加以绿化围合，使该地块成为一个亲切宜人的人性场所。苗木种植以乔木混交生态林为主，上层植物为常绿及落叶乔木，以四时花灌木作为第二层植物，林下配置棣棠、锦带花、铺地柏、绣线菊等自然形态的地被植物，使绿化层次丰富，富有生机。

工商河节点主要设计内容有桥头道路绿化分车带以及工商河沿岸景观。

该地段高架桥覆盖面积较大，高架桥下的行人感受比较拥堵闭塞，故桥下绿地特别是各车道交叉转弯处，以开敞式设计为主，以色彩亮丽丰富的地被植物进行组合，同时以常春藤等对高架桥墩进行垂直绿化，使该绿

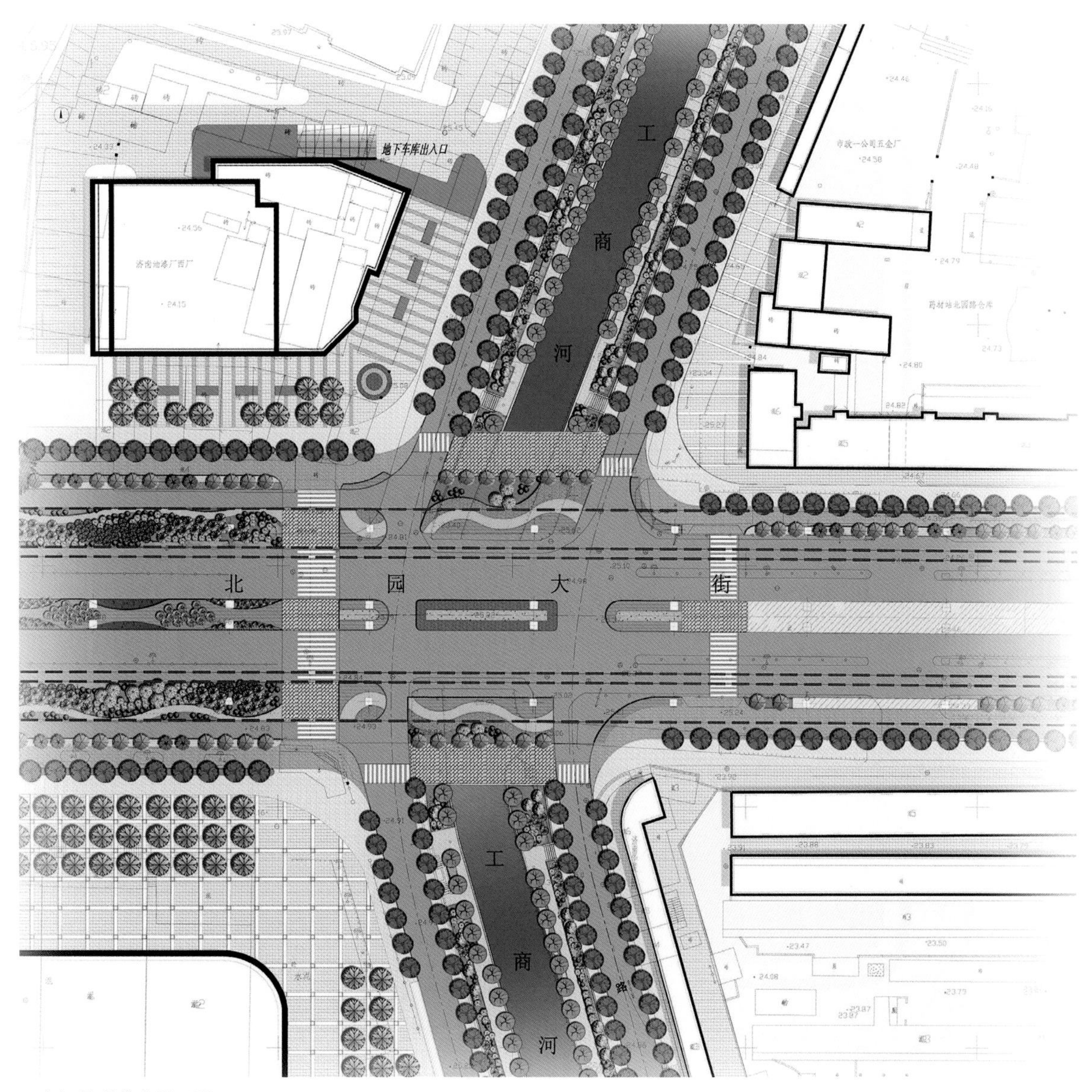

工商河景观节点平面图

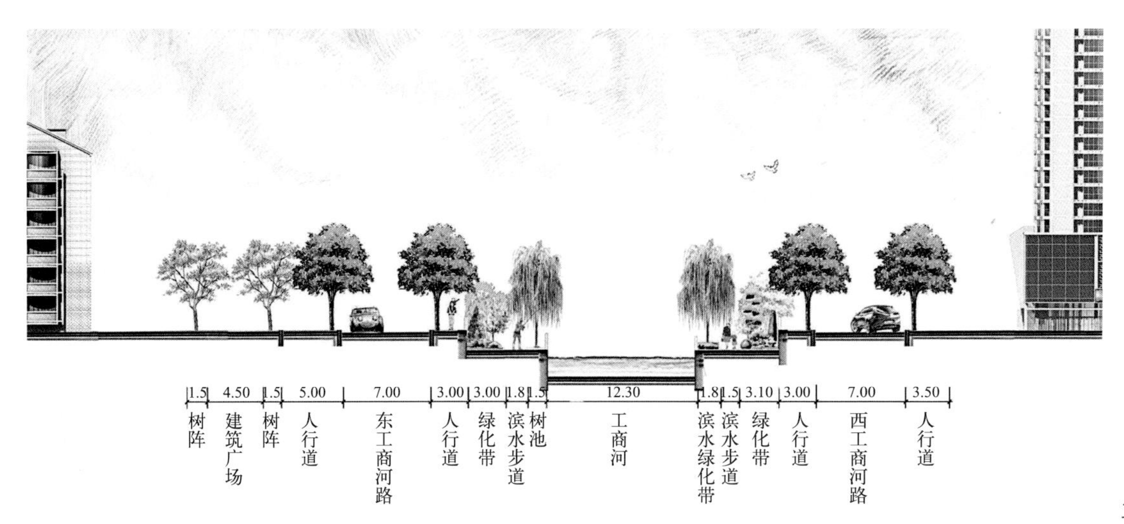

工商河标准段景观剖面图

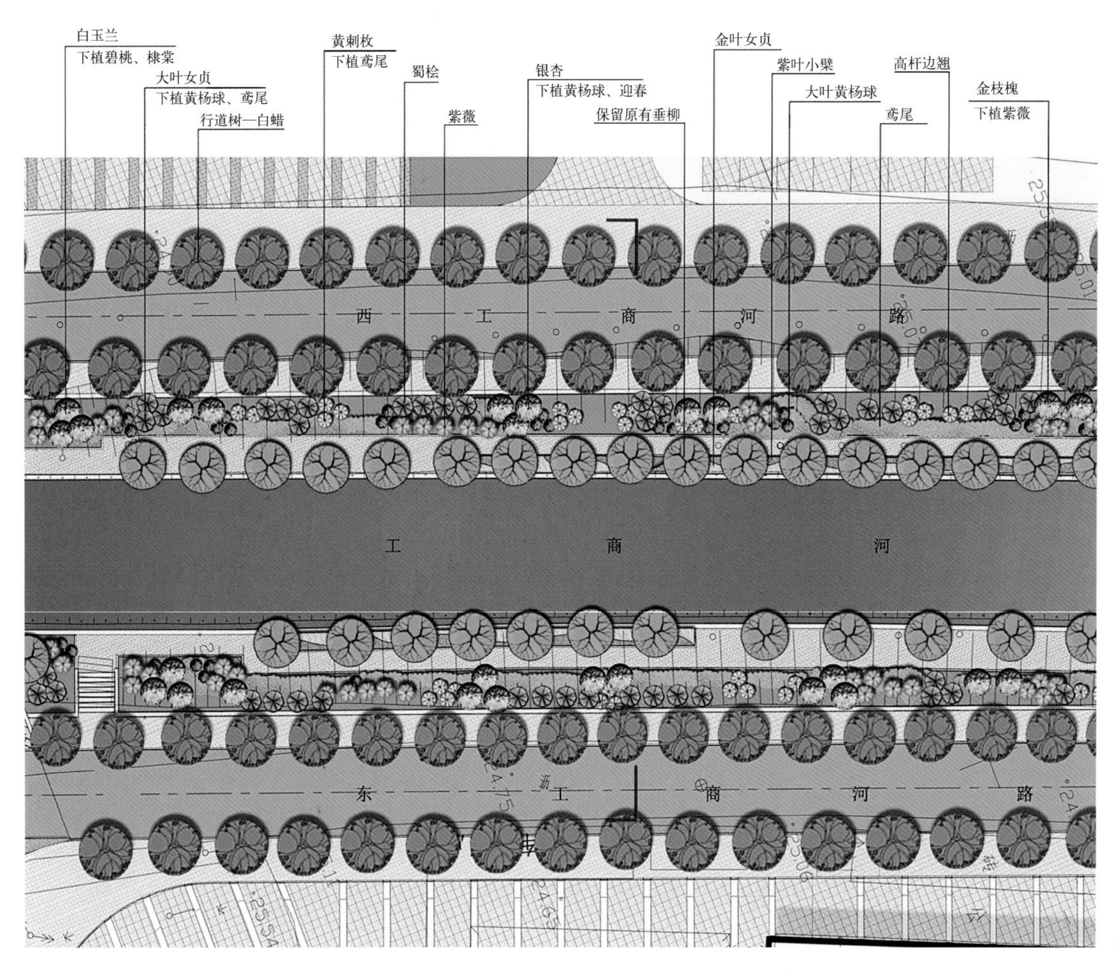

工商河标准段景观平面图

地空间色彩明亮，削弱了高架桥带给人的不舒适感受，并能有效地保证行车安全。

道路转角范围以外的道路中心隔离带以及慢性一体分车绿化带减少繁复的变化，以简洁鲜明的韵律变化形成特点鲜明的生态廊道。行道树选择合欢，分车带中配置大叶女贞、紫叶李，下层满铺金叶女贞，提高绿化色彩亮度。

同时，通过借景手法将工商河沿岸景观纳入道路绿化部分，使之成为道路沿线绿化系统的有机组成部分，通过对现有水体的改造，以及对绿化植被的保留和丰富，开辟游人亲水空间，使工商河路口的绿化纵深感加强。

1.6 实施意见与建议

1.6.1 苗木栽植密度与规格

本案大量运用乔木，配置手法以群植、丛植为主，孤植、点植为辅，规格选择上以青、壮年苗为主，保证全冠从苗圃移植，群植、片植树种的栽植密度按照所购苗木冠径（蓬径）的1.5倍间距栽植，可以避免大树的强修剪而造成的树形破坏，同时又可避免因栽植过稀而达不到预期的景观效果。当苗木生长到苗木间距偏小而影响苗木正常生长时，再进行相间移植，可继续为城市其他地方的绿化提供大苗。点植、孤植树种可选择部分大规格苗木，以大树移植的方法带土球全冠或稍修剪移植，这样可避免绿地建设初期，因苗木规格不够或按成年树间距栽植而出现景观效果差的现象，同时避免了大量栽植大规格苗木而引起的先期投入过大的现象。

1.6.2 土壤要求

设计中堆砌地形，创造景观变化，对立地土壤条件较差（如建筑垃圾堆积处）的区域应更换客土，土壤要求含腐殖质、肥力丰厚的中性土壤，土壤pH值在6.5～7.5之间。种植土厚度应根据各地段主要植物的种类以及其生长所必需的最低土层厚度确定。

对现场中存留的一些长势良好和规格较大的树木尽可能地予以保留，并结合这些树木搞好保护和造景工作。

2 北京市海淀区稻香湖路绿化景观设计

◎ 北京市海淀区园林工程设计所

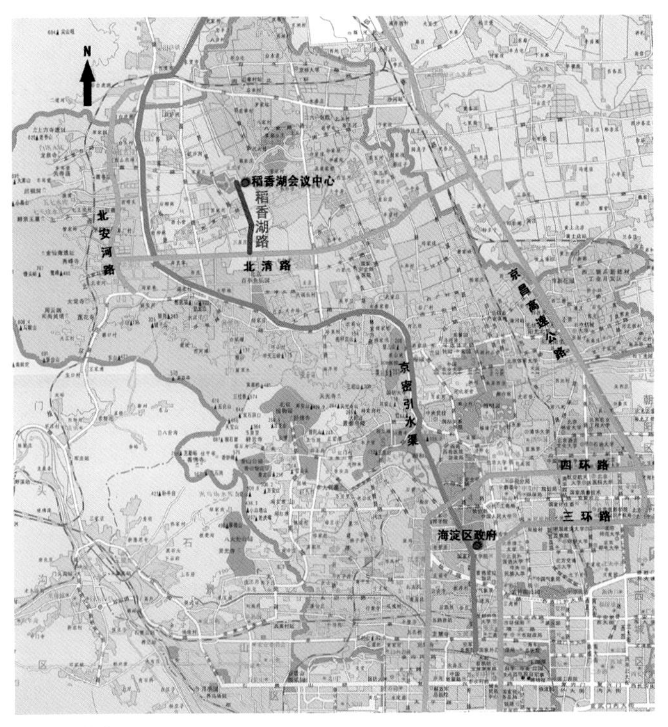

稻香湖路位置图

随着城市的发展，海淀北部地区将建设成为现代化、生态型、田园式的新区。而稻香湖风景区又是北部地区建设的重点，博鳌亚洲教育北京论坛常设会址落户于稻香湖会议中心。连接北清路与稻香湖风景区的稻香湖路成为北部地区展示海淀形象的关键道路。

2.1 项目概况

稻香湖路南起北清路，北至稻香湖会议中心，中间跨越周家巷沟，道路南北全长2.35km，东西方向各有3个车道，规划道路红线宽度为60m。

稻香湖路绿化总面积约38650m^2。其中，道路中心隔离带长度1.76km，绿化面积8117m^2；道路两侧绿化带面积约26680m^2；入口处绿化面积3850m^2。绿化工程于2005年4月完成。

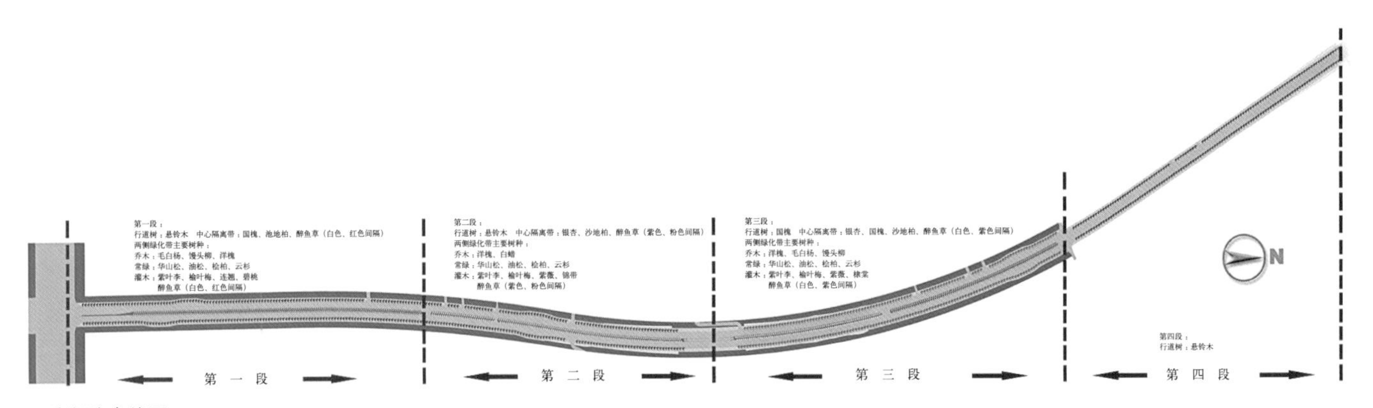

稻香湖路全线图

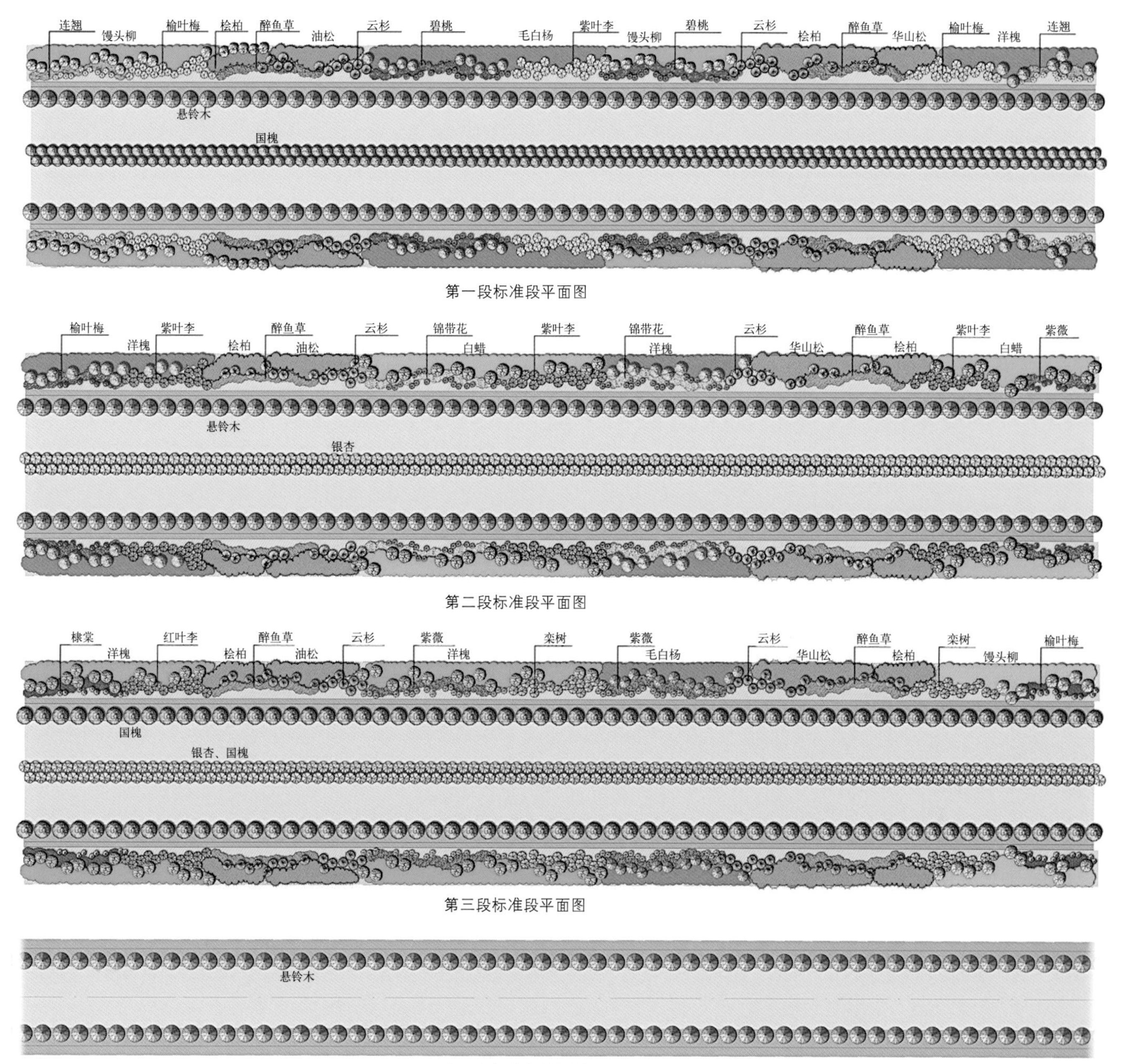
连翘
馒头柳
榆叶梅
桧柏
醉鱼草
油松
云杉
碧桃
毛白杨
紫叶李
馒头柳
碧桃
云杉
桧柏
醉鱼草
华山松
榆叶梅
洋槐
连翘
悬铃木
国槐
第一段标准段平面图
榆叶梅
洋槐
紫叶李
桧柏
醉鱼草
油松
云杉
锦带花
白蜡
紫叶李
锦带花
洋槐
云杉
华山松
醉鱼草
桧柏
紫叶李
白蜡
紫薇
悬铃木
银杏
第二段标准段平面图
棣棠
洋槐
红叶李
桧柏
醉鱼草
油松
云杉
紫薇
洋槐
栾树
紫薇
毛白杨
云杉
华山松
醉鱼草
桧柏
栾树
馒头柳
榆叶梅
国槐
银杏、国槐
第三段标准段平面图
悬铃木
第四段标准段平面图

稻香湖路标准段平面图

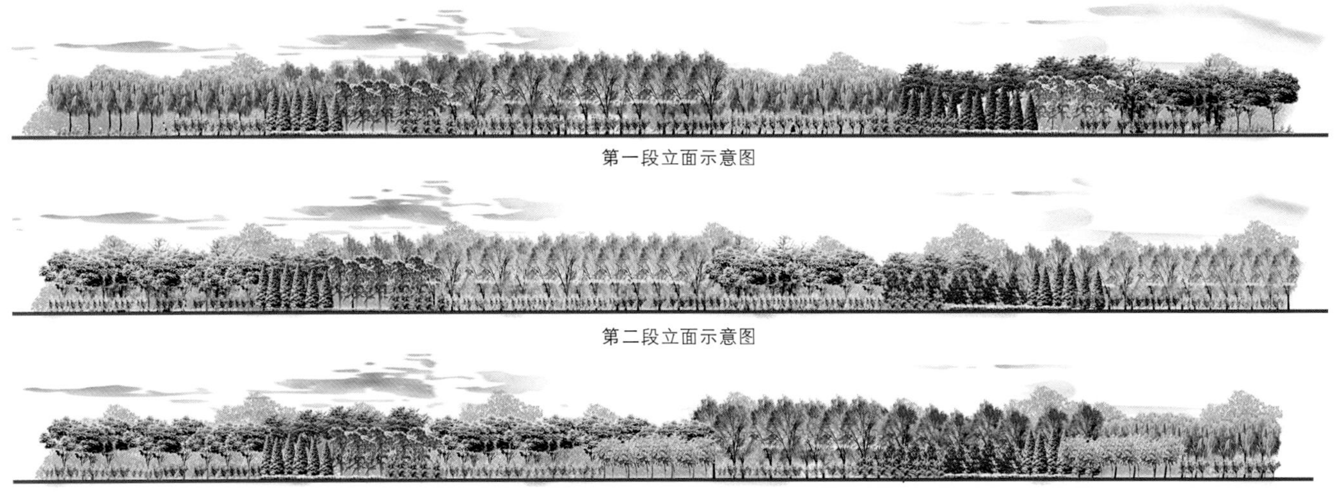

第一段立面示意图

第二段立面示意图

第三段立面示意图

稻香湖路标准段立面图

2.2 设计原则

设计总体遵循自然与生态的原则，绿化形式与城区的道路绿化有很大区别，它与北部地区及整个稻香湖风景区的大环境相呼应。景观既要凸现一时之盛，又要兼顾四时效果，同时应充分考虑今后养护和管理的成本控制。

2.3 具体设计手法

2.3.1 稻香湖路南入口设计

稻香湖路南入口是北清路上的重要节点，由于北清路上的车速较快，现有景观的整体性较强，该路口又没有明显的标志物，因此，它的识别性较差。所以，绿化设计突出路口节点，使路口景观具有一定的标志性成为设计的首要目标。

设计时保留了南入口原有的地形，将两侧的绿地扩大。以大量的垂柳作为两侧入口绿地的背景，前面采用大量具有优美姿态的油松和高大的桧柏，同时，在常绿乔木之间点缀了十几株已经具有一定生长年限的银杏，丰富秋景；在前景灌木及小乔木的配植上，为了突出春季的景观，采用了大株的碧桃和紫叶李。这样，既有明确的层次，又营造出了入口处浓厚的绿化氛围，从而使得入口处的植物景观具有一定的标志性。并且，树木的林冠线与远处西山的轮廓天际线相呼应，使得入口的景观得以向远处延伸。

2.3.2 中心隔离带设计

稻香湖路中心隔离带总宽度 5m。作为整条道路风格的集中体现，要求隔离带绿化既要整齐统一，具有整体性，又要具有鲜明的特点，体现最初的设计原则。

中心隔离带主要采用国槐和银杏两种乔木，这两种树木采用分段种植的方式，每一段沿路种植两排，间距为 2.8m，采用“品”字形交错种植的方式，使得树与树之间保留一定的间距。树下每间隔 60m 草坪种植一组醉鱼草和沙地柏，每组种植长度约为 120m，其中，中间种植醉鱼草长度约 70m，其两侧各种植 25m 长的沙地柏，同时，考虑到醉鱼草和沙地柏将来长成的形态，在设计时，使它们的种植点距道牙保持一定的距离，以避免对行车造成影响。

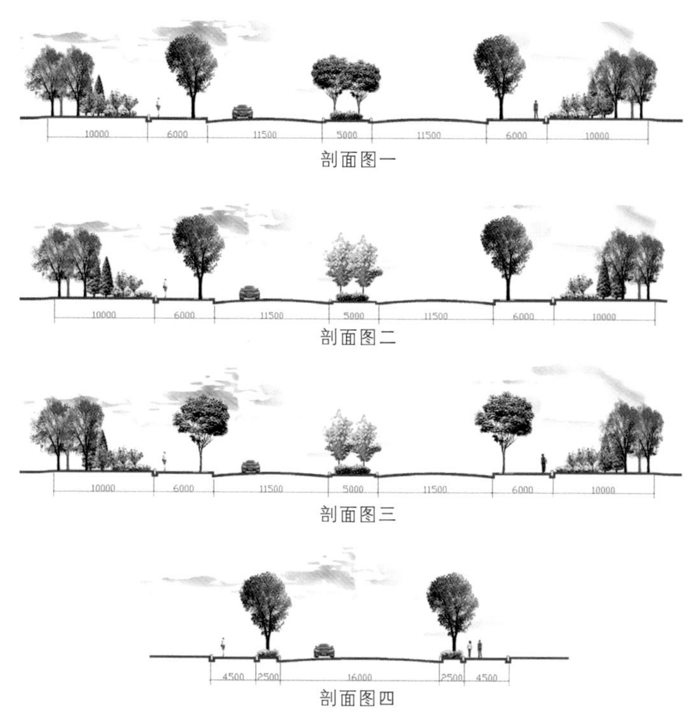

稻香湖路标准段纵断面图

道路两侧绿化带效果图

道路中心隔离带效果图

稻香湖路设计效果图

稻香湖路南入口处绿化

稻香湖路南入口隔离带的花卉应用

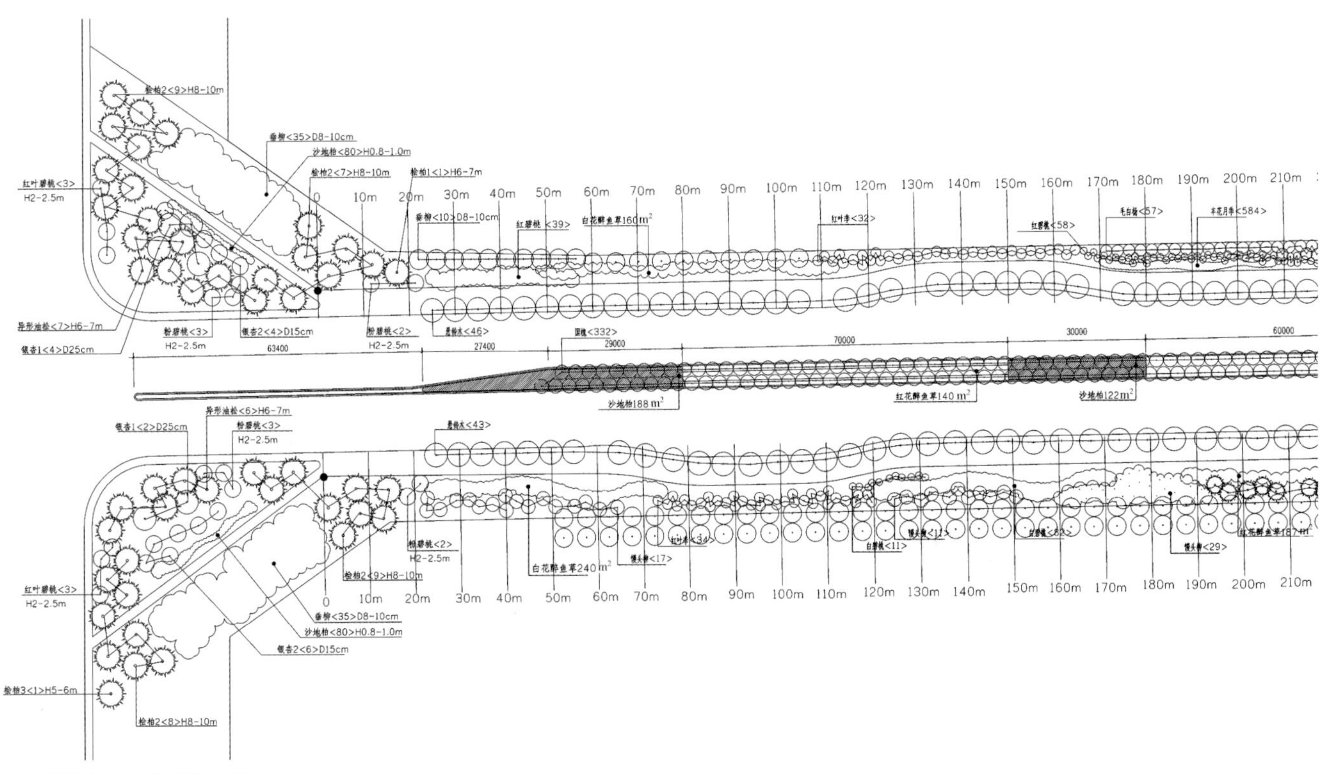

稻香湖路南入口绿化施工图

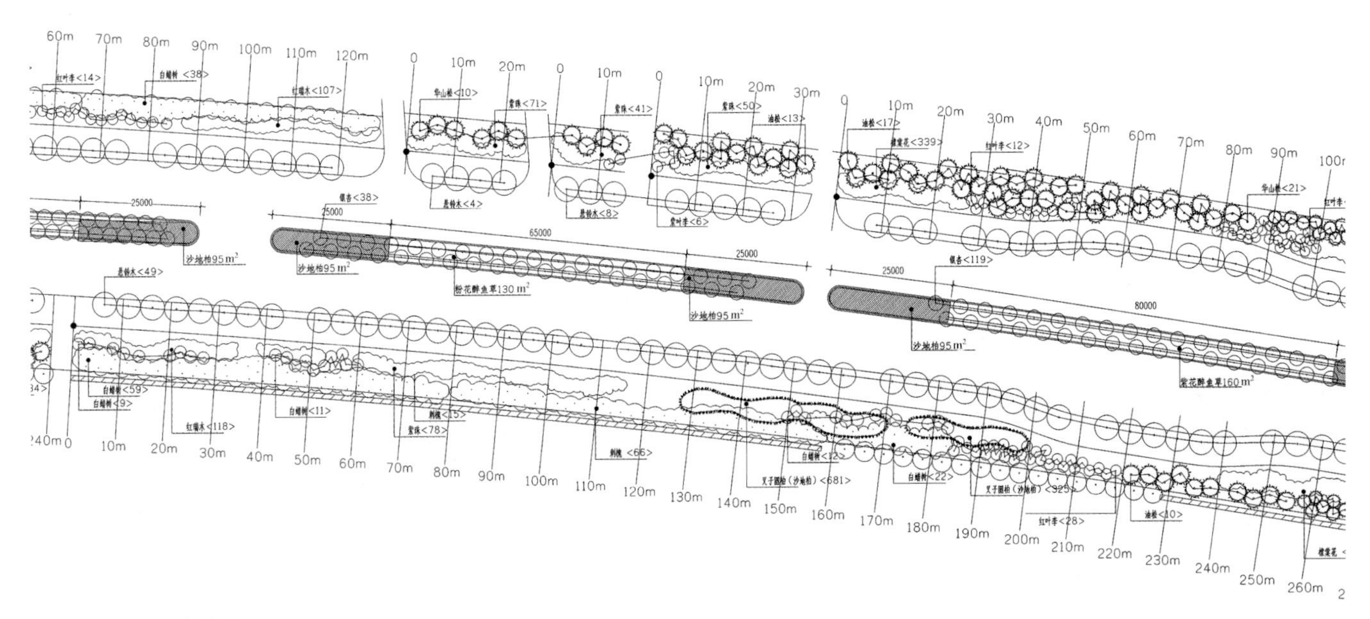

稻香湖路中心隔离带详图

醉鱼草是一种管理粗放且形态较好的灌木，生长速度较快。综合其特点，很适合在北部地区使用。其花色多样，在中心隔离带每一段采用同色的醉鱼草，在盛花时节颇有大色块的效果。

2.3.3 两侧绿化带设计

两侧绿化带种植设计主要采用自然式种植的手法。设计前设计师对绿地红线外的现状环境以及现有树木做了充分的调查，力求种植设计能够与周边的大环境融合为一体。设计采用较大尺度，同一种树木成片种植，突出植物的厚度和绿量。在绿化带中留出一定的透视线，使人们行走在道路上或是坐在车里都可以看到绵延的山脉和周围田野的风光。

两侧绿带设计采用的主要背景乔木有：毛白杨、垂柳、馒头柳、洋槐、小叶白蜡；次一级乔木主要是栾树、紫叶李；常绿部分有桧柏、油松、华山松、沙地柏；组成前景的灌木分别根据季节景观成片种植，构成春季主要景观的有碧桃（白花、红花）、迎春、紫丁香、榆叶梅、天目琼

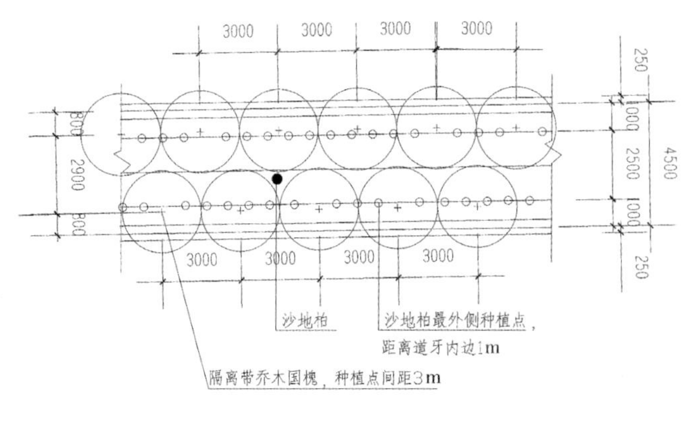

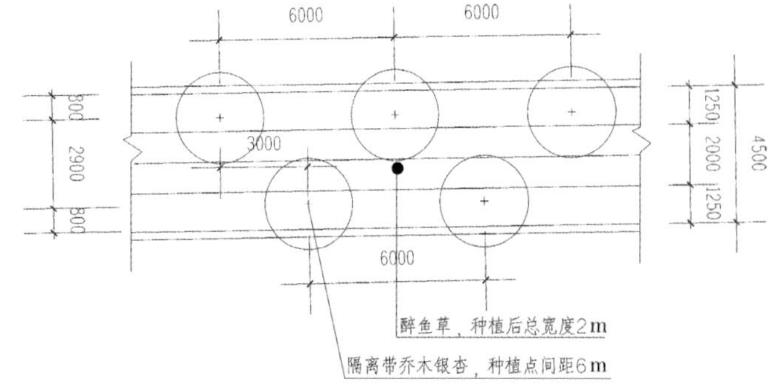

稻香湖路中心隔离带局部放大图

稻香湖路中心隔离带景观效果

稻香湖路路东绿化带景观

稻香湖路路西绿化带景观

稻香湖路路东绿化带南段景观

稻香湖路的悬铃木行道树

花，构成夏季主要景观的有醉鱼草（粉花、白花、红花、紫花）、欧洲花楸，秋季有可以观果的紫珠、观叶的黄栌，冬季有可以观干的棣棠和红瑞木。另外，还分段种植了花期较长的丰花月季。

这次设计采用的灌木，与以往道路设计中采用的苗木种类有一定的区别，更加便于养护和管理，增加了紫珠、天目琼花、欧洲花楸等平时比较少用的品种。落乔和常乔也没有单纯的作为背景树出现，而是在局部有一些植株跳到前面，作为前景点缀。这样，不但丰富了种植层次，还使植物相互融合，看起来更自然。

2.3.4 道路两侧行道树

道路两侧的行道树主要采用国槐和悬铃木。这两种树木也采取分段种植的方式，与中心隔离带的树木相呼应，共同构成稻香湖路完整的景观效果。悬铃木的秋色叶与西山的红叶交相辉映。

2.4 小结

稻香湖路作为展示海淀北部新区建设成果和海淀形象的道路，从设计前的现场调查到施工开始之后的现场配合，我们都给予高度的重视，并且付出了很大的努力。其建成后的景观，基本达到设计的预期效果。

3　渡关之翼——关渡·台北门户新意象

◎ 台湾合圃股份有限公司

3.1　前言

自 1996 年以来，台北市政府以大台北都市领域圈的概念，寻找创造空间中能引发市民认同感与归属感的元素，使市民清楚辨识都市领域圈环境的感官知觉，产生对都市社区的记忆与情感。本案借由台北都会圈的入口意象塑造，丰富台北市的城市魅力，并创造市民重新记忆台北市的活动、文化与实质空间之机会，进而使城市因市民的情感归属而拥有永恒的生命。

本基地位于台北市与台北县交界之地点——大度路与中央北路路口，是台北市山水都市之水岸门户，定位为台北县淡水地区陆路出入台北市之交通要道与地区性入口意象塑造之潜力点，并与地区之人文、历史、地形、山水生态景观意象，相互呼应。

本案设计时间适逢台北城建城 120 周年纪念，怀古惜今，本案门户意象之形塑，对于台北市 21 世纪都市领域圈之自明性定位，别有一番意义。

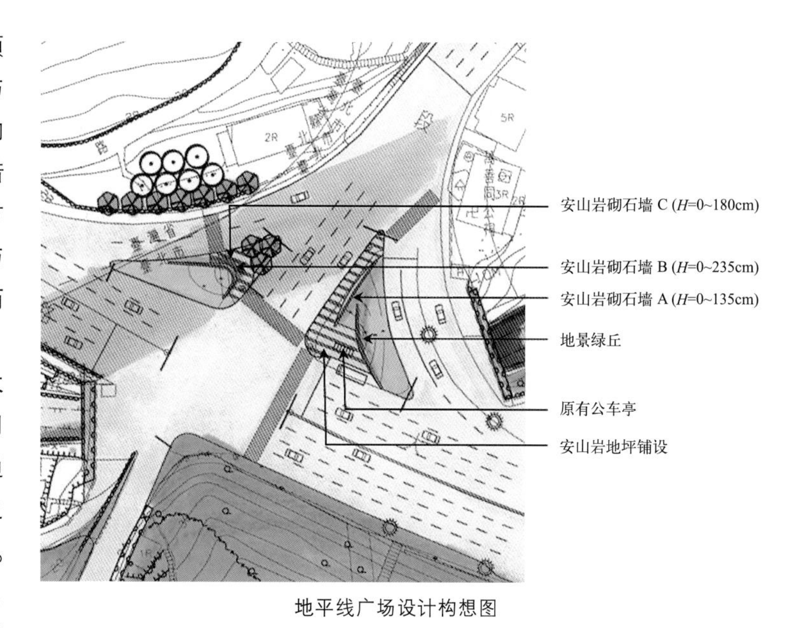

地平线广场设计构想图

3.2　设计构想

本案基地位于台北盆地西北区的门户，为湿地平原区的门户，并衔接台北县的河港意象。本基地意象唤起市民记忆起台北市曾是一个大泽盆地，是一个山水城市，孕育建构出台北市成为现今之现代商业、前卫先进、并兼具生态环保的未来都市形象。本入口意象设计范围前导空间为一段长约 320m 高架桥路段之戏剧性空间，地坪爬升高低差约 18m，

设施共杆　设施共杆　设施共杆　地景绿丘　公车亭　安山岩砌石墙
车道　中隔岛　车道　地平线广场

地平线广场入口意象构想图

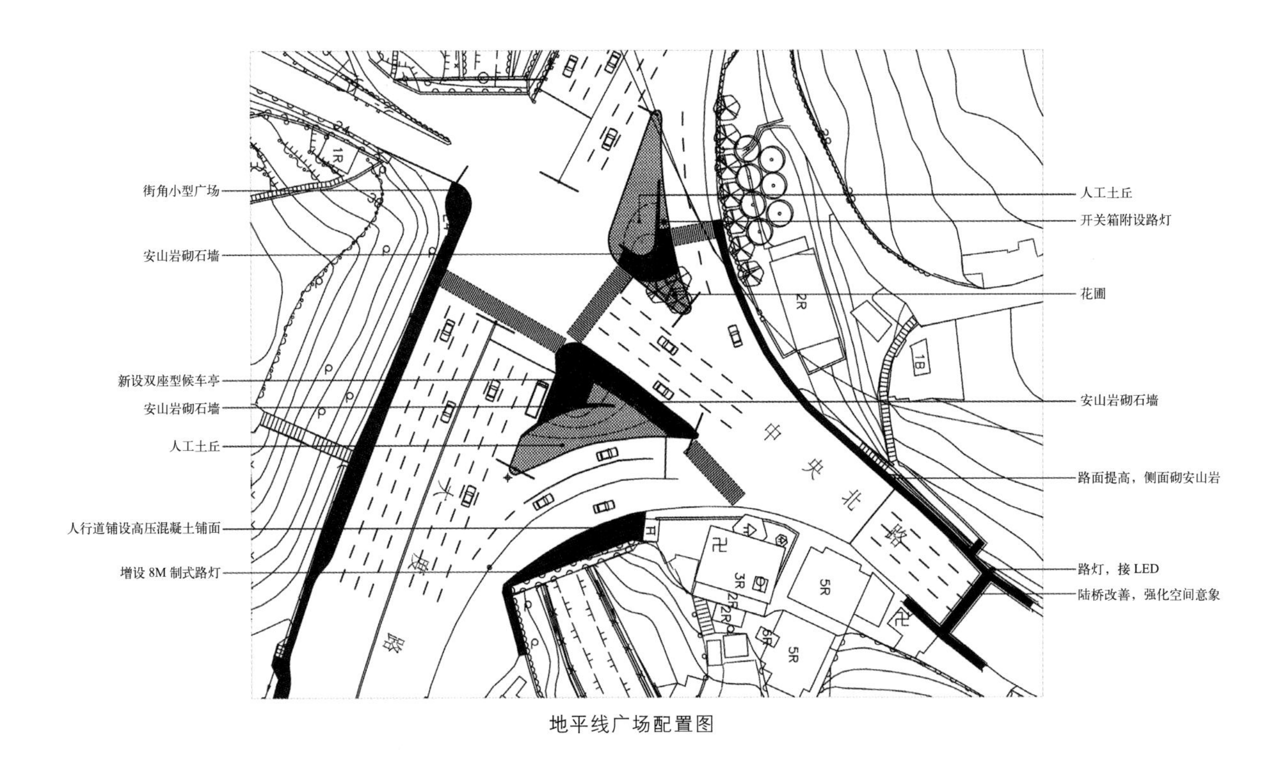

地平线广场配置图

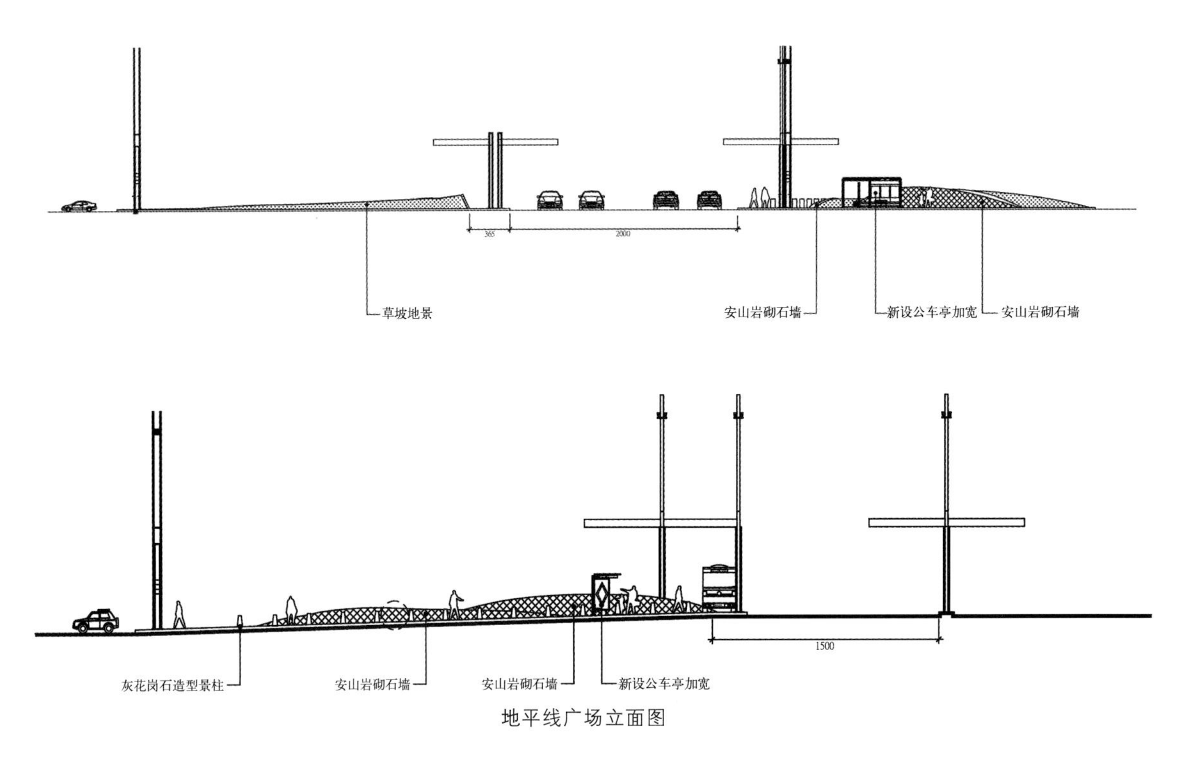

地平线广场立面图

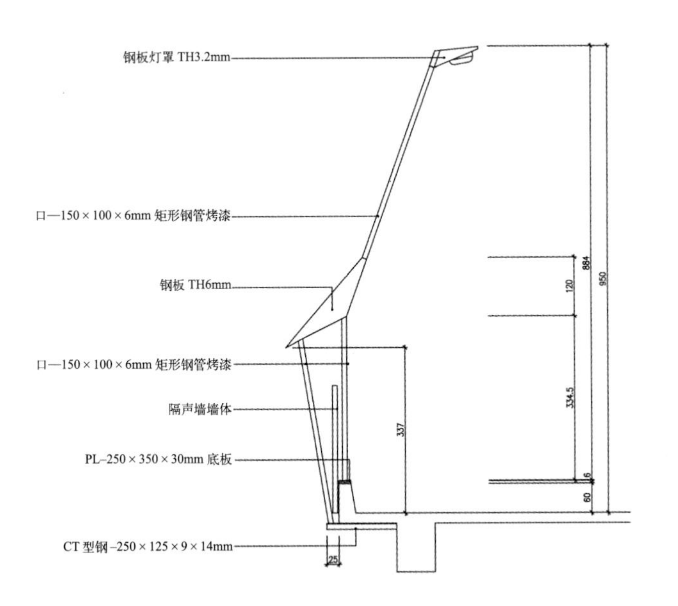

高架路桥造型路灯正立面详图

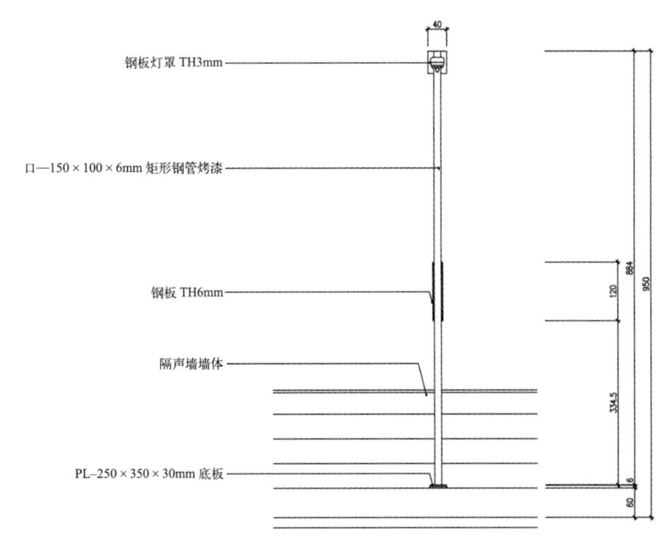

高架路桥造型路灯侧立面详图

高架陆桥造型高灯

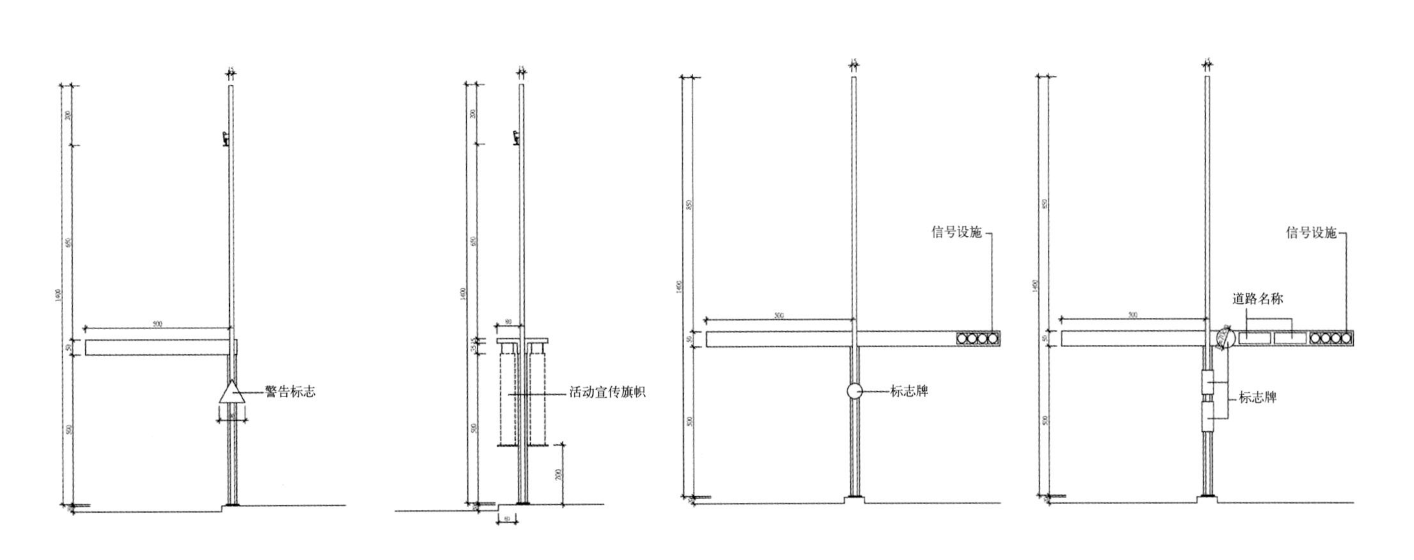

交叉路口高路灯立面图一

交叉路口高路灯立面图二

交叉路口高路灯立面图三

交叉路口高路灯立面图四

地平线广场高路灯

入口意象点位于大度路与中央北路路口交叉路口，为台北盆地入海口地区之高点，高点两端分别可远眺观音山、淡水河与关渡平原。

整体设计概念以“生态”与“减量”为设计基调，将大度路与中央北路路口定名为地平线广场，以地景绿丘蜿蜒在地平线上匍匐爬升的地景设计手法，反映地区自然史的空间语汇。并以水鸟造型之高架陆桥造型灯杆设计，呼应关渡野鸟公园之生态意象，并以灯列建构具速度感之进城—出城的空间经验，强化关渡平原的开阔意象，使成为整体性之门户设计。

地景绿丘公共艺术效果图

路口交通号志杆件共杆效果图

路口交通信号杆件共杆实景

高架路桥造型路灯实景

3.3 地平线广场

地平线广场为交通重要路口，原有众多设施形式并未整合，空间显得较为繁杂，缺乏统一鲜明的性格。原有交通分隔岛仅具分隔交通动线及安置设施的作用，未能发挥其塑造地点意象的积极功能。

地平线广场以减量单纯化的原则，改善路口交通槽化岛与杆件设施繁杂且互不相属的现况，以地景绿丘来统合，围塑整体空间。地景绿丘之安山岩之砌石墙，象征台北盆地火山地形之地质特色，并以纯化之杆件整合设施的垂直向度，引导人们的视野朝向观音山。

3.4 地景绿丘

将西侧槽化岛部分空间建构为一纯色之地景绿丘，地景绿丘最高顶点不超过 1.5m，设置位置以量体不遮挡转弯行车视线为原则。

为烘托地景绿丘之效果，将路口周围边坡杂乱现况美化处理，以植栽复育及补强为手段，将此环抱空间单纯化，以减量方式，尽量减去不必要之设施。以植高大、展开型之常绿乔木，并于靠近道路侧栽植局部具垂直感之植栽，遮蔽不良之景观，形成绿色门户意象。

3.5 高架陆桥造型灯杆设计

利用两侧照明灯杆的连续性排列，强化高架上升路段的空间体验与围塑感，突显上升空间的特殊经验。利用水鸟造型的特殊高灯，取代目前的制式路灯，形成较具围塑性的视觉序列，并加强夜间照明的功能需求，衬托高架陆桥在关渡平原水鸟栖息地的特殊意义。

3.6 路口交通信号杆件共杆整合设计

地平线广场水平向视野由于车流及道路交叉的多向繁杂，不宜在空间表征上过度琢磨；故以垂直向上、不干扰远山视野的整合性路灯号志，集中配置于广场范围内，突显其中心性空间角色。

所有灯杆信号整合简化成为统一的基本型式，而此基本型式因应不同功能而增减变化。其虽不同于制式杆件，但亦仅是由制式材料产品能以低廉简便的方式制成者；且能以较中性而朴实的形式以满足应具备之功能。

4　天津市大港油田光明大道景观改造设计

◎ 天津市雅蓝景观设计工程有限公司

随着城市建设的快速发展，一条条新建和拓宽的道路在城市中间纵横交错，它们在满足日益增长的交通需要的同时，也给城市带来了更多的道路绿地。如城市市区内的快速环线和多条入市迎宾道路。应该说随着道路的加宽，绿化带的面积也得到了加大，但总让人感觉到整体绿量加大不明显，绿化效果不突出，绿视率低。分析原因可能有以下几点：①旧路拓宽，原有行道树迁移砍伐，使绿化覆盖率降低，即使新路栽植行道树，短期内绿化覆盖面积难以补充；②大树移植不按规程操作，导致移植后生长不良或成活率低，达不到预期效果。③绿化材料选用不遵循生态学规律，盲目引入边缘树种，并不进行引种驯化，直接栽入绿化现场，致使其成活率低或生长不良，设计效果难以呈现。

城市道路绿化景观质量的高低越来越成为衡量城市整体环境水平的重要因素。大港油田的光明大道是由大港区进入油田生活区主干道，是20世纪90年代进行的规划建设，路两侧带状公园从规模上在当时的道路绿化项目中是超前的，但设计风格较老，园林设施破旧，绿化设计草多树少，已不符合生态城市建设的需要。借光明大道路面拓宽，两侧绿化带一并进行改造。

4.1　项目概况

此次改造的光明大道从穿港路——红旗路，共3500m长，改造后两侧绿化带宽仍有30m，总绿化面积约17万m^2。原有道路路口结构简单，没有强调景观设计。由于道路拓宽工程动工早，原有行道树已被迁移砍伐，再利用的可能性低。

4.2　规划设计的目的

通过规划设计以道路景观为载体，展现油田特有文化内涵；丰富绿化配植，实现生态、自然、美观的大绿景观效果；改造原有场地、设施，合理设计路口形式，全面提升光明大道的景观质量，展现石油城的精神风貌。

4.3　规划设计原则

（1）强调景观设计的地域文化特性，通过主题雕塑体现文化内涵。

（2）强调景观序列组织的韵律，合理布置景观空间要素，实现景观鉴赏的节奏。

（3）强调景观营造的经济性，充分利用原有景观设施和植被，尽量少新建构筑物，通过对原有设施的改造实现崭新的景观效果。通过在原有植被基础上加植植被达到丰富景观的目的。

（4）强调绿化造景，以适生树种营造大绿景观。

（5）强调全方位道路景观的设计理念，对绿地外的空间提出统一的景观标准。

4.4　规划设计内容

此次规划设计的光明大道段东侧主要有医院、学校和公园，西侧是人口集中的生活居住区，沿路有10个路

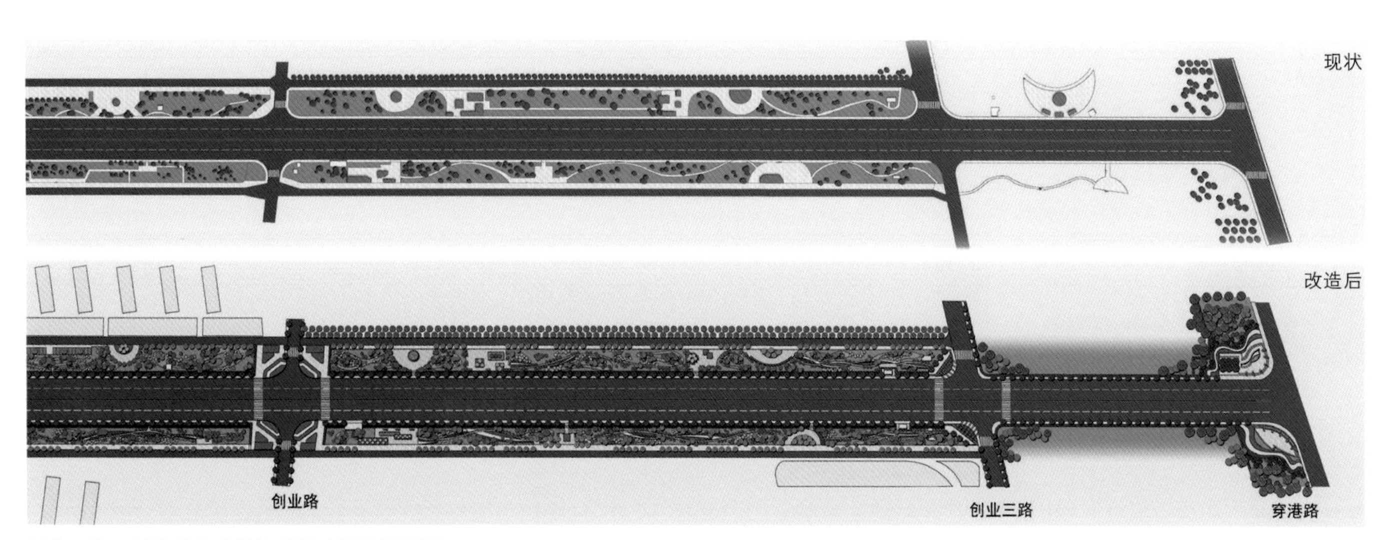

创业三路—创业路段现状与改造后设计平面图

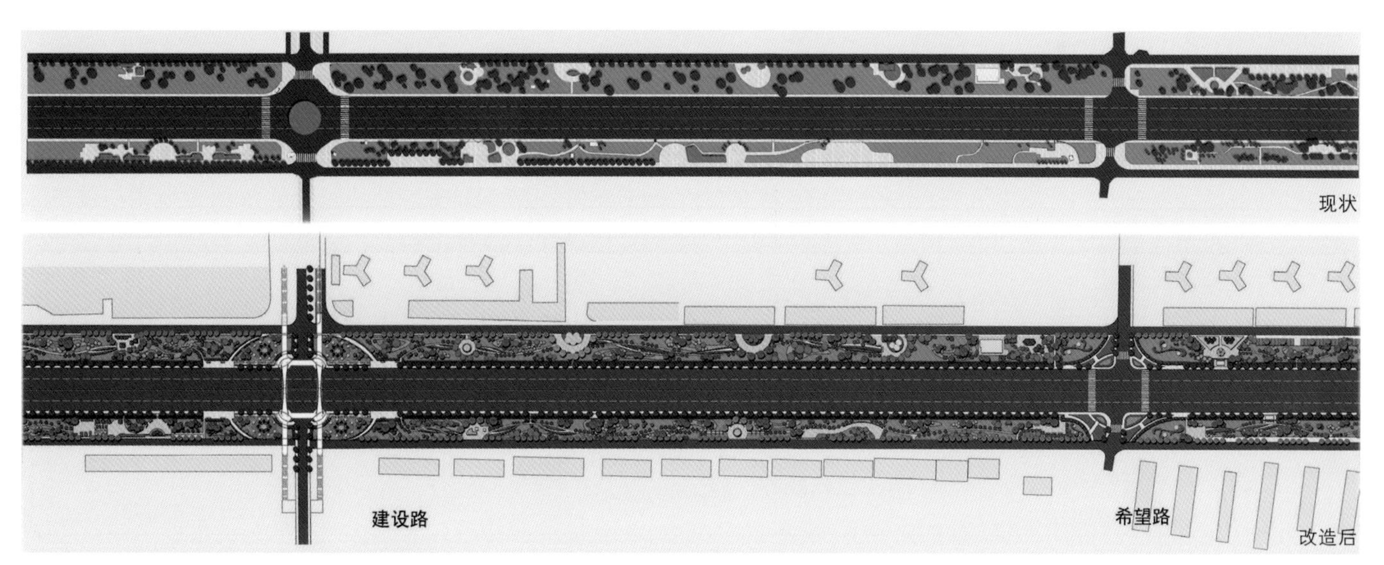

希望路—建设路段现状与改造后设计平面图

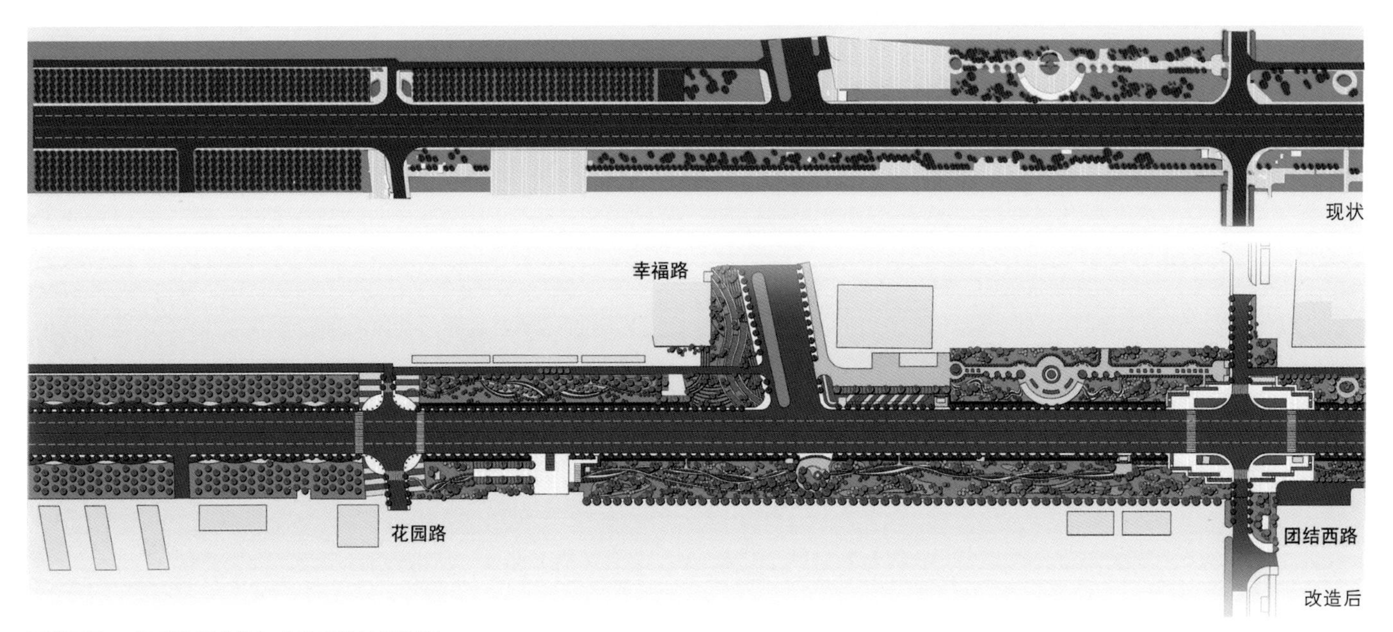

团结西路—花园路段现状与改造后设计平面图

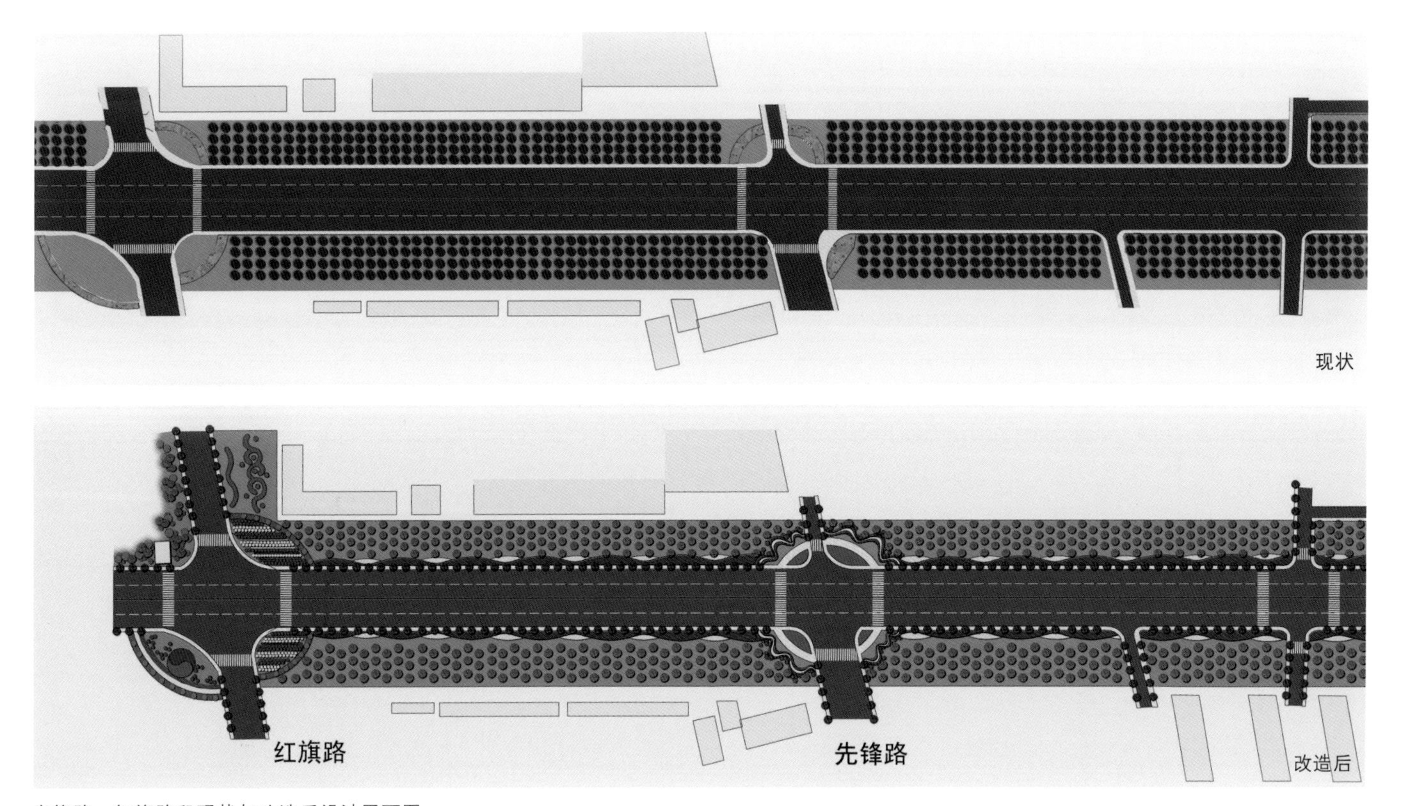

先锋路—红旗路段现状与改造后设计平面图

口连接两侧交通。路口景观的设计和沿线带状绿地的改造设计是此次设计任务的主要内容。10 个路口每个路口做到设计细致周到，但不追求繁复。

4.4.1 路口景观的设计

（1）以路口景观为主体突出景观的文化内涵，将具有主题的雕塑融入景观中去。整条路考虑了两个雕塑场地的设计：

一是位于起端的穿港路口，在设计中将原有的绿化面积扩大，两侧设计开敞形场地，形成不对称均衡布局。背景统一为整形绿地和树丛，绿地的曲线布局活跃了整个路口的设计。路口东侧设计有绿化与路分割的台地，西侧设计逐层抬升的小广场，沿绿地一侧布置主题浮雕墙，浮雕内容可反映油田的历史及当前的发展态势。采用高浮雕的形式，材质选用花岗岩嵌铜。

二是位于幸福路口，幸福路与光明大道是丁字路口，而幸福路又是目前生活区内道路断面最宽的一条路，也是连接即将建设的新区的主要干道，其两侧绿化近期刚改造完成。利用幸福路南侧空地设计一平面以曲线布局，竖向铺装部分呈波浪状地形，（从而巧妙解决便道和绿地的高差）形成极具现代装饰性和趣味性的广场。沿广场曲线沿展的方向正是幸福路正对的一侧，设计曲线布局，绿化和台地铺装自然契合的广场。在绿化背景前设计一“光明”主题的雕塑，采用曲线飘带形造型，通体红色，环绕在金色球体周围，安置在抬高的基础台儿上，极具流动的美感。寓意石油城的人们通过艰辛的劳动，为世人带来了能源，带来了光明，带来了幸福。此处设计也构成了整条道路景观气氛的高潮，形成了良好的景观节奏。同时雕塑小广场也是通过带状绿地连接上下两个路口和场地的节点。

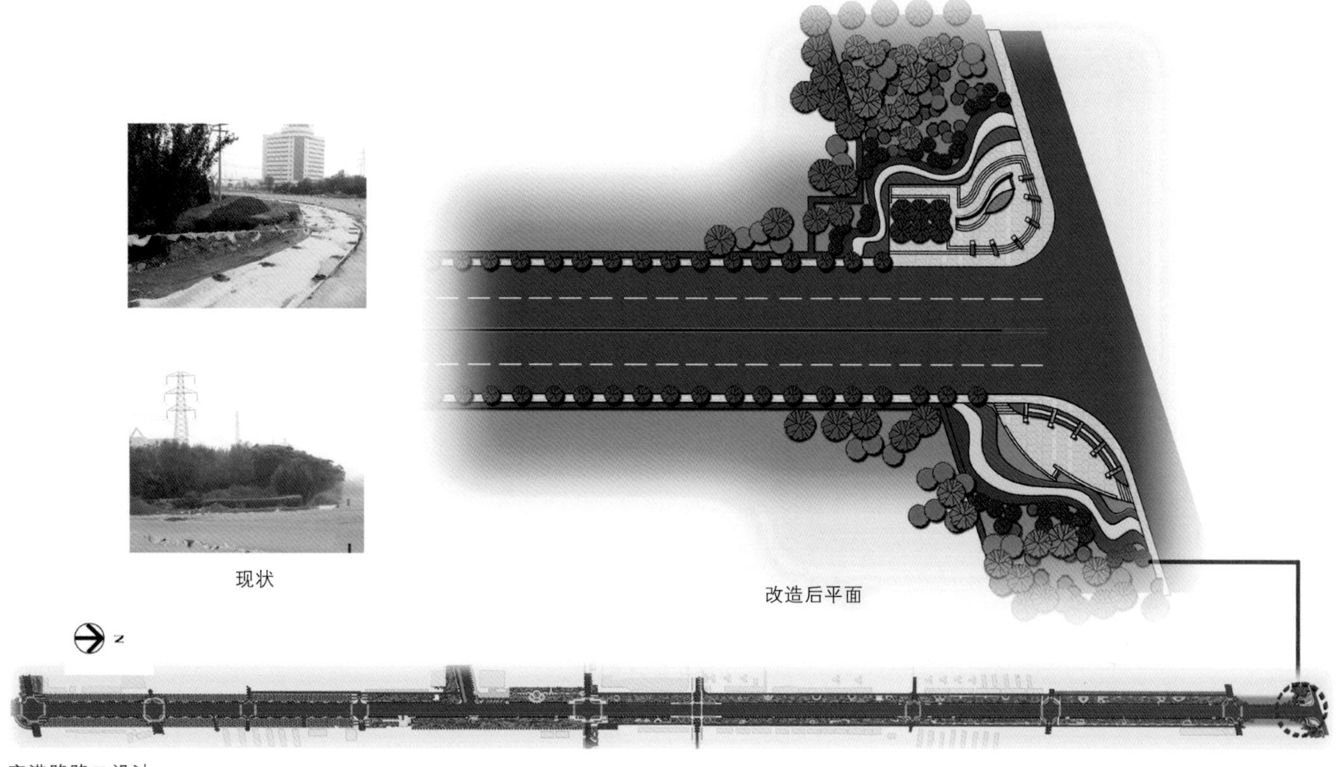

现状

改造后平面

穿港路路口设计

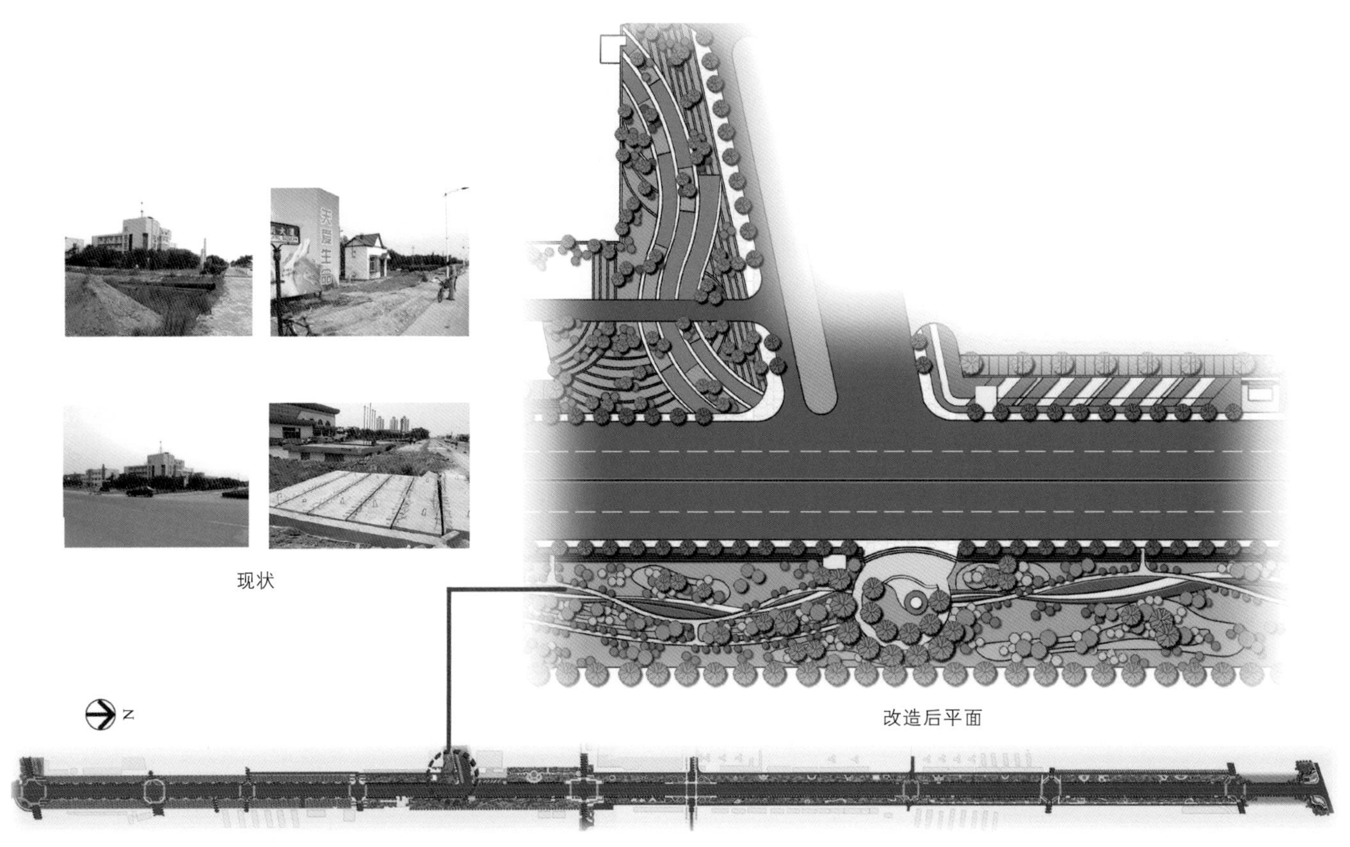

现状

改造后平面

幸福路路口设计

穿港路路口效果

幸福路雕塑效果

（2）其他路口设计统一中寻求变化，强调可识别性。

路口的设计除了在景观上寻求变化外更重要的是处理好路口的交通组织功能。保障视线的通畅，解决道路高差的变化（光明大道的路基高于两侧绿地半米以上）合理设计台阶和无障碍通道，体现以人为本。基本设计手段是以整形植物划分交通空间，达到自然、美观的效果。在建设路口将原有环岛取消，新建人行过街天桥（此路口连接医院、学校，日常人流较大）。路口结合绿化沿机动车道布置护栏规范行人路线，路口绿地以装饰性植物模纹为主要造景手法。凭桥远眺，优美景观尽收眼底。

4.4.2 沿线绿带

（1）原有景观设施的改造

原有景观小品多为混凝土结构，做工粗糙，部分设施损毁严重。铺装多为灰色水泥砖，破损较多。部分场地布置呆板，缺乏设计。本着少投入，多见效的原则，去处部分景观效果差的设施，以绿化或新的设施取代；用装饰的手段改造原有设施，同时结合场地的改造，合理布置休息座椅，重新铺设硬质路面，使旧貌换新颜。

（2）原有绿化的丰富

从创业路，东侧至花园路，西侧至幸福路原皆以带状公园的形式营造，由此沿路往南，两侧皆为密植片林。由此改造中将西侧幸福路——花园路一段片林改造成带状公园，使两侧景观对称。在改造过程中对原栽植土较薄处通过营造地形起伏的手法，加大种植土厚度，以便配植乔灌木，加大绿植密度。在绿化设计中注意以下原则：

1）适地适树原则，选择抗盐碱植物品种作为基干树种，如国槐、白蜡、洋槐、臭椿、千头椿、毛白杨、合欢等。

2）速生与慢生结合原则，以速生树种为主，尽快达到设计效果。

3）注重生态学观赏习性原则，利用不同植物品种的季相变化特点，将色叶植物，观花植物、观果植物合理搭配，形成具有地域特色的园林植物景观。如观花类：碧桃、山桃、西府海棠、黄刺玫、珍珠梅、木槿、秋葵、锦袋、连翘、绣线菊、丁香、紫薇等、日本晚樱、月季、伞房决明；观色叶类：紫叶李、紫叶矮樱、红叶桃、紫叶小檗、金叶女贞、金叶莸、金枝槐、金枝垂柳、五角枫、黄栌、火炬树等；观果类：石榴、金银木、平枝荀子、山楂、柿树等。

4）常绿与落叶结合原则，丰富常绿组团，增加常绿树种，加大常绿地被的栽植量，做到四季有绿。常绿植物可选：刺柏、桧柏、万峰桧、龙柏、云杉、沙地柏、爬地柏、大叶黄杨、小叶黄杨、凤尾兰等

5）乔、灌、地被复式栽植原则，改变原有草多树少的格局，加大灌木和地被的栽植，增加植物层次，形

幸福路效果图

团结西路路口设计

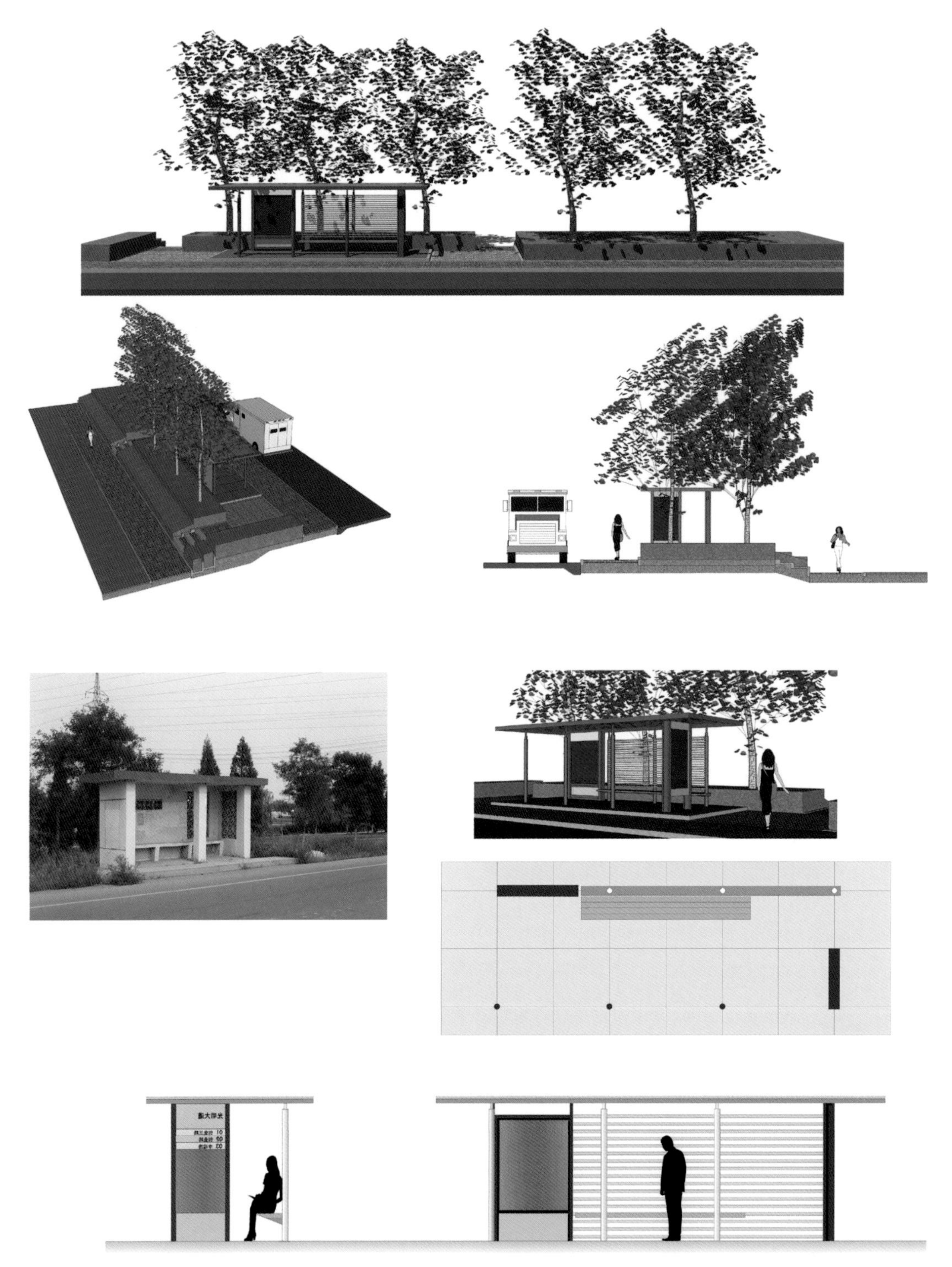

公交站设计

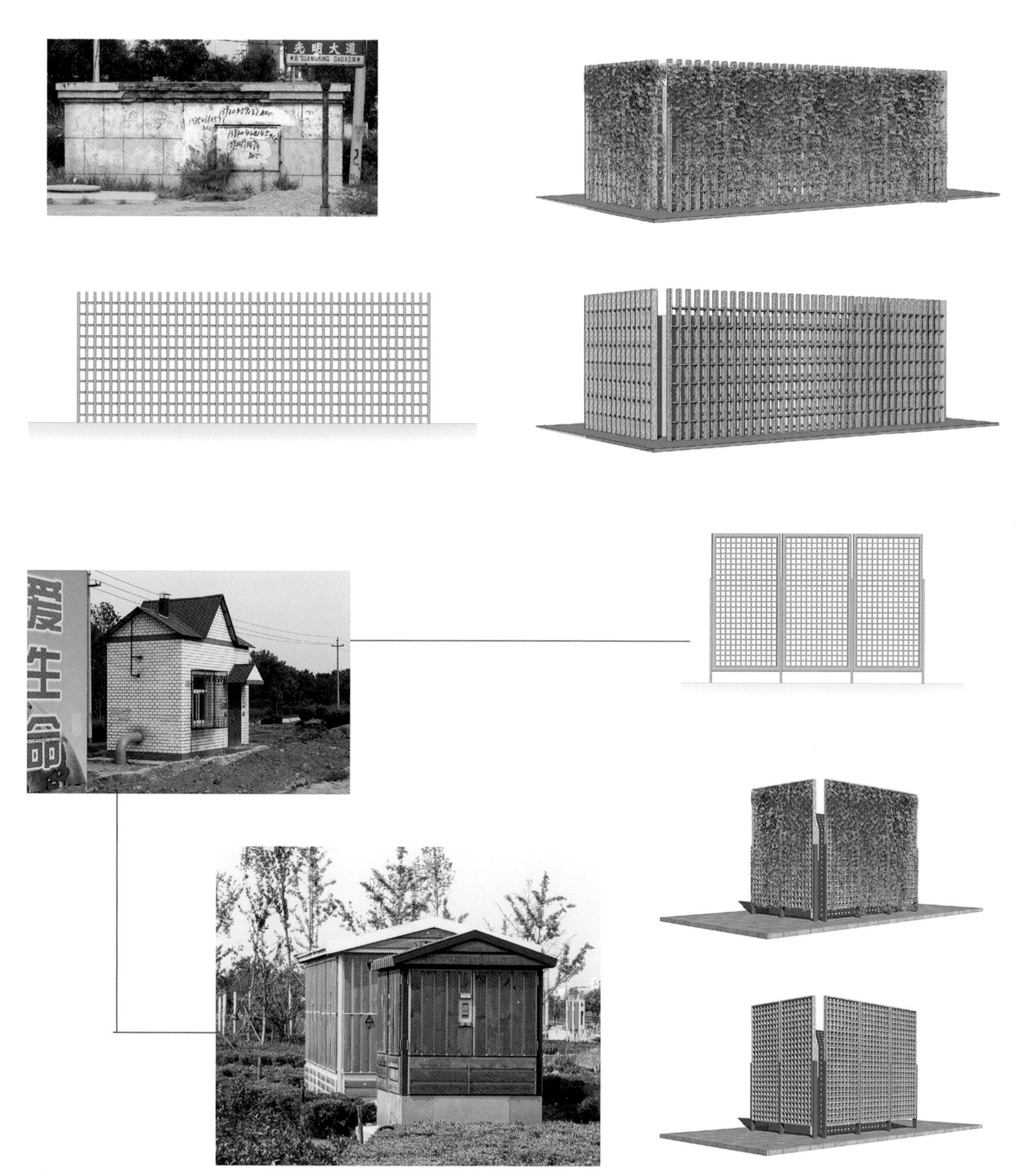

围栏挡墙设计

花架改造

亭子景观改造

廊架景观改造

欧式廊架景观改造

建设路口效果

花园路效果

希望路路口设计

成大绿效果。特别要加大地被宿根花卉的栽种，如马蔺、鸢尾、荷兰菊、日本小菊、蓍草、紫露草、美人蕉、萱草、费菜、粉八宝、玉簪等。

从花园路—红旗路段，两侧皆为片林，设计上要求保留，从而对大绿效果有较好的保障，对林下灌木进行清理，将土整平，试验性播种以菊科为主的自播草花品种，形成优美、自然、雅致的林地景观。

（3）行道树的栽植

原有行道树由于道路拓宽被迁移砍伐，不能利用。为了减弱路基高于绿地而形成的不良景观影响，将便道外绿化带设计成退台式，以整形绿带进行处理，使道路与绿地自然衔接，以台阶分段连接绿地和便道。行道树可栽植于最上层的绿化带中，树种可选择胸径 10~15cm 的全冠国槐，选择早春栽植。

4.4.3 道路设施的设计

原有路旁的公交候车亭为混凝土结构，样式老旧，建议与景观统一考虑，设计成现代风格的质感轻一些的形式。

道路两侧的泵房、调压站很多，建议采用绿化隔栅遮挡或重新进行外檐装修，与周边的环境协调统一。

4.5 结语

此设计方案为设计中标作品，设计不足之处仍将在初步设计和施工图设计中完善，希望如设计目的所述，通过项目的实施，能够将光明大道建成生态、自然、优美而又富有石油城特有文化内涵的绿色长廊。

5　上海市新江湾城淞沪路第三标景观绿带设计

◎ 上海诚培信园林企业发展有限公司

规划设计平面图与景观意向

5.1　概述

新江湾城坐落于上海中心城区东北角，占地 9.45km²，北依黄浦江，南接五角场城市副中心。“绿色生态港，国际智慧城”是这座新城区的建设目标，同时它也将是一座承载上海新梦想的城区，一座知识型、生态型的大型居住社区。

淞沪路是新江湾城西侧南北走向的一条道路。南起五角场城市副中心，贯穿整座新城区，北端与黄浦江边军工路相接，沿途区功能丰富，与“知识经济”这一时代特征紧密相连。由南至北将五角场城市副中心、杨浦知识创新区、五角场商业副中心、生态源、新江湾城地区商业中心、新江湾城中央公园、复旦大学新校区及部分居住小区有机地串联成一个整体，如同一条璀璨的项链。

5.2　设计目标

新江湾城东起闸殷路，南至政立路，西达逸仙路，北抵军工路，以生态居住为开发目标，建设中心城区规模最大的花园式生态居住城区，预计可容纳 10 万 ~12 万人居住。在这个“生态人居”的新型居住小区中，道路、绿地、河道、房屋以网状形式构成生态骨架，绿色空间和水系紧密结合，并与人居空间相互渗透，人均拥有绿地将达到 20m² 以上。我们的期望是将淞沪路打造成一条能反映时代特征、具有独特风情的城市景观道路，一条具有生态型特征的“知识香榭丽舍”。

5.3　设计理念

（1）通过植物配置形式的变化，形成不同的空间景观序列；

（2）绿带东侧近水处采用上海地区原生野生花草，既管理粗放，同时增加观赏性，降低管理成本；

（3）雨水部分直接渗入植物覆盖的土地里，另一部分流入地表水、补充地表水源；

（4）融合周边绿色文化资源；

（5）突出复旦大学等各节点融合；

（6）营造绿色生态廊道；

（7）适应城市发展。

横断面分析

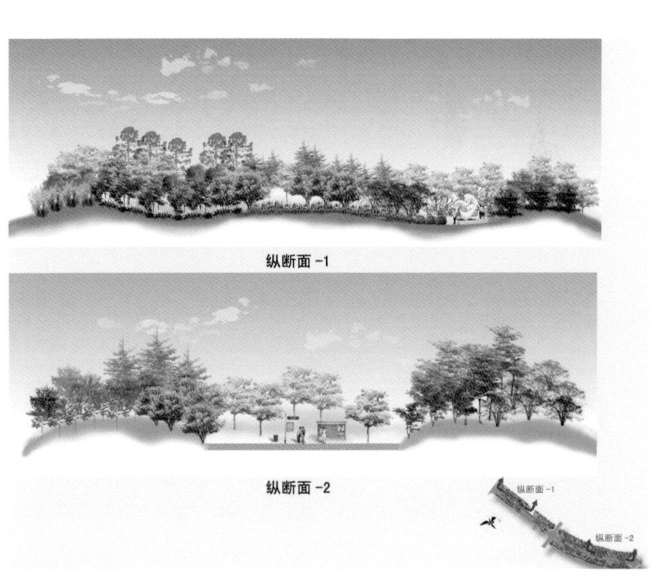

纵断面分析

5.4 设计原则

5.4.1 生态性原则

我们希望通过本次设计、在道路的外围形成一个良好的绿地景观，从而改善城市的生态系统适应城市发展，同时通过其演变进程与周围的绿地系统逐渐形成一个绿色走廊，使各个绿化斑块有机融合，改善城市的生态环境。生态设计的关键之一就是把人类对环境的负面影响控制在最小范围之内，我们在规划中应因地制宜，利用原有地形和乡土植被避免大规模的土方改造工程，尽量减少施工对原有环境造成的负面影响。水是整个生态系统中的第一要素，我们在设计中要大力倡导水绿相依，做到绿中有水，水中有绿，同时还应注重对地表水的改善。在铺装材料上全部选用生态型材料，减少硬质铺装对环境的破坏。充分考虑地表水循环系统，一部分雨水直接渗透到地面，而另一部分水通过植物净化处理，经坡道汇入人工开挖的水中。

5.4.2 社会性原则

基地以后将成为开放的市民活动场所，因此我们在设计中本着以人为本的原则，注重景观的内容与当今生活的接轨，为使用者提供一个优良的活动场所。充分考虑各年龄阶层人的需要，为他们提供相应休憩空间、运动空间、交流空间。同时充分考虑安全性，为人们能够更为充分地使用环境而提供安全保证。

5.4.3 植物多样性原则

在本次设计中，充分利用植物来创造优美的景观，充分发挥植物本身形体、色彩线条等自然美，创造一幅幅美丽动人的画卷，供人们观赏。

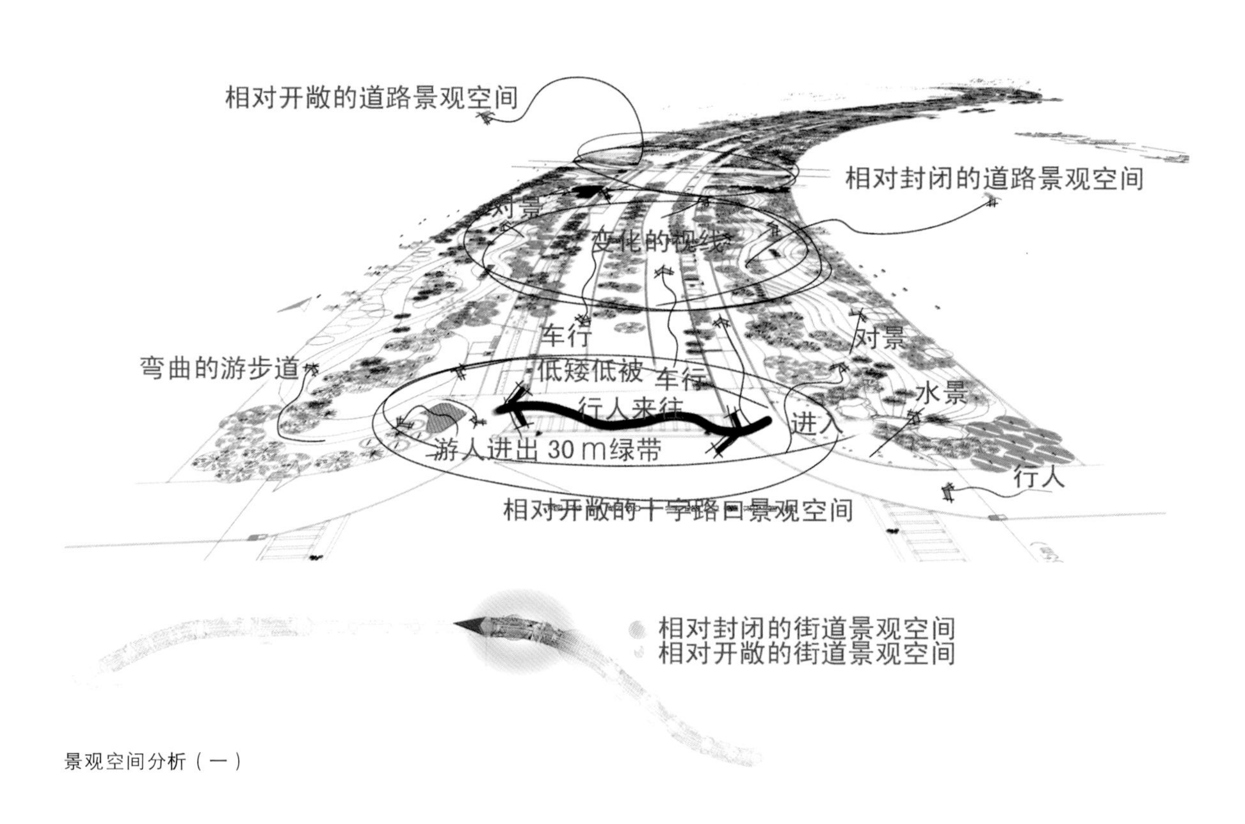

景观空间分析（一）

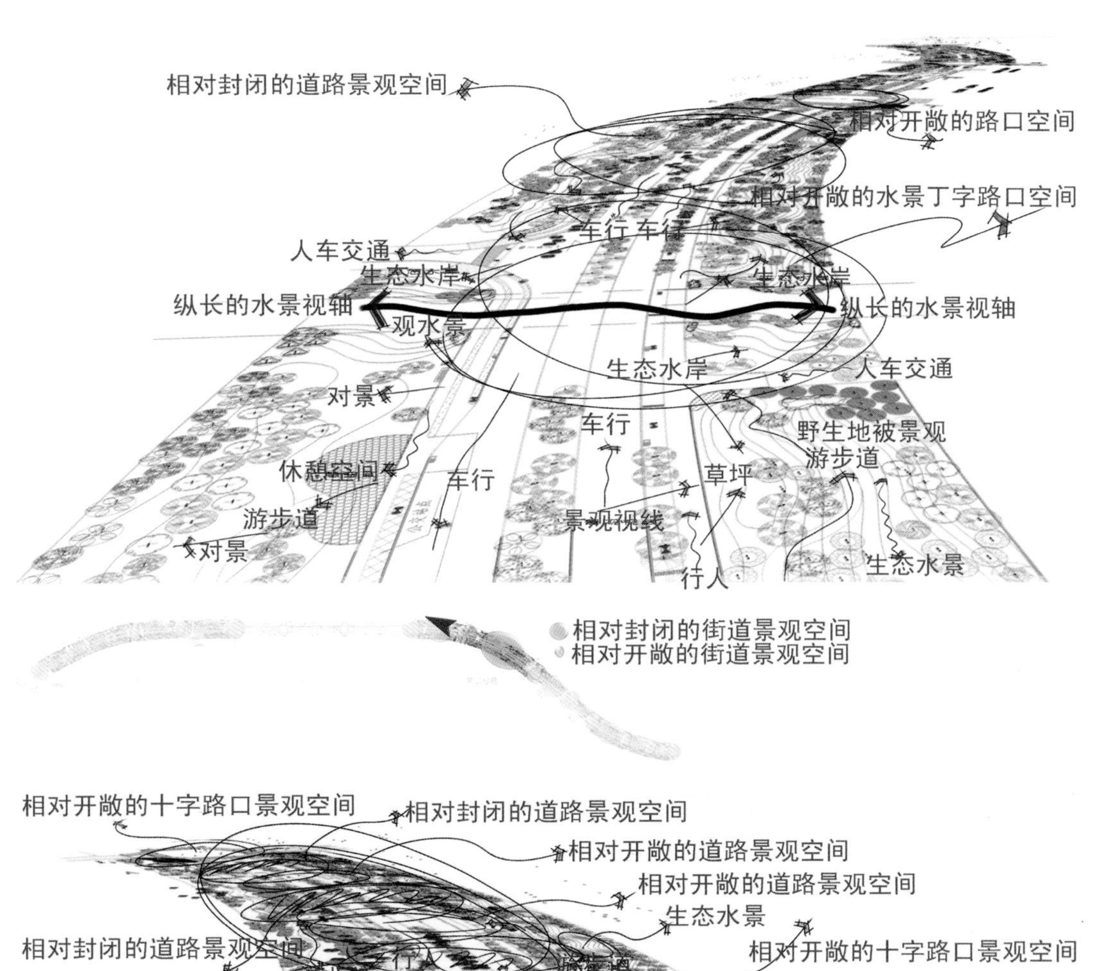
相对封闭的道路景观空间
相对开敞的路口空间
相对开敞的水景丁字路口空间
车行车行
人车交通
生态水岸
生态水岸
纵长的水景视轴
纵长的水景视轴
观水景
生态水岸
人车交通
对景
车行
野生地被景观
游步道
休憩空间
车行
草坪
游步道
景观视线
对景
行人
生态水景
相对封闭的街道景观空间
相对开敞的街道景观空间

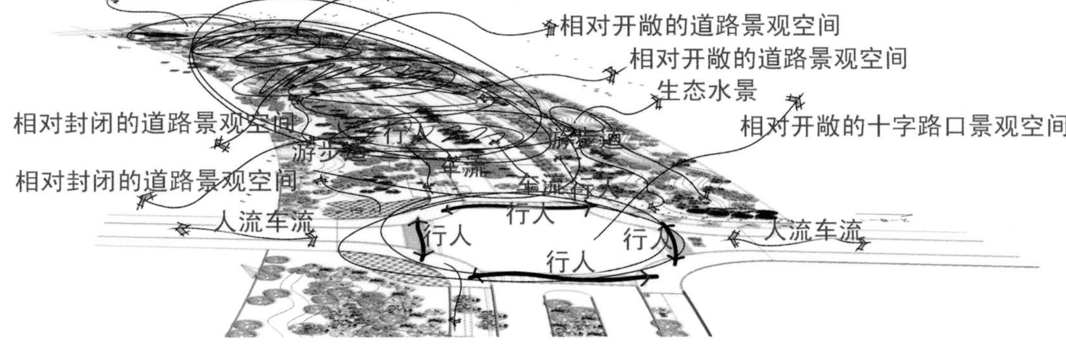
相对开敞的十字路口景观空间
相对封闭的道路景观空间
相对开敞的道路景观空间
相对开敞的道路景观空间
生态水景
相对封闭的道路景观空间
相对开敞的十字路口景观空间
相对封闭的道路景观空间
人流车流
行人
行人
行人
行人
人流车流

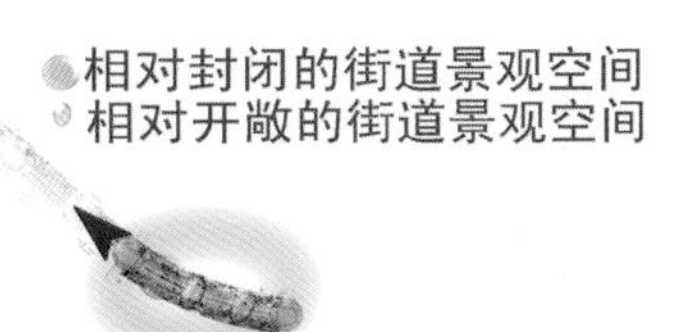
相对封闭的街道景观空间
相对开敞的街道景观空间

景观空间分析（二）

实景景观

5.5 植物绿化景观设计

5.5.1 植物要求

绿化建设应坚持乔灌草结合，提高生态含量，美化优化环境的原则。

落叶乔木与常绿乔木的比例为 1：（1~2）；乔木与灌木的比例 1：（3~6）；草皮面积（乔灌木投影范围除外）不高于绿地总面积的 30%。

植物种类丰富多彩，不低于 100 种。

多布置色叶植物、花灌木、香源植物以及多年生花卉。

多布置有益身体健康的保健植物。

适当配置鸟嗜植物和蜜源植物，吸引动物和昆虫，创造人与自然和谐共存的居住环境。

采用生物固氮的方式逐步取代直至取消化肥栽培的方式。即配置种植与自然界固氮微生物共生形成根瘤的植物，减少或取消对土地的污染。

根据植物特性和观赏作用合理配置植物群落，提倡种植乡土树种，提高一次存活率。

5.5.2 实施要求

实施绿化建设遵从因地制宜，保护地形地貌，注重本土文化的原则。

应保护原有绿地及植物，特别是大规格的乔木。

种植前应根据实际情况进行土壤改良，覆土层深度不低于 1.5m。

沿城市道路应透空透绿，与城市景观融为一体。

完成种植后，标设植物名牌，普及绿化知识，提高全民赏绿护绿水平。

6　江苏省南通市世纪大道东延景观设计

◎ 扬州市江都区园林工程有限公司

6.1　项目区位分析

位于南通市政府南侧，西接长江路，东接东快速路，是一条重要的展示城市形象的市政大道。

西起园林路，东至东快速路，长约5km，是世纪大道城市形象往东的进一步延伸。

世纪大道东延毗邻南通市政府，向东串联起南通科技园、南通市妇幼保健医院、南通市新区高中、五步口公园、

环保公园等重要城市功能区，同时也串联着中南世纪新城、世纪东城、世纪花城等住宅小区。

6.2　指导思想

（1）“因地制宜”——结合现有用地性质、现状条件、植被情况提出景观方案，同时尊重南通文化背景，体现江海文化，打造成南通市新的代表性绿脉。

（2）“以人为本”——结合道路绿化的特点，适当布置游步道、小广场、休息树池坐凳，提供舒适的休憩环境。

6.3　设计原则

采用自然的手法和丰富的材料组成充满活力的道路绿化空间。

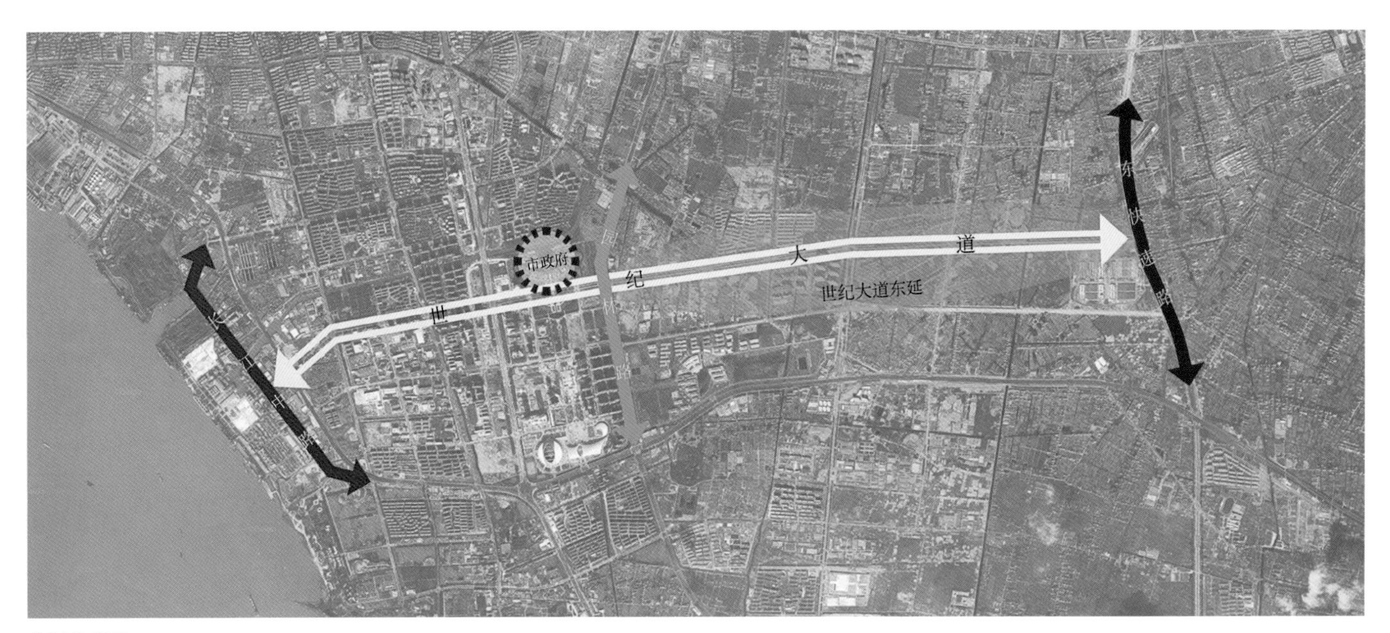

交通分析图

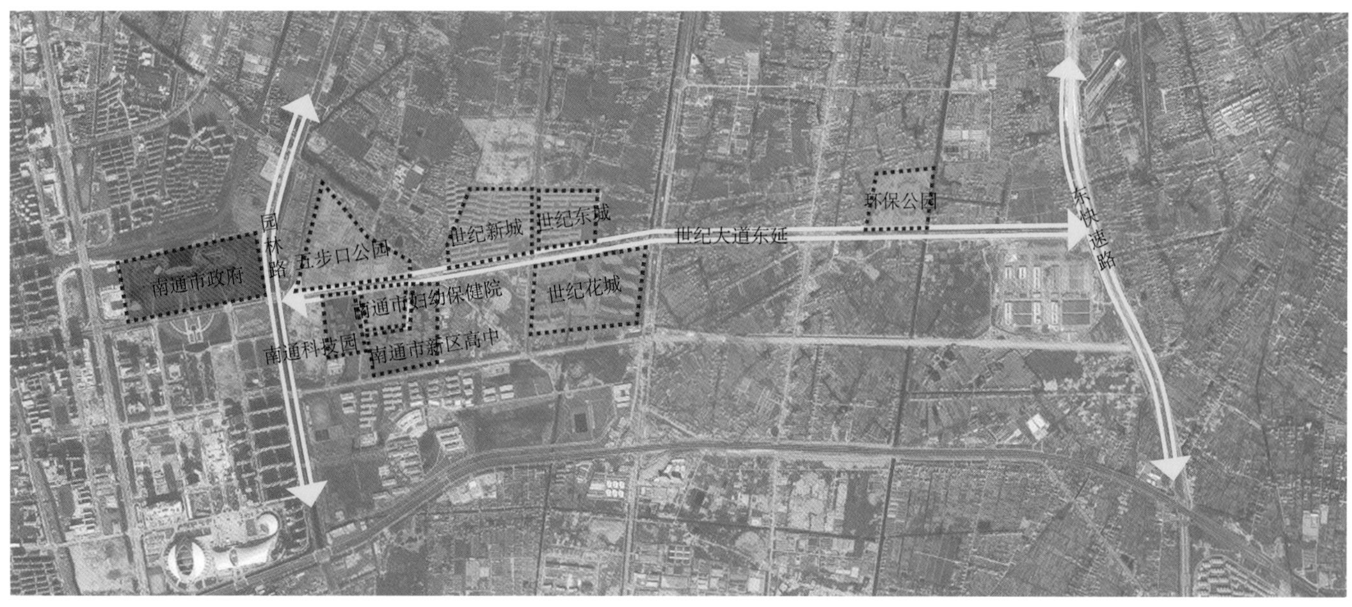
园林路
五步口公园
世纪新城
世纪东城
世纪大道东延
环保公园
东快速路
南通市政府
南通市妇幼保健院
世纪花城
南通科技园
南通市新区高中

现状分析图

"文化性"——作为城市文化的载体。

"背景性"——成为城市绿脉，是城市空间的配景而非主体。

"停留性"——提供舒适的林荫休闲场地和休息设施。

"生态性"——人与环境和谐共处的城市生态绿带。

6.4 设计目标

把世纪大道打造成南通主要的景观脉络，全面提升世纪人道的景观质量，展现南通飞速发展的新面貌。实现生态、自然、美观的绿地景观效果。为市民提供一条参与性强的道路绿地公园，为城市提供一个展示文化风貌的舞台。通过景观设计的手法，把城市的绿化带，描绘成一幅装点城市的美丽画卷。

6.5 设计手法

整个世纪大道东延绿廊，就如同城市客厅的山水画展，画卷沿道路展开，人在画中游，风景步移景异。根据周边地块的现状及用地性质，将世纪大道东延赋予"绿树"、"繁花"、"奇石"、"碧水"四个主题，对应采用国画中"工笔"、"泼彩"、"水墨"、"丹青"四种不同手法来表现。

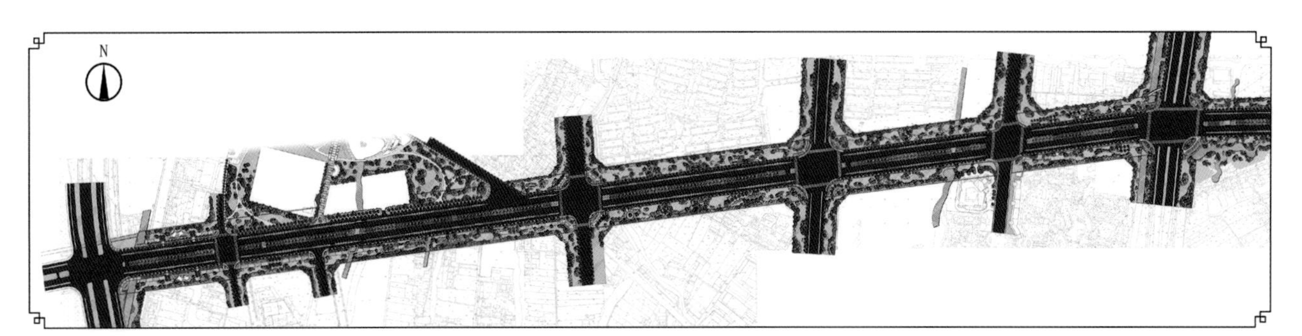

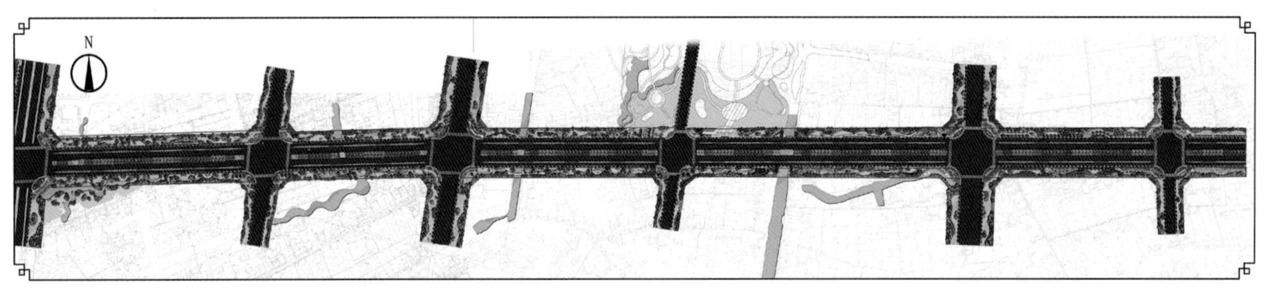

总平面图

平面分区图

木秀于林树成荫，繁花似锦艳如颜。

芳野寻踪奇石趣，绿水青泓碧连天。

展现在眼前的四幅山水画卷，时而疏可走马、时而密不容针、时而自由写意、时而工整严谨。让身游其中的人获得赏心悦目的独特体验。

6.6 城市客厅的山水画卷

6.6.1 工笔

世纪大道东延的西段，靠近南通市政府。路北是五步口公园，路南是南通科技园、南通市妇幼保健院、南通市新区高中。市政化的感觉更加强烈。市政的绿化带也需要强调市政形象的开阔感、正式感。我们选择工整、严谨的工笔技法作为景观设计的思路。下笔紧密有序，用墨浓淡适宜。画以“绿树”为主题，象征城市生态、低碳的发展理念。

6.6.2 泼彩

欣赏过了工笔画的精致、细腻、严谨。继续向东，映入眼帘的风景是泼彩的自由、豪放。以“繁花”为主题，象征城市的蓬勃朝气。这一段世纪大道的南北两侧都是高档的住宅公寓，所以绿化带采用较为自然、生态的景观做法，绿化带当中自然的园路串连着一个个休闲广场、

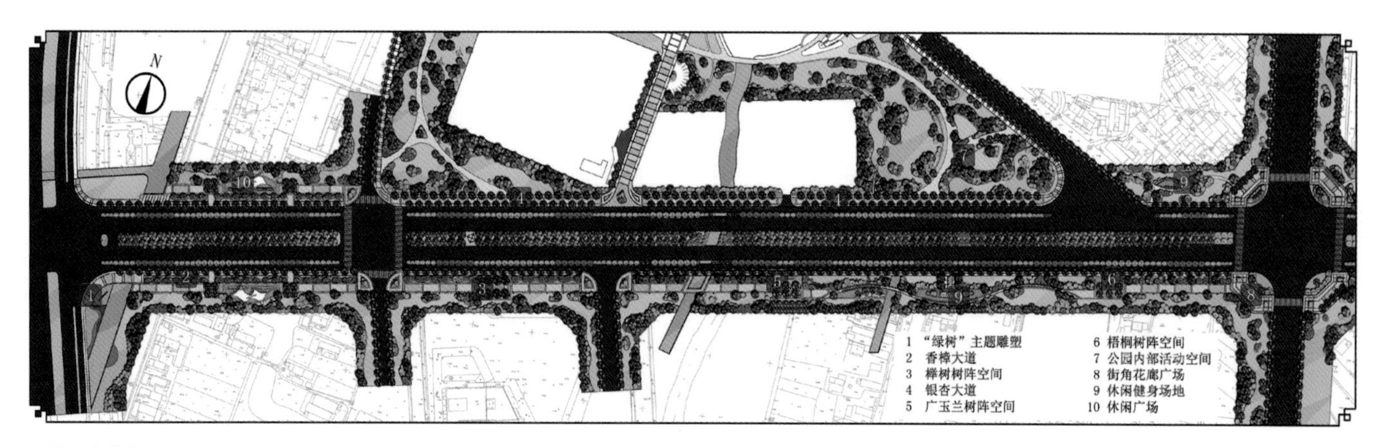

工笔节点详图

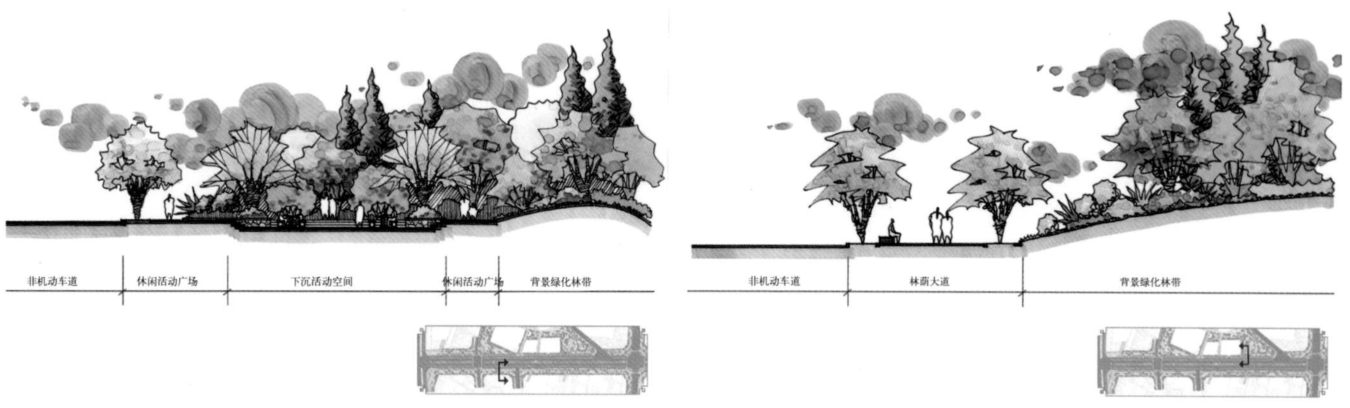

工笔节点剖面图

工笔节点景观分析图

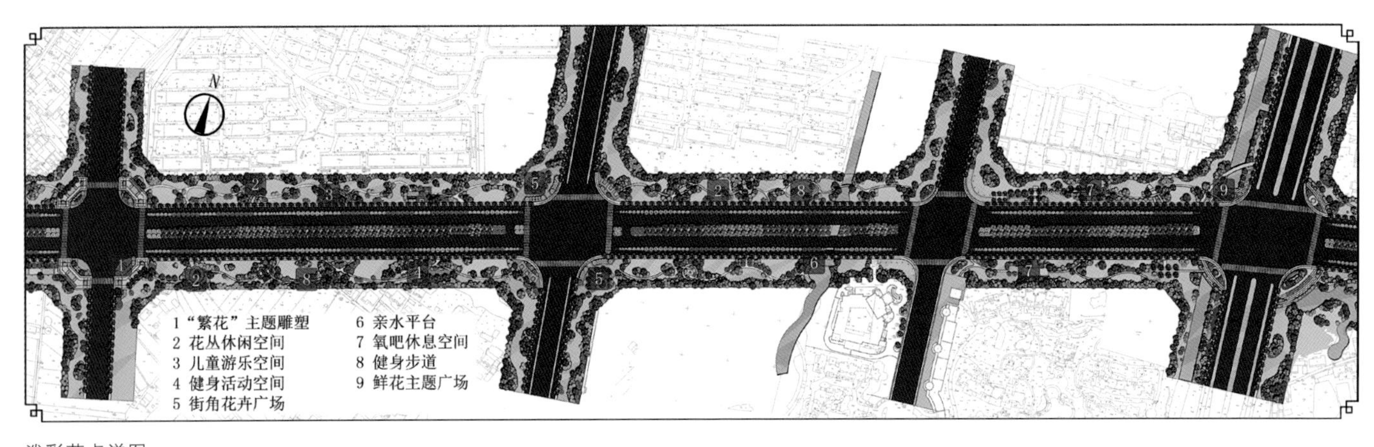

泼彩节点详图

泼彩节点剖面图

泼彩节点景观分析图

活动空间，为附近的居民提供可以散步、休闲、活动的场所。大面积花卉的应用，犹如泼彩的色块，五颜六色，肆意滋长。

6.6.3 水墨

墨，分焦、浓、重、淡、清。

不同墨色，不同层次，不同浓淡，不同意境。看过了泼彩的浓烈热情，再往东，景观绿廊逐渐地展现水墨的挥洒自如，植物或密植如焦墨，或疏林如淡墨，或大片草坪如留白。画以“奇石”为主题，象征城市的深厚文脉、坚实基础。

这一段世纪大道的南北两侧，土地尚未开发，所以绿化带的风格更加自然。适当地增加一些情趣活动空间和散步的园路，在关键的视觉焦点点缀“奇石”，塑造出更加生态的城市风景。

植物多选择乡土树种，便于养护。并种植一定量的竹林、梅林，疏影横斜，营造水墨意境。

6.6.4 丹青

水墨写意，丹青写实。

看过了挥洒自如的水墨意境，再往东，欣赏色彩更加瑰丽饱满的丹青山水。画以“碧水”为主题，象征城市的江海文化，博大胸怀。

景观风格大气、自然，景观层次丰富、饱满。为了突出色彩，我们大量应用各种花木，如白玉兰、樱花、紫薇、紫荆、木槿、腊梅等，在不同的季节都有不同的

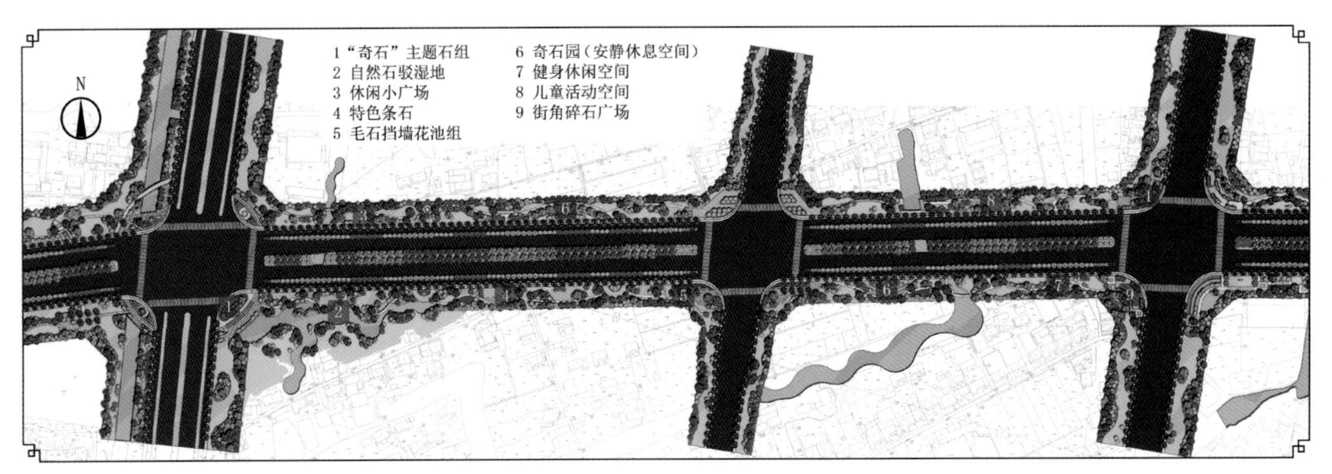

水墨节点详图

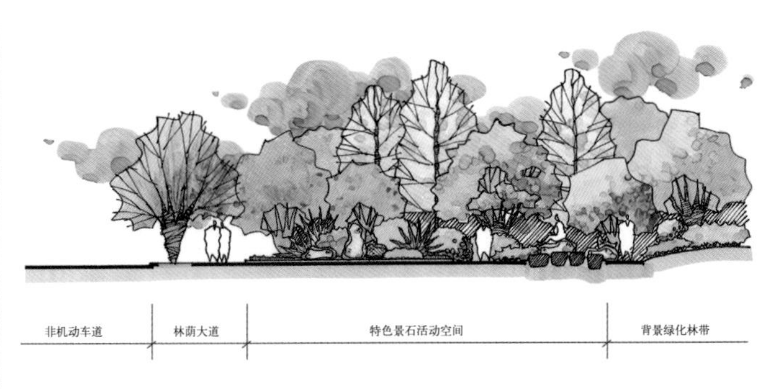

水墨节点剖面图

水墨节点景观分析图

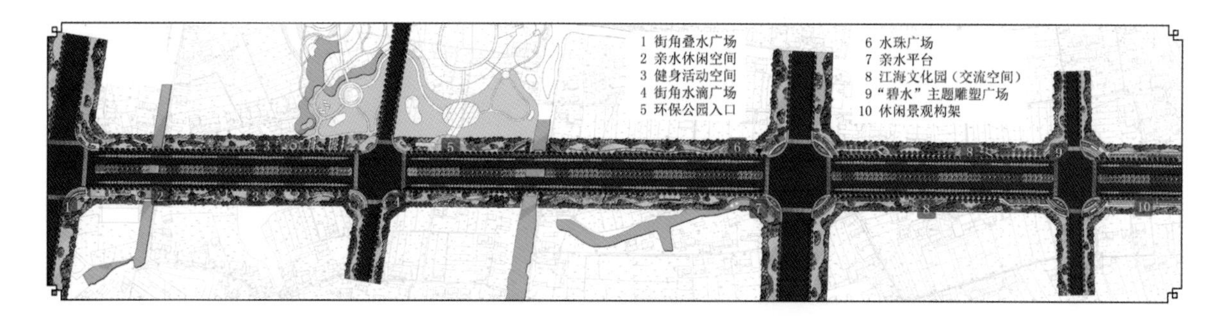

丹青节点详图

丹青节点效果图

丹青节点剖面图

丹青节点景观分析图

花在开放。并且种植一些观赏类果树，给绿化带增加更多的情趣感受。设计注重季相的变化，色彩饱满，层次丰富。绿化带的造型如波浪一般，绿化带当中还点缀着仿佛水滴的活动广场，用抽象的形态和含义表达“碧水”的主题。

6.7 绿植设计、城市脉络的灵魂

6.7.1 道路种植设计原则

市政大道环境特殊，种植设计必须遵循可持续发展的原则，在体现经济性原则的基础上，确保绿化区域实现物种多样性。绿化植物应以经济、实用、安全、美观为原则，选择适合当地土壤、气候条件，抗旱性强和根系发达的乡土树种。

（1）公路两侧绿化设计

采用乔灌木结合的方式，形成垂直方向郁闭的植物景观，空间围合较好，绿量大。植物配置应以行列式为主，大块面组合，多选择高大乔木树种。

根据沿线环境特点，保持自然林园、湿地、水体景观等，或采用人工景观与自然景观相结合的方式。同时，在靠近居住区地块适时引入活动参与性空间，人行道与景观空间互相融合，相互渗透。

（2）节点路口区种植设计

节点路口区种植设计是整个市政大道绿化带的重要环节，绿化宽度广，进深大，是主线景观的一个重要节点。

公路两侧绿化设计效果图

市政大道效果图

节点效果图

车辆经过此处要转弯，绿化设计在体现主题的同时，须确保行车视线通透，突出场地内的交通标志，保证行车安全。因此，树木种植要讲究艺术性，并尽量与路缘保持一定距离。绿化设计要结合当地特色，选择特有树种。

（3）中央隔离带设计

隔离带绿化的主要功能是对驾乘人员形成良好的视觉引导，提高行车安全性，同时丰富道路景观，减少视觉疲劳。中分带立地条件差，常选择防眩、抗污染、抗风旱、适应性强、树形整齐、生长缓慢的树种，花灌木选择适应性强、花期长、花色不太艳丽的品种。

6.7.2 工笔卷

上木采用：广玉兰、榉树、香樟等高大乔木，结合樱花、桂花等中小乔木阵列式种植。

下木采用：红叶石楠、红花继木、大叶黄杨、龟甲冬青等修剪成比较整形的样式形成模纹地被。

6.7.3 泼彩卷

上木采用：红枫、山麻杆、红叶桃、红叶李、银杏等彩叶植物。

下木采用：毛鹃、红王子锦带、矮生紫薇、荷兰菊、鼠尾草、黄金菊、大花月季、花叶美人蕉、粉花绣线菊、金山绣线菊、细叶美女樱、美丽月见草、百子莲等常绿以及多年生观花植物。

6.7.4 水墨卷

上木采用：榔榆、朴树、苦楝、银杏等大乔木及一些大规格的香泡、桂花、山楂、红梅、红枫等中小乔木。

下木采用：芒草、南天竺、黄馨等及多年生植物与石头搭配，形成以石头为主题，搭配特色植物的寻石区。

6.7.5 丹青卷

上木采用：用一定规格的广玉兰、香樟、栾树等营造景观的上层天际线，采用白玉兰、紫薇、紫荆、木槿与海棠等花灌木突出色彩，增加种植果石榴、花石榴、橘树、碧桃等观赏类果树，垂柳、乌桕、水杉等水边适宜树种。

下木采用：黄馨、花叶芦竹、鸢尾、醉鱼草、旱伞草、海桐等。

水生植物：荷花、水葱、再力花、菖蒲、千屈菜、睡莲等。

7 上海市普陀区大渡河路改造（金沙江路—桃浦路）方案设计

◎ 上海普陀区园林建设综合开发有限公司

7.1 现状分析

高压走廊绿带骨架乔木树种雪松由于树形高大特殊，不适宜种植在高压线范围下，整个绿带现状植物色彩单一，季相变化少，无法满足植物景观多季节观赏要求。

道路两侧绿地植物种植风格及树种选择比较杂乱，无法体现整条道路植物景观的特点及统一。

道路交叉口节点绿地植物种植缺乏特色，植物景观观赏效果缺少亮点。

7.2 设计指导思想

结合城市道路设计规范，体现以人为本的设计思想。

由于道路拓宽造成原绿地地块变化，因地制宜，结合用地规划及现状提出布局合理、概念新颖的植物配置构想。

充分考虑实地实情，使设计与施工达到完美结合。

7.3 设计原则

7.3.1 生态性原则

坚持生态优先，实现普陀区城市道路绿化体系的总体建设目标。

建设高标准的城市道路绿化体系，构成兼顾景观与生态功能的绿色长廊。

坚持生物多样性，采用丰富的植物品种，坚持以树为主，乔灌花草结合，实现优化配置。

7.3.2 安全性原则

中央绿岛的绿化应采用注重景观与视线引导及指示性功能兼顾的合理化设计，同时考虑防眩设计。

在道路交叉口处，鉴于驾驶员安全视距的要求，合理栽植 H<0.8m 的低矮灌木或地被。

7.3.3 协调性原则

协调生态、社会、经济效益的关系，保证生态效益的充分发挥。

协调保护与开发、景观与生态、投入与产出、建设与养护的多重关系，保证道路绿化体系的可持续发展。

协调道路沿线各功能地块的总体景观建设，保证城市绿化体系结构得以良性的整体发展。

7.3.4 服务性原则

大渡河路属于城市道路，服务对象主要为城市居民，应体现以人为本的设计原则，使道路绿化体系更好地服务于普陀区社会、文化、经济的发展。

7.4 植物总体设计构想

配合道路整体的欧式设计风格，运用丰富的植物元素与人工造景手法，充分考虑植物的层次、色彩等各项特性，结合植物生长变化创造出线性四维空间；

高压走廊绿化带和中央绿岛绿化运用规则与自然相结合、灌木与乔木相搭配的种植方式，既利用植物形态及习性特征打造出不同空间及时间观赏效果各异的灵动

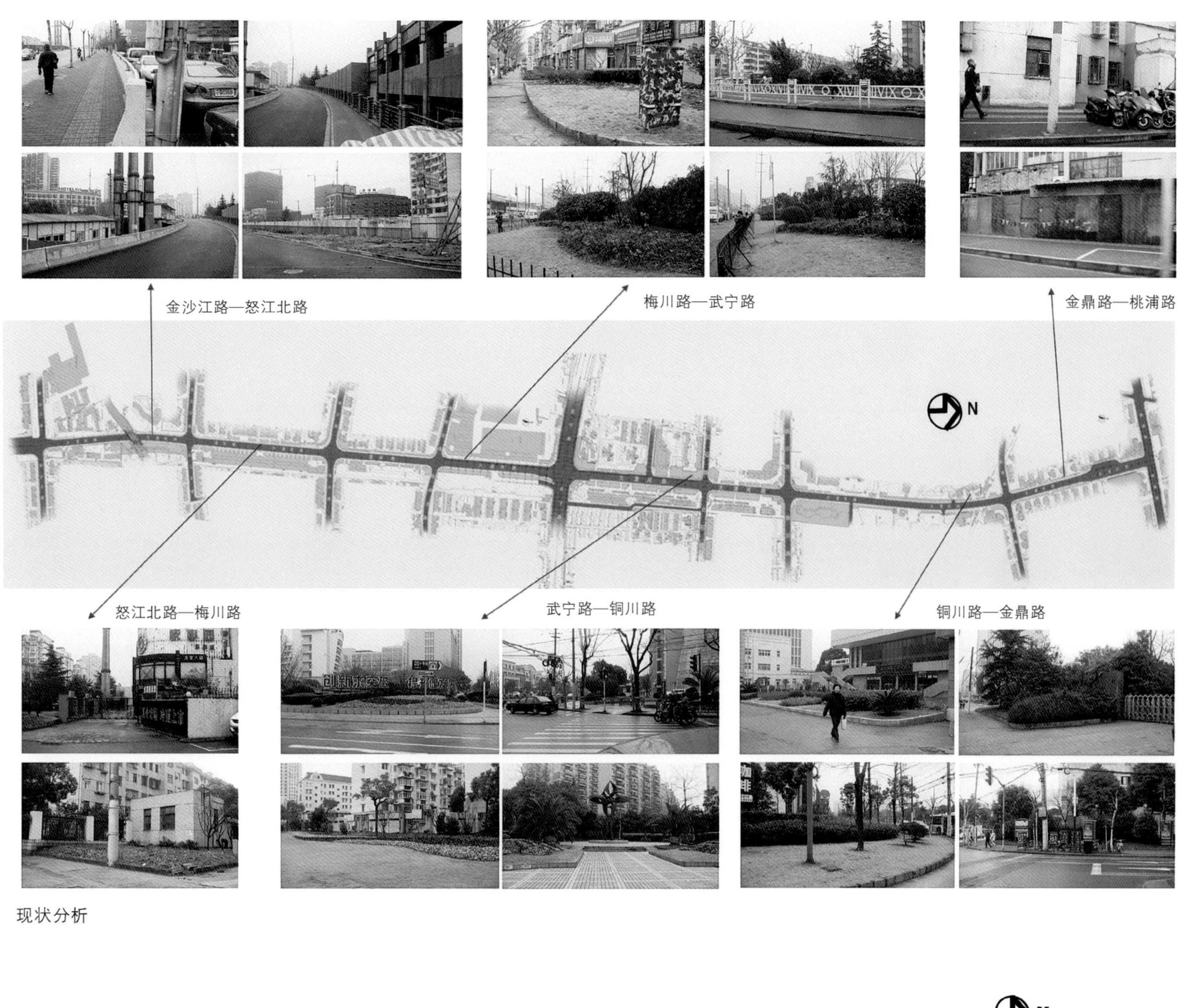
金沙江路—怒江北路
梅川路—武宁路
金鼎路—桃浦路
N
怒江北路—梅川路
武宁路—铜川路
铜川路—金鼎路

现状分析

N
道路两侧绿地
中央绿岛
高压走廊绿带
行道树

分类实施

断面图

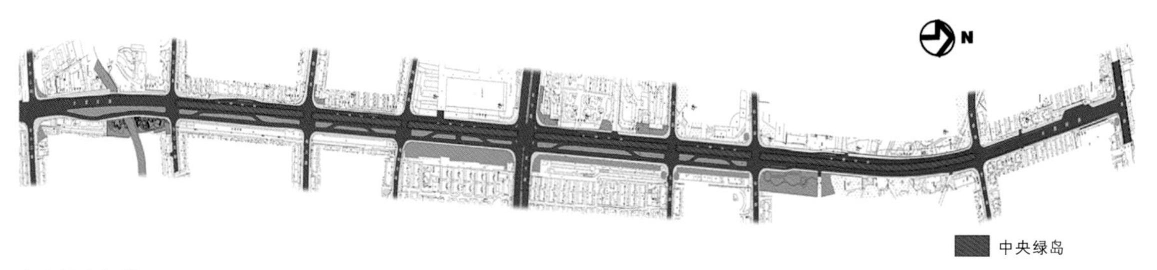

中央绿岛绿化

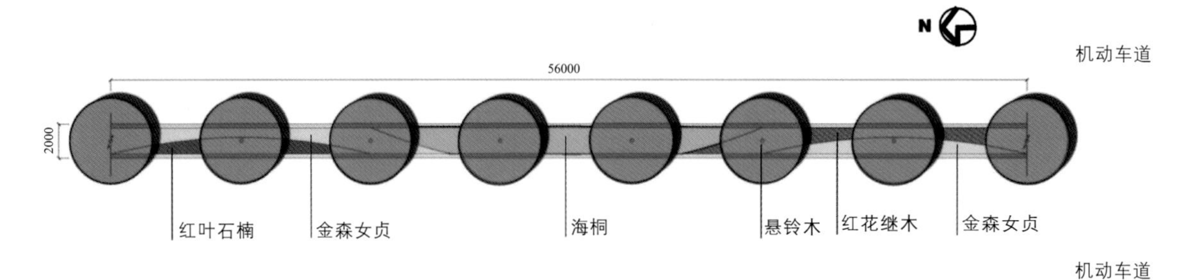

中央绿岛绿化标准段平面图

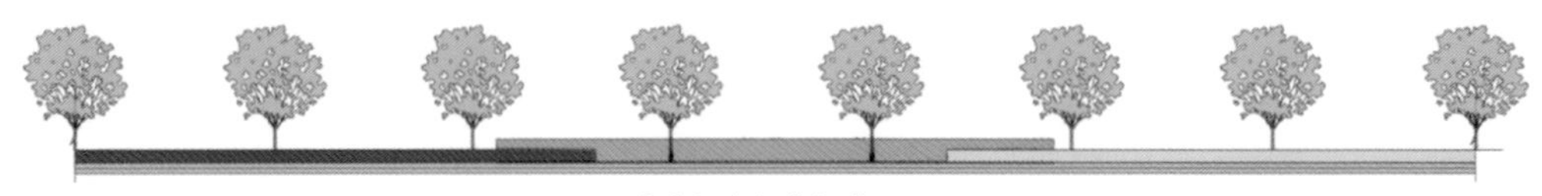

中央绿岛绿化标准段立面图

中央绿岛绿化标准段平面图与立面图

高压走廊绿带绿化

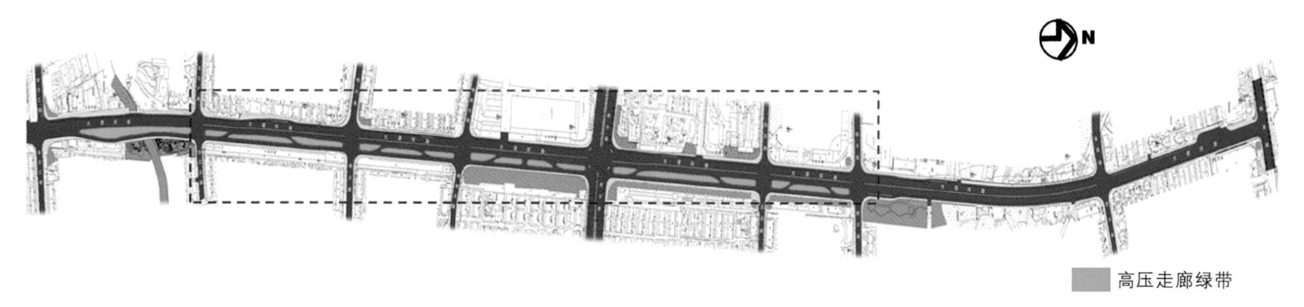

高压走廊绿带绿化形式一

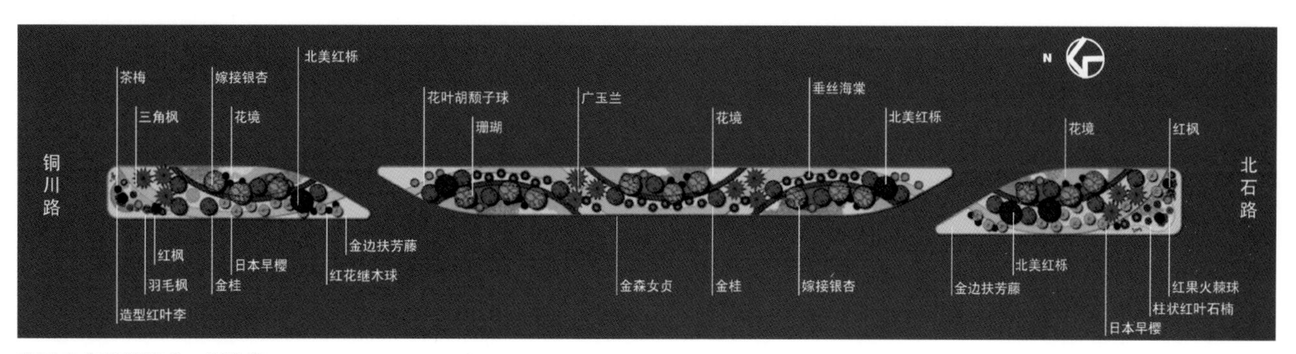

高压走廊绿带形式一标准段

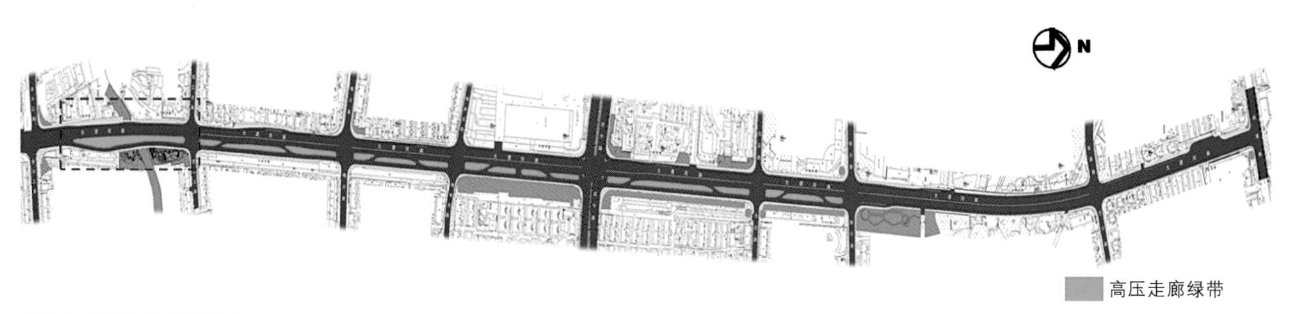

高压走廊绿带绿化形式二

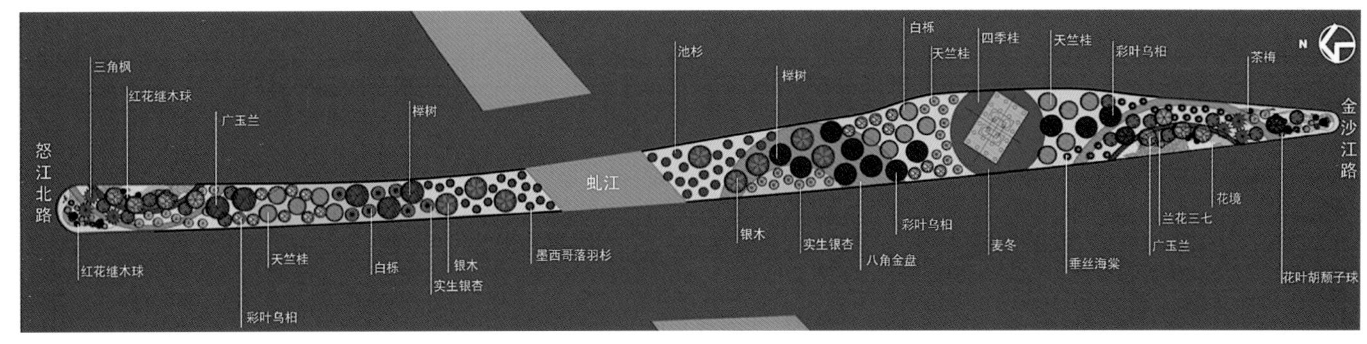

高压走廊绿带形式二标准段

高压走廊绿带效果图

空间，又不失道路节奏的韵律感。

道路两侧公共绿地则着重体现植物多样性及层次变化，运用各具特色的花灌木与地被组合成为一条绚丽斑斓的花带，配合人行道上栽植的大冠幅的行道树，营造出人行树荫下、花草随行间的城市新景观。

7.5 分类设计

7.5.1 中央绿岛绿化

绿地面积 4102m^2，设计考虑防止行人穿越和会车灯防眩功能，上层空间间隔 8m 配置乔木悬铃木，下层配置色叶整形灌木金森女贞和红叶石楠，使自然与规整的植物形态既有机结合又富于变化，也让行人有叶可观、有花可赏。

7.5.2 高压走廊绿带

本地块绿地面积 14255m^2，涉及道路绿带和桥下绿带两种形式，其中北石路—怒江北路路段为道路绿带，采用多层次植物配置设计，体现植物形态的立面落差效果；怒江北路—金沙江路路段涉及路桥结构，大部分绿地标高与路桥面标高有较大高差且桥下为封闭绿地，故采用林带种植形式，体现植物立面形态多样性特色。

高压走廊绿带遇到道路交叉口节点位置：考虑到行车安全性与视线诱导种植，此处主要以造型植物红叶李、柱状红叶石楠、羽毛枫、亮叶腊梅球、红花继木球、红果火棘球等和花境进行植物配置，既可控制植物种植高度，不易遮挡驾驶员行车视线，又可花开繁茂，为驾驶员起到提示作用，同时使道路绿化景观丰富多彩。

7.5.3 道路两侧公共绿地

包括小游园绿地及街头公共绿地。本路段小游园绿地有川河园、怒江园、彩蝶园及大渡河路（梅岭北路—武宁路）东侧围墙外绿地，由于受到道路拓宽的影响，压缩了园内道路和城市道路中隔离绿地宽度，故在恢复绿地植物采用密植形式及绿篱植物的应用，最大限度减少城市道路交通产生如噪声、灰尘等对园内游憩行人造

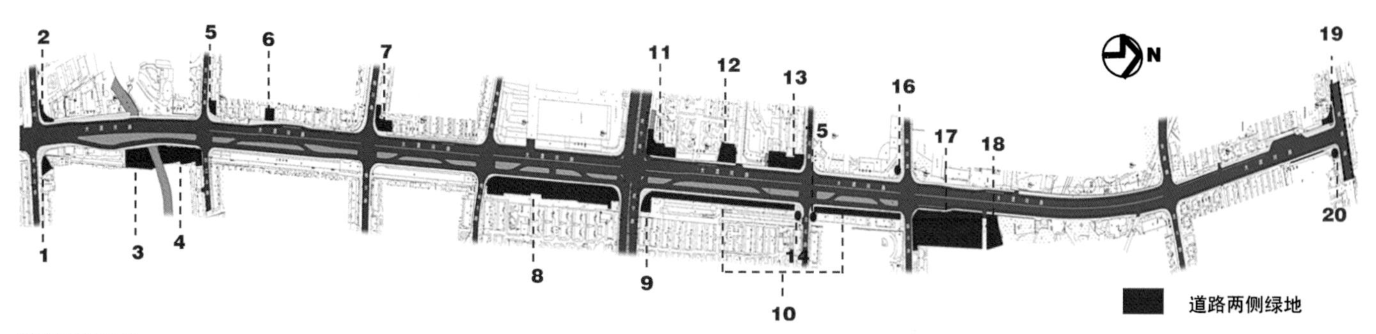

道路两侧绿地

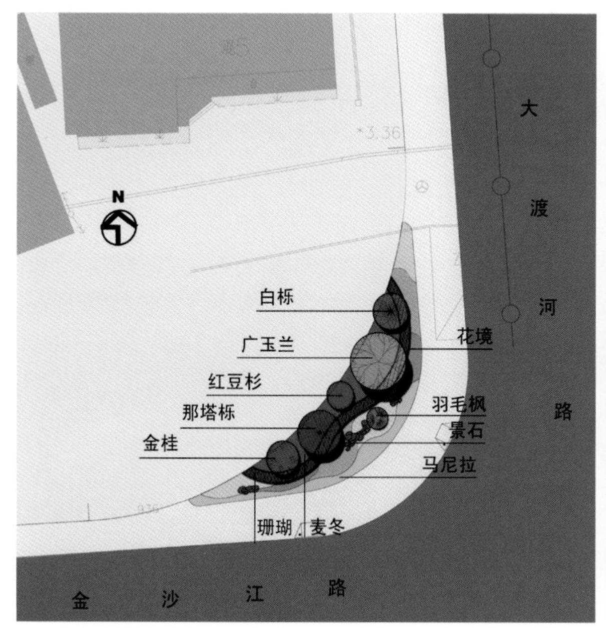

大渡河路金沙江路东北角绿地

成的不利影响。街头公共绿地着重体现物种多样性及植物的层次变化，运用各具特色的花灌木与地被组合成为一条绚丽斑斓的花带，配合人行道上栽植的大冠幅的行道树，营造出人行树荫下、花草随行间的城市新景观。

彩蝶园绿地效果图

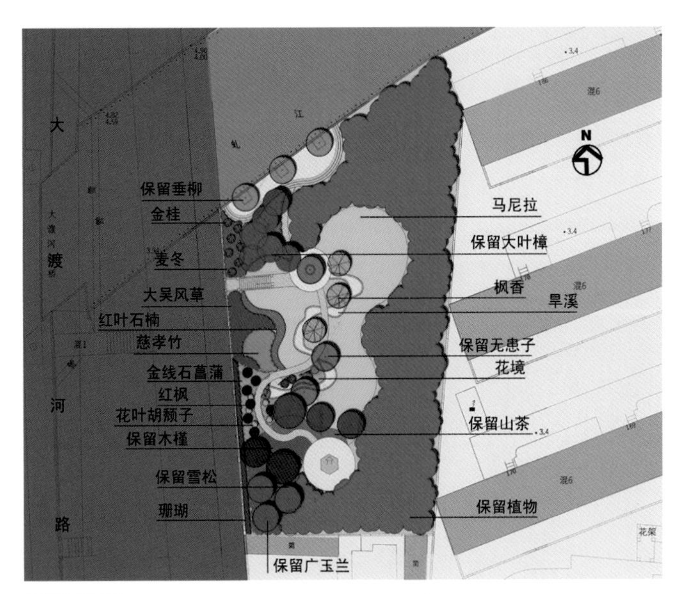

彩蝶园绿地

（1）大渡河路金沙江路西北角绿地

本地块绿地面积142m^2，设计考虑与金沙江路东北角绿地风格统一，对称布局，上层配置广玉兰、红豆杉、那塔栎、白栎和中层配置的骨架常绿树种大规格金桂、造型植物羽毛枫形成高低错落的林冠线及植物季相变化的视觉效果。

（2）大渡河路金沙江路东北角绿地

本地块绿地面积111m^2，设计考虑与金沙江路南侧绿地大型景石相呼应，上层配置广玉兰、实生银杏和中层配置的骨架常绿树种大规格金桂、色叶植物红枫形成高低层次的视觉落差，同时利用修剪为波浪形的珊瑚绿篱作为背景配置流线型的带状花境，并在其间点缀景石的组合景观，营造出普陀区乘风破浪、不畏挑战、勇于开拓的精神。

（3）彩蝶园绿地（小游园）

本地块绿地面积2036m^2，对于新建桥梁和绿地之间产生的极大高差利用阶梯进行连通并改造抵达广场；植物配置方面用枫香替代长势不好的无患子，利用珊瑚绿篱、慈孝竹及金桂对桥身进行遮挡，点缀红枫和花叶胡颓子球，丰富植物色彩变化。

（4）怒江园绿地（小游园）

本地块绿地面积2512m^2，受到新建桥梁及道路拓宽影响，对于入口地坪进行翻新并改造原有花架，水池重筑并用黄石驳岸，新建局部道路系统并开辟雪松林下

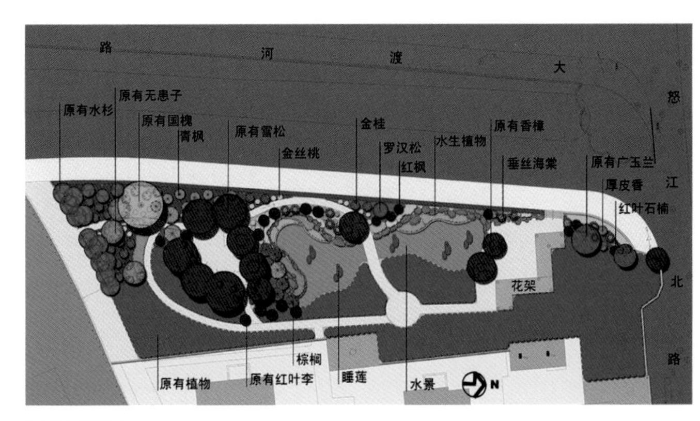

怒江园绿地

广场，植物配置方面利用珊瑚绿篱对桥身进行遮挡，入口处配置红枫、垂丝海棠及红叶石楠球等并点缀花境组成色彩丰富的植物景观；新建园路两侧配置金桂、青枫、红叶李、垂丝海棠及八角金盘、桃叶珊瑚、金丝桃组成多层次密闭景观空间，隔离桥上车流噪声；水池内利用缸植睡莲组团点布。

（5）大渡河路怒江北路西北角绿地

本地块绿地面积 119m²，设计考虑植物配置与沿线绿地相呼应，上层配置广玉兰和那塔栎，中层配置大规格金桂、红枫和下层配置红枫、红叶石楠球、红花继木球以及开花灌木毛鹃和点植花境组合而成的自然丰富景观点，形成行人秋季观叶，四季赏花的视觉效果。

（6）大渡河路 1288 号门前绿地

本地块绿地面积 91m²，由于地块面积较小，植物配置以精致为主，上层配置墨西哥落羽杉和中层配置的大规格金桂、红枫形成高低层次的视觉落差，下层配置羽毛枫、红叶石楠球、无刺枸骨球以及小面积的点植花境，形成多层次的植物景观。

（7）梅川路大渡河路西北角绿地

本地块绿地面积 492m²，利用珊瑚绿篱对现有围墙和绿地内的变电箱作遮挡处理，上层配置广玉兰、榉树、墨西哥落羽杉等乔木，中层配置大规格金桂、红枫和垂丝海棠，下层配置毛枫、红叶石楠球、红花继木球、无刺枸骨球与带状花境组合形成多层次的植物景观。

（8）大渡河路（梅岭北路—武宁路）东侧围墙外绿地

本地块绿地面积约 11920m²，整个绿地呈狭长形，位于大渡河路东侧，北临武宁路，南至梅岭北路，绿地东侧为居民小区。由于本地块西侧沿城市主干路，东侧靠居民小区，无论是对于小区内游园的人群以及周边居民在植物配置形式上皆有隔声、防尘的防护功能需要，故设计考虑在上述区域内采用上层配置广玉兰、那塔栎、水杉等乔木，中层配置不同规格金桂、垂丝海棠、红枫等灌木并结合地被和草坪的多层次植物造景手法形成郁闭的景观空间；利用开合有度原则，对于游园内部空间的绿化配置以疏林草皮为主，沿园路点植行道树枫香，

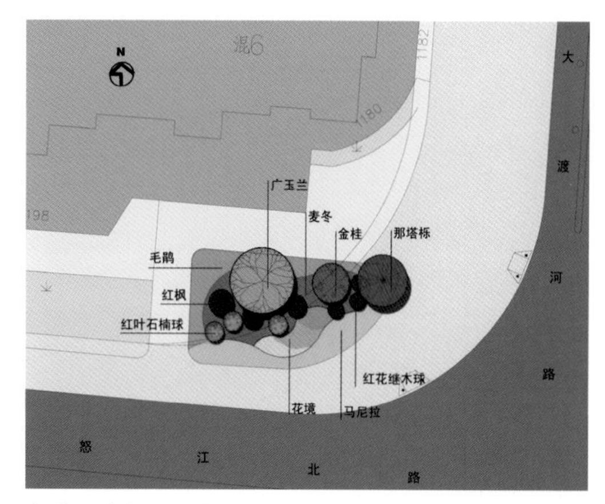

大渡河路怒江北路西北角绿地

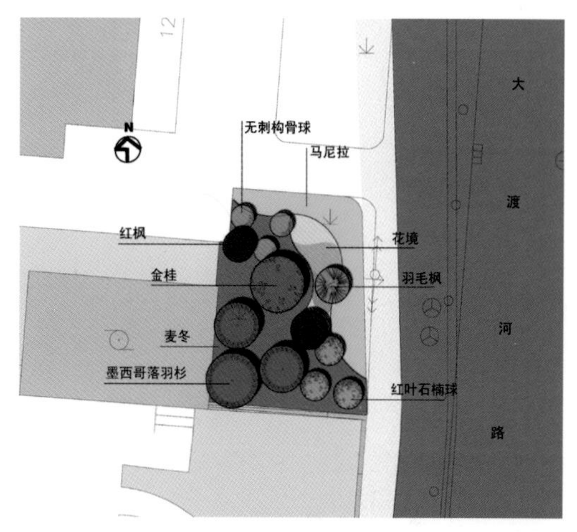

大渡河路 1288 号门前绿地

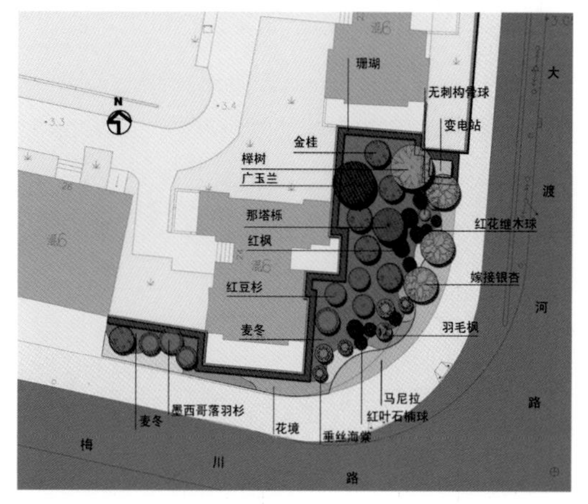

大渡河路梅川路西北角绿地

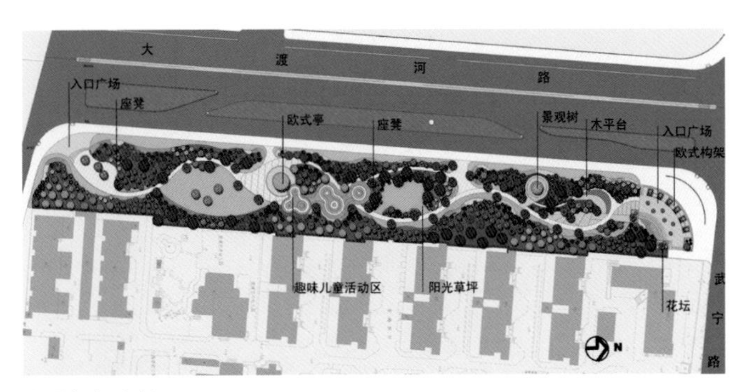

景观细部分析

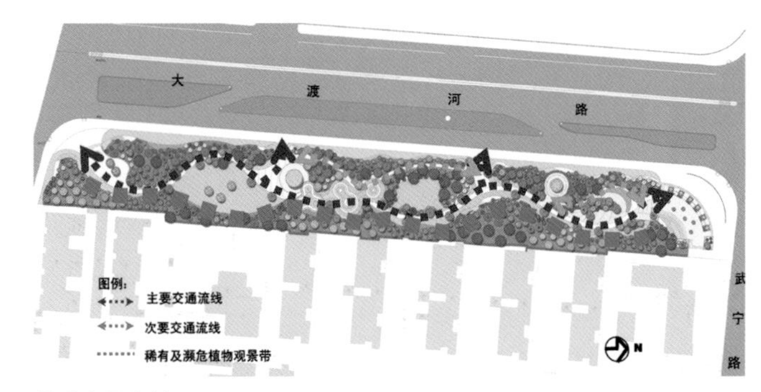

景观交通分析

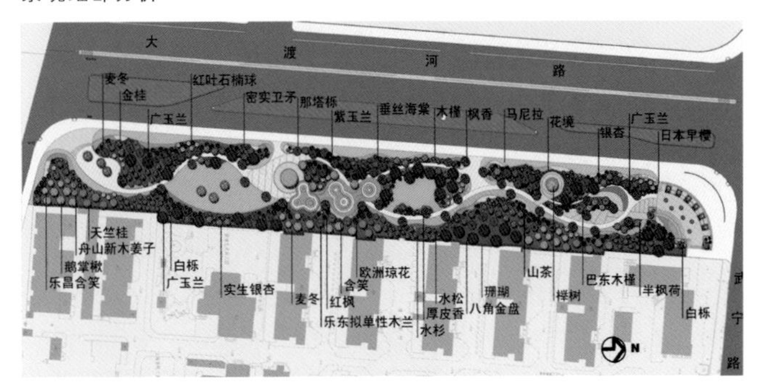

植物景观分析

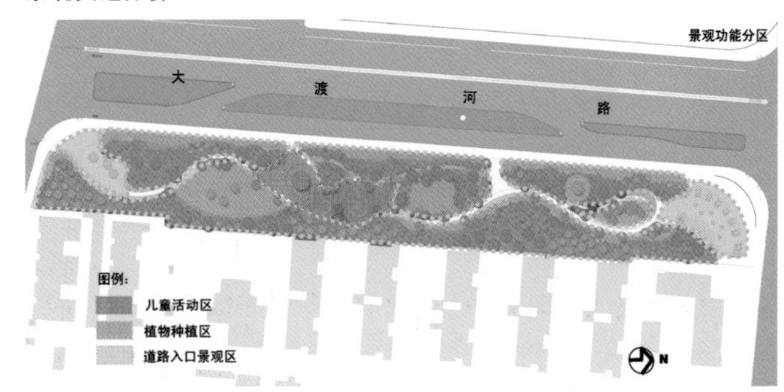

景观功能分区

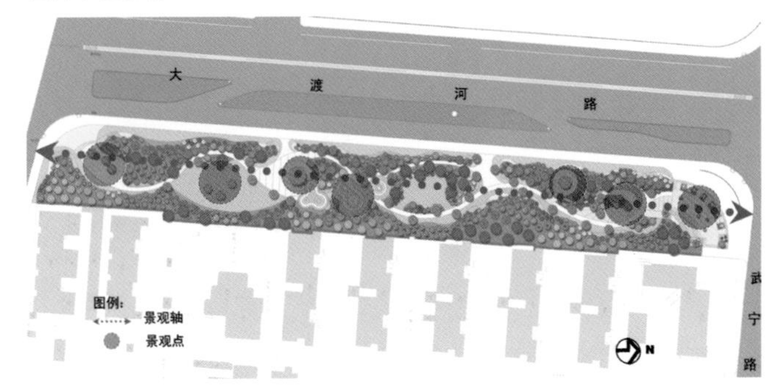

景观轴线分析

既达到夏季遮阴的效果，也开阔了游人的心境。

（9）大渡河路武宁路东北角绿地

本地块绿地面积1073m^2，广场上配置造型珊瑚柱，周边绿地上层配置广玉兰、雪松等常绿乔木作为背景，中层点缀大规格金桂、垂丝海棠和羽毛枫结合以观赏草为主的多点花境，利用丰富的色彩变化吸引行人的视觉焦点。

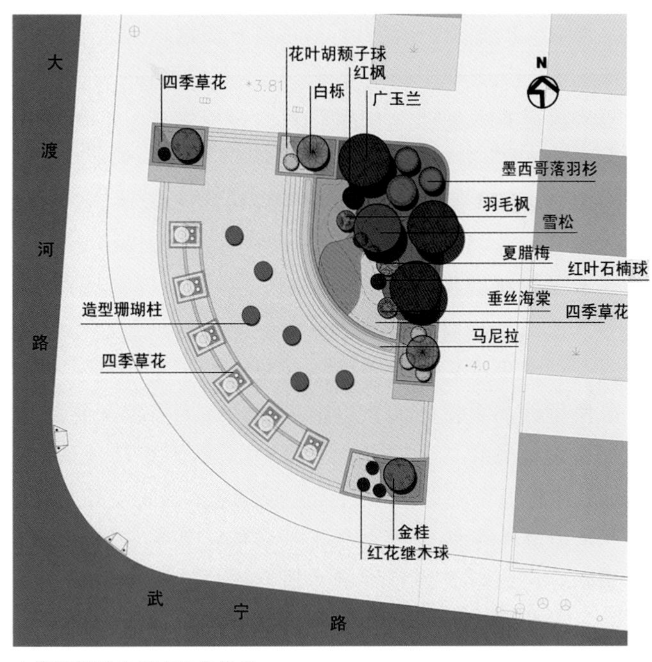

大渡河路武宁路东北角绿地

（10）久良广场门前人行隔离带绿地

本地块绿地面积 216m²，由于介于人行道与商业广场间的隔离绿地宽度较窄，上层配置多花含笑列植和行道树悬铃木相呼应组成双排行道树的效果，下层搭配整形修剪色叶植物，营造形式简洁的开敞空间。

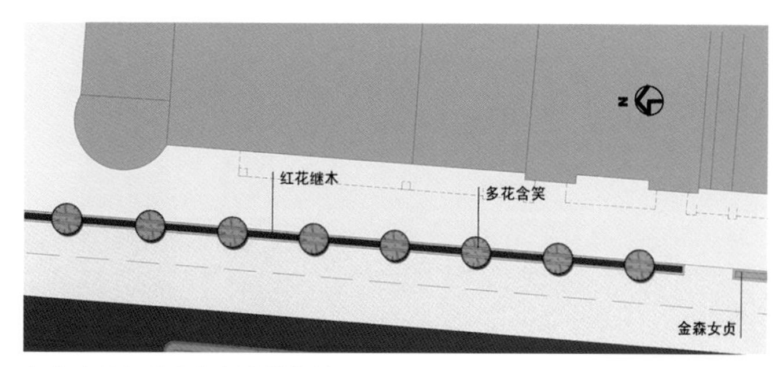

久良广场门前人行隔离带绿地

（11）大渡河路武宁路西北角绿地

本地块绿地面积 779m²，保留榉树、金桂及部分红叶李等长势较好的植物，移植部分红叶李，上层配置广玉兰、嫁接银杏、那塔栎、墨西哥落羽杉等形成高低错落的林冠线，中层配置大规格金桂、垂丝海棠、红叶石楠球、红花继木球、亮叶腊梅球等，绿地路口主视点处布置大体量景石与大块面花境组合搭配作为行人的视觉焦点。

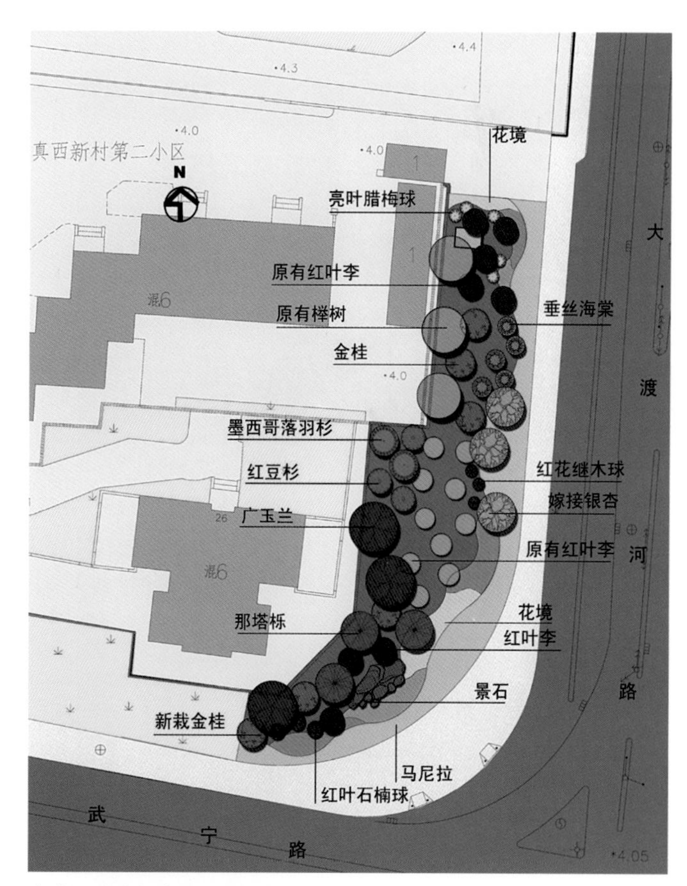

大渡河路武宁路西北角绿地

（12）大渡河路苏武牧羊门前两侧绿地

本地块绿地面积 566m²，北侧绿地由于地块较窄，上层配置嫁接银杏列植，中层配置大规格金桂、珊瑚绿篱和红枫，下层配置金森女贞、红叶石楠以及利用珊瑚绿篱作为背景点植花境，形成多层次的植物景观。南侧绿地保留女贞、棕榈、红叶李及瓜子黄杨球等长势较好的植物，上层配置广玉兰、那塔栎，中层配置大规格金桂、红枫和垂丝海棠与下层配置的红叶石楠球、花叶胡颓子球及带状花境组合成为多层次的植物景观。

（13）大渡河路北石路西南角绿地

本地块绿地面积 1326m²，上层配置广玉兰、嫁接银杏、墨西哥落羽杉、榉树、水杉等形态特征不同的乔木组成丰富的林冠线，中层配置大规格金桂、红枫和垂丝海棠、琼花、腊梅与下层配置的红花继木球、红叶石楠球、无刺枸骨球和带状花境及景石组成的自然植物景观带，使行人的视觉感受既具有一定的连续性又由于植物品种不同而产生的季相变化效果。

（14）川河园绿地（小游园）

本地块绿地面积 7084m²，由于受到道路拓宽的影响，对于绿地出入口压缩了园内道路和城市道路中隔离绿地宽度，设计考虑对于绿地出入口进行合理调整设计，保证原有的通行功能，鉴于园内苗木长势普遍良好，故应

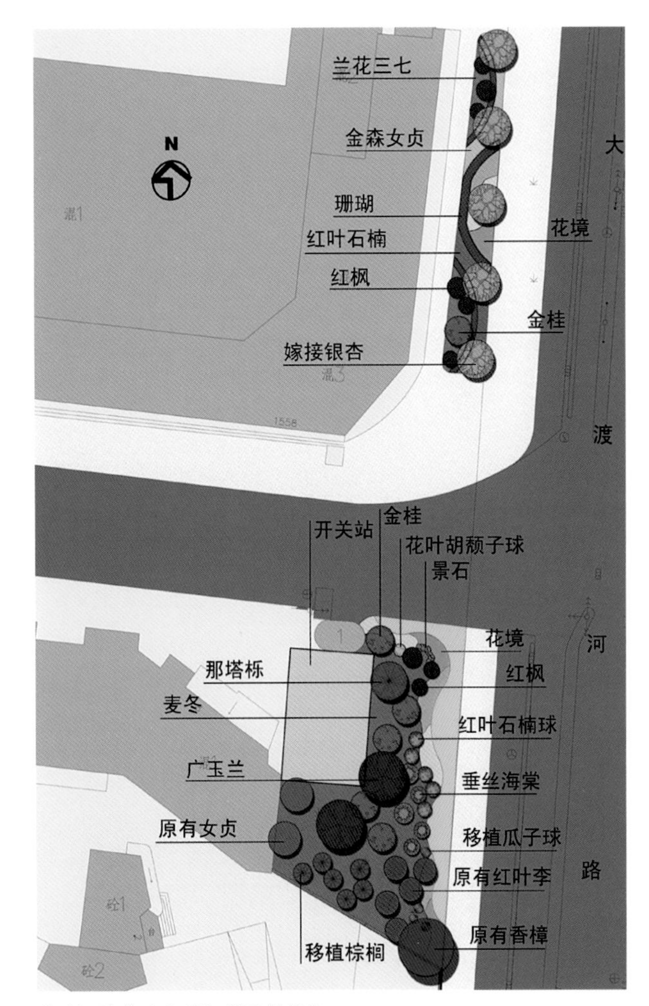

大渡河路苏武牧羊门前两侧绿地

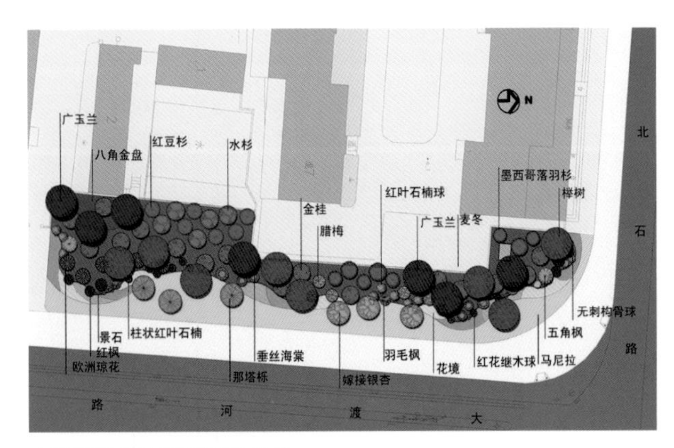

大渡河路北石路西南角绿地

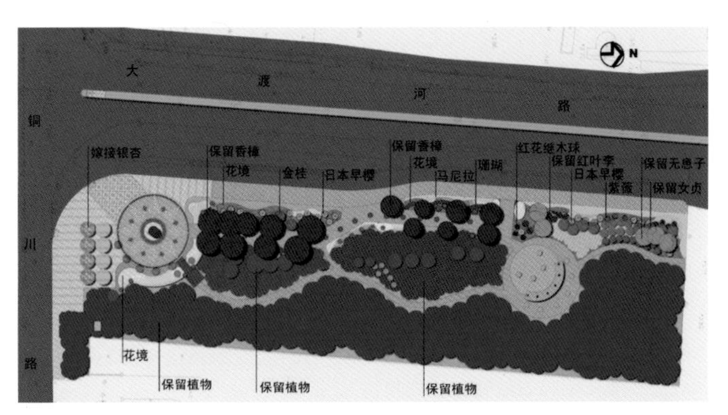

川河园绿地

用因地制宜原则，建议对原有苗木进行疏枝修剪，主要针对靠近道路的绿地植物进行恢复调整设计，北侧路口新增嫁接银杏树穴广场，同时对于相对空旷的雕塑下部空间新增约 50m^2 的草花坛，丰富广场景观效果；沿大渡河路侧绿地保留香樟、无患子、棕榈、女贞等高大乔木，利用中层配置骨架常绿树种大规格金桂以及本地移植日本早樱、紫薇采用密植形式和波浪形珊瑚绿篱作为背景结合流线型带状花境形成多层次、高密度、四季观花的立体景观空间，同时还能最大限度减少城市道路交通产生如噪声、灰尘等对园内游憩行人造成的不利影响。

（15）大渡河路阳光西班牙入口北侧绿地

本地块地处小区出入口处，绿地面积 1150m^2，由于地块内开关站建筑体量较大，在保留原有水杉的前提下配置墨西哥落羽杉、广玉兰、雪松、那塔栎等乔木柔化建筑立面，同时利用乔木群落作为背景配置红枫、垂丝海棠、密实卫矛等花灌木和金叶六道木、红花继木等小灌木营造春花秋叶的绿化气氛，更在弯角处配置花境烘托出小区出入口的景观效果。

（16）大渡河路桃浦路西南角绿地

本地块绿地面积 68m^2，设计考虑植物景观与景墙相结合，故配置色叶植物红枫和开花植物垂丝海棠都具有视觉通透性，并配以花境及景石组成自然式植物景观。

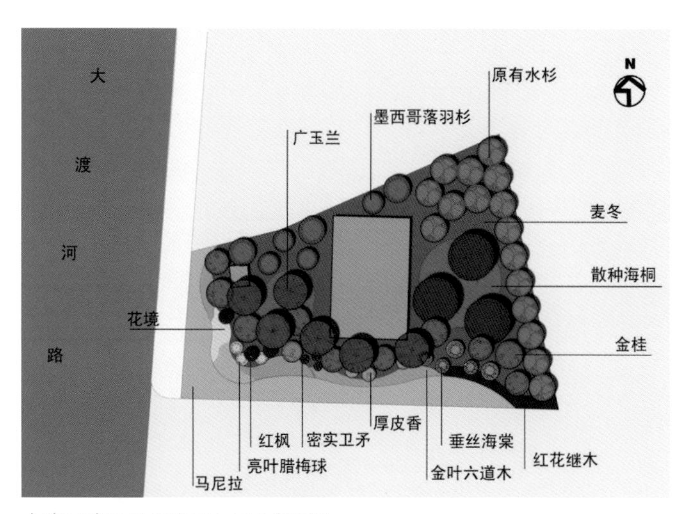

大渡河路阳光西班牙入口北侧绿地

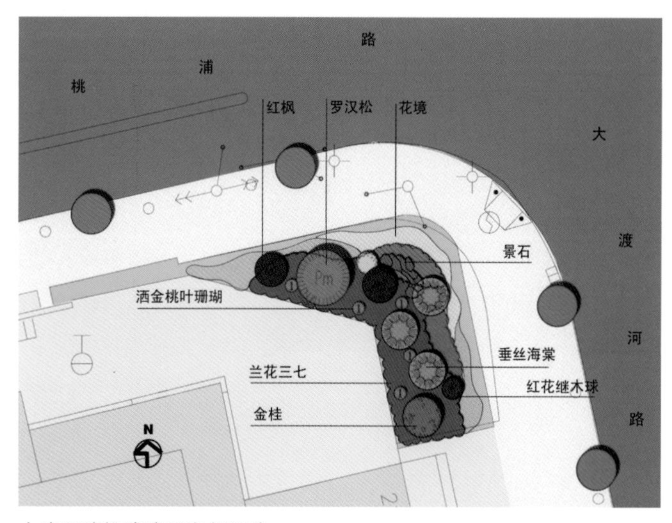

大渡河路桃浦路西南角绿地

7.5.4 行道树种植

在道路两侧人行道及中央绿岛种植悬铃木，既在安全性上满足道路设计规范要求，又在生态功能上具有遮阴、防尘、降噪等特点，还和道路整体的欧式设计风格相协调。为保证遮阴效果，建议选用规格较大的植株。

本项目中部分路段做行道树连接带，增加绿化面积，并有效防止行人穿越。

久良广场效果图

大渡河路武宁路西北角效果图

建成实景照片（一）

建成实景照片（二）

40
北石路
Beishi Rd.
直行掉头
Straight And U-turn
北石路
Beishi Rd.
直行右转
Straight And Right

建成实景照片（三）

Turn Left

建成实景照片（四）

建成实景照片（五）

8　重庆市万州经开大道景观设计

◎ 江苏大千设计院有限公司

城市道路绿化是城市绿地系统的重要组成部分，它不仅可以使绿色空间延续，还能有效地改善城市生态环境，在不影响道路交通的情况下，最大限度地将道路绿地使用功能与周边环境有机结合起来，为市民服务，是道路绿化设计应该充分考虑的。

8.1　项目概况

项目位于重庆市万州区，东经107°55′22″~108°53′25″，北纬30°24′25″~31°14′58″，东与云阳，南与石柱和湖北利川，西与忠县和梁平，北与开江和开县接壤。本案项目为万州经开区万忠路复线（双河口至高峰段），道路景观工程项目实施地点位于万州区双

总平面图

河口街道、高峰镇，道路总长 7.2km（B 段立交和 D 段隧道除外），北至双河口，南至高峰路段，与沪蓉高速、杨柳路等多条道路立体交叉，车行道宽 24m，道路景观工程标准段单侧宽 18m（含人行道）

8.2 设计亮点综述

8.2.1 结构亮点——树阵序列

利用树阵和行道树形成有序列感的空间，强调景观格局和脉络，形成结构亮点。

8.2.2 视觉亮点——落地大盆景

丰富主要节点细节，布置绿岛、落地大盆景等景观元素，形成视觉亮点。

8.2.3 文化亮点——竹编纹理

运用竹编纹理，与景观小品户外家具结合，形成地方特色明显的文化亮点。

8.3 设计主题及理念

8.3.1 设计主题——城市绿脉，动感廊道

以城市道路为基础，以慢行系统为骨架，形成与城市环境相融合的自然绿地，贯穿城市核心；以人为本，融入人文脉络，营造休闲、环保、生态的城市绿地系统。融合周边环境，结合地域风貌以达到看得见山水、记得住乡愁的景观效果。

8.3.2 设计理念

以保护城市生态环境和生物多样性、欣赏自然景致、满足城市居民郊野休闲需求为主要目的的生态型绿道。

通过慢行系统的营造以完善城市交通功能和景观品质，为居民的出行提供方便，为城市形象的提升和街道氛围的塑造打造基础。

8.4 慢行系统设计

8.4.1 慢行系统规范参考

城市慢行系统就是慢行交通，就是把步行、自行车、公交车等慢速出行方式作为城市交通的主体，有效解决快慢交通冲突、慢行主体行路难等问题，引导居民采用“步行 + 公交”、“自行车 + 公交”的出行方式。因此，慢行系统一般包括步行道、自行车道、综合慢行道，可根据现状择一进行建设，一般绿道应建设自行车道，生态型、郊野型绿道可建设综合慢行道。依据《城市道路设计规范》自行车道宽度应按照车道数的倍数计算，自行车道每条车道宽度宜为 1m，双向行驶自行车道路最小宽度宜为 3.5m。

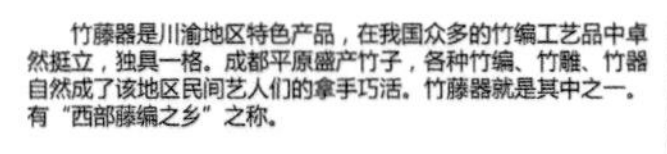

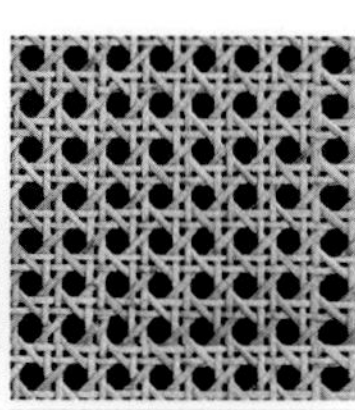

设计亮点综述

8.4.2 慢行设施的典型设计

（1）道路横断面设计

慢行一体化设计：将非机动车道与人行道设置在同一平面，用软性隔离的方式将行人和非机动车从空间上分离，达到保障安全、资源共享的目的。

（2）交叉口及路段过街设计

人行过街设计：慢行过街设施的设置依过街需求和道路条件而不同。交叉口、公交停靠站和大型住宅区出入口等节点都需要考虑设置慢行过街设施，设施类型根据具体条件设计。

非机动车左转二次过街：交叉口内各进口道设置非机动车过街横道，形成联通的闭环，非机动车在环内逆时针流动，转角处设置左转非机动车待行区域，并用绿化或其他设施将其与机动车隔离。在信号控制上，将非机动车与行人信号统一管理，左转非机动车在直行相位进入左转待行区，在下一个直行相位实现左转。

中央驻足区（安全岛）设计：一般利用中央分隔带设置在道路中央，用于保护过街行人及非机动车的安全。中央驻足区的设置一般是依靠绿化带分配行人或非机动车驻足的空间，驻足区的宽度不小于 1.5m。

（3）交通管理及控制

信号控制：在交通设计阶段，对弱势群体安全的考虑，除了分配专用空间，还应该分配专用时间，即利用信号控制策略，分离行人、非机动车与机动车冲突点，达到保护弱势群体利益的目的。

交通语言：运用交通语言为行人和驾驶员提供必要的交通信息，是交通设施发挥作用的保证。

（4）与公交协调的慢行设计

对于常规公交停靠站通常采用平面过街方式，在设置 BRT 的公交走廊，道路中央分隔带一般较宽，BRT 站点可通过中央分隔带设置立体行人过街设施。

公交停靠站设置在交叉口：交叉口是各个方向人流汇聚和分散最为便捷的地方，因而公交站点常设置在交叉口附近，乘客利用交叉口的慢行过街设施，如人行过街横道、天桥或地道完成过街、换乘等活动。公交停靠站设置在路段，可以采用“尾对尾”式设计，协调对向停靠站行人过街，提高乘客过街安全性。

（5）无障碍设计

缘石坡道设计：道路的高差会给行动不便者带来较

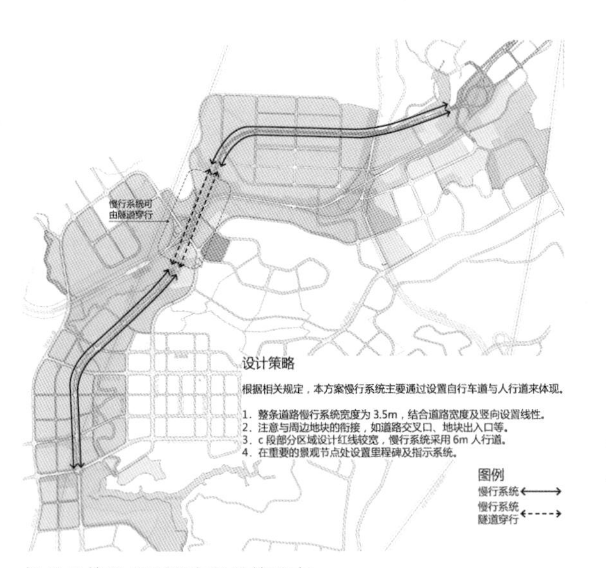

慢行系统总平面及交通设施分布

大麻烦，在人行道、进出口等处需要设计合理坡度的缓坡。缓坡设计可参照《城市道路和建筑物无障碍设计规范》。

盲道设计：盲道是盲人进行正常出行的保障，在设计时，应保证盲道的连续性、方便性。不要在盲道设置障碍物，保证盲人行走时的安全性。

立体过街设施设计：立体过街设施极大增加了行动不便过街者的过街难度，需要配置合理的无障碍设计。在人行天桥、人行地道设置坡道，以方便乘轮椅者通行，坡道坡度根据规范要求确定；同时，在坡道和梯道设扶手，以辅助老年人等的通行。

8.4.3 慢行系统总平面

根据相关规定，本方案慢行系统主要通过设置自行车道与人行道来体现。

（1）整条道路慢行系统宽度为 3.5m，结合道路宽度及竖向设置线性。

（2）注意与周边地块的衔接，如道路交叉口、地块出入口等。

（3）C 段部分区域设计红线较宽，慢行系统采用 6m 人行道。

（4）在重要的景观节点处设置里程碑及指示系统。

8.4.4 慢行系统交通设施分布

根据相关规范，公交车站间距为 500 ～ 600m 为宜，但现状用地以工业用地为主，存在客流量较少等原因，同时参考交通规划，故公交车站间距分布暂以 1000m 左右设置。

（1）在路段上，同向换乘距离不应大于 50m，异向换乘距离不应大于 100m；对置设站，应在车辆前进方向迎面错开 30m；

（2）在道路平面交叉口和立体交叉口上设置的车站，换乘距离不宜大于 150m，并不得大于 200m；

（3）使一般乘客都在以该站为中心的 350m 半径范围内，其最远的乘客应在 700 ~ 800m 半径范围内。

（4）中途站的站距要合理选择，平均站距宜在 500 ~ 600m。

8.5 分区设计

C 段 1 区平面图

C 段 1 区节点一效果图

C 段 1 区节点二效果图

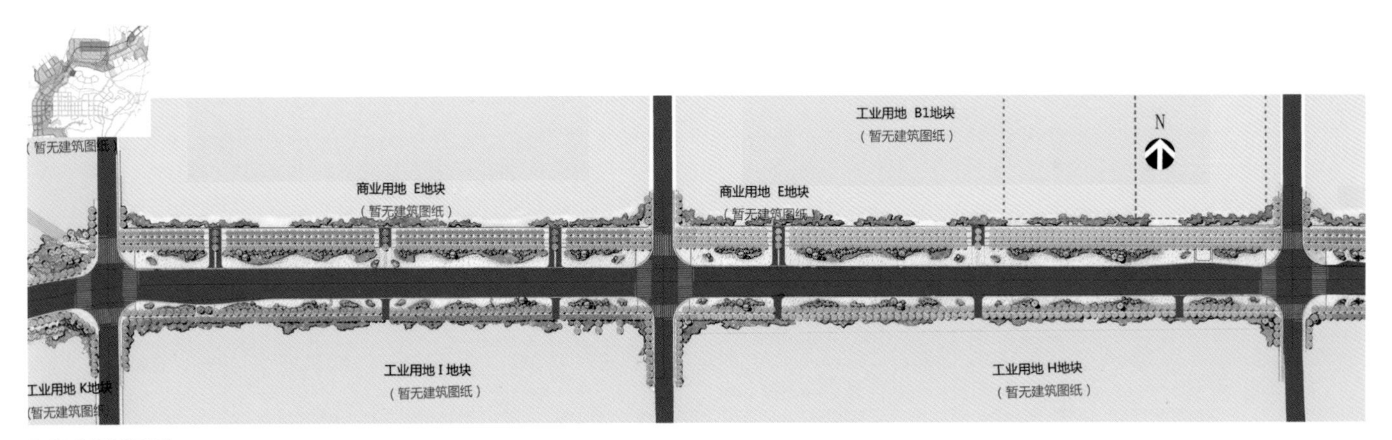

C 段 2 区平面图

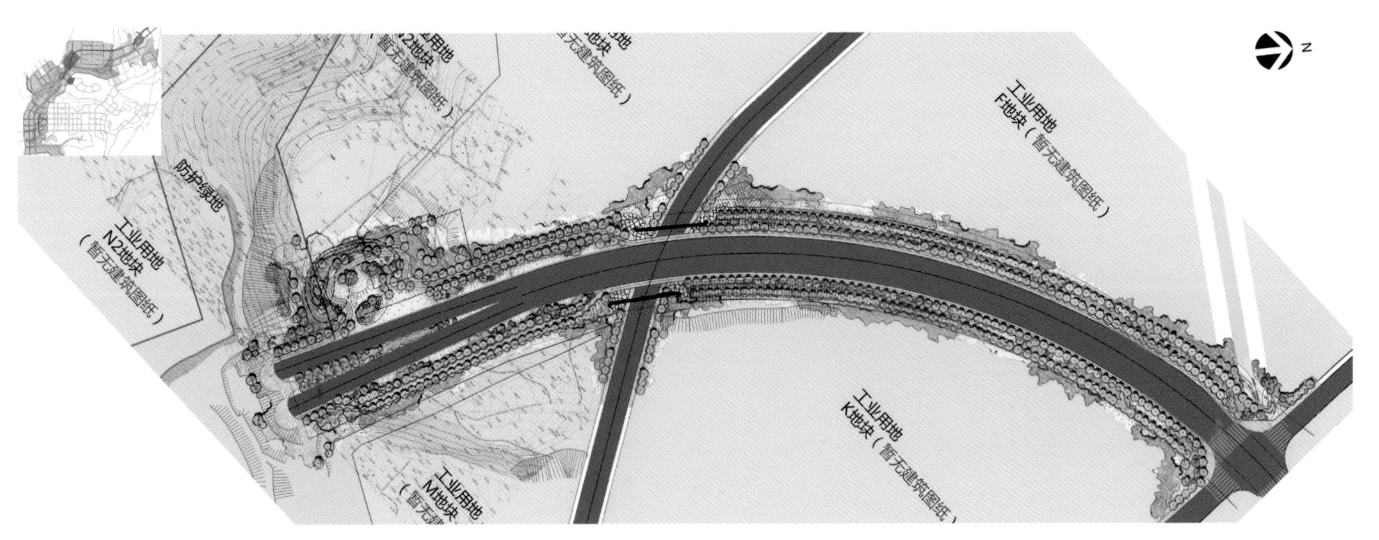

C 段 3 区平面图

C 段 2 区节点一效果图

C 段 3 区节点一效果图

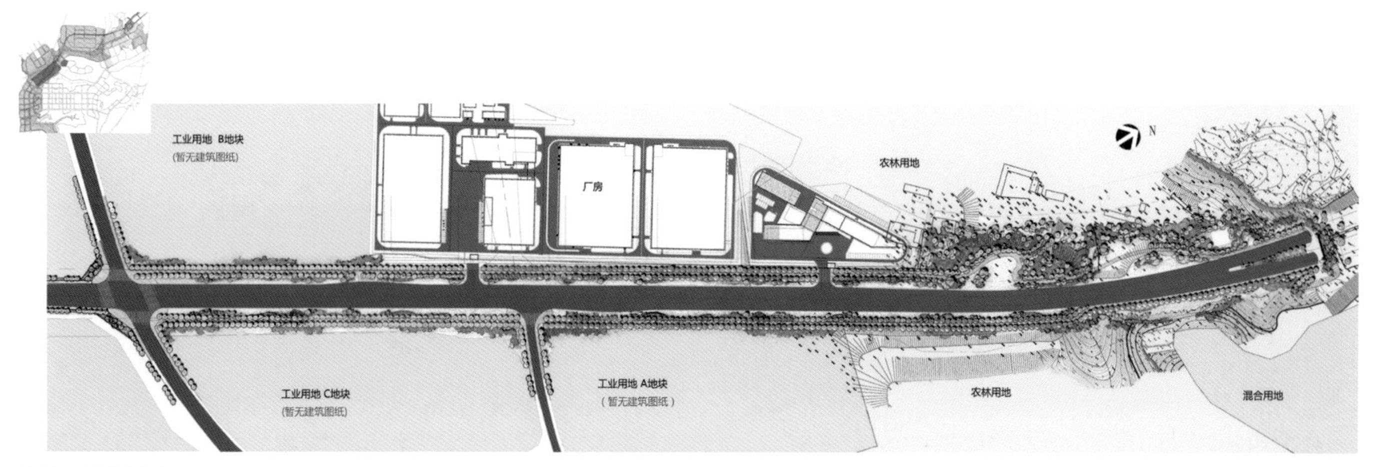

E 段 1 区平面图

E 段 1 区节点一效果图

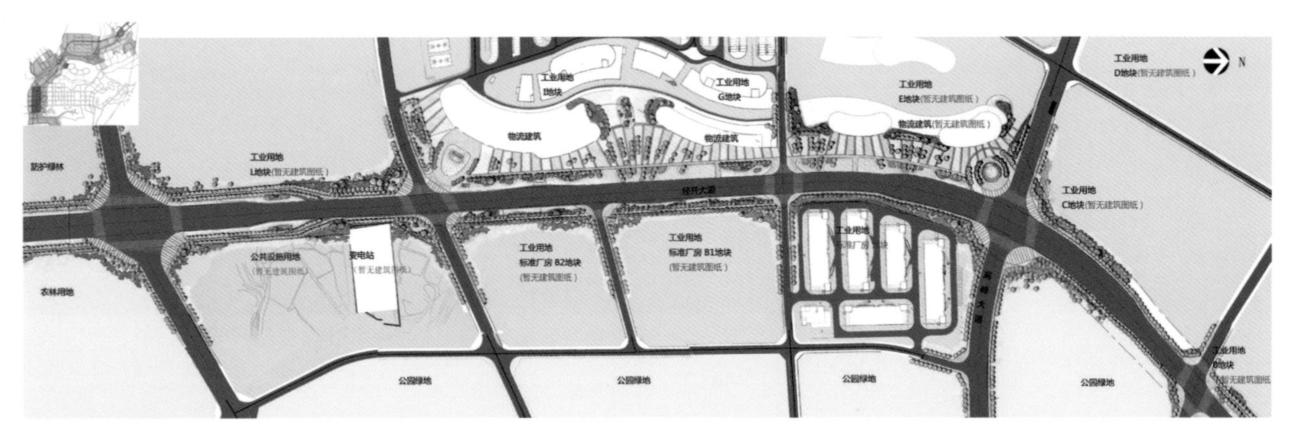

E 段 2 区平面图

E 段 2 区节点一效果图

E 段 2 区节点二效果图

崖壁设计

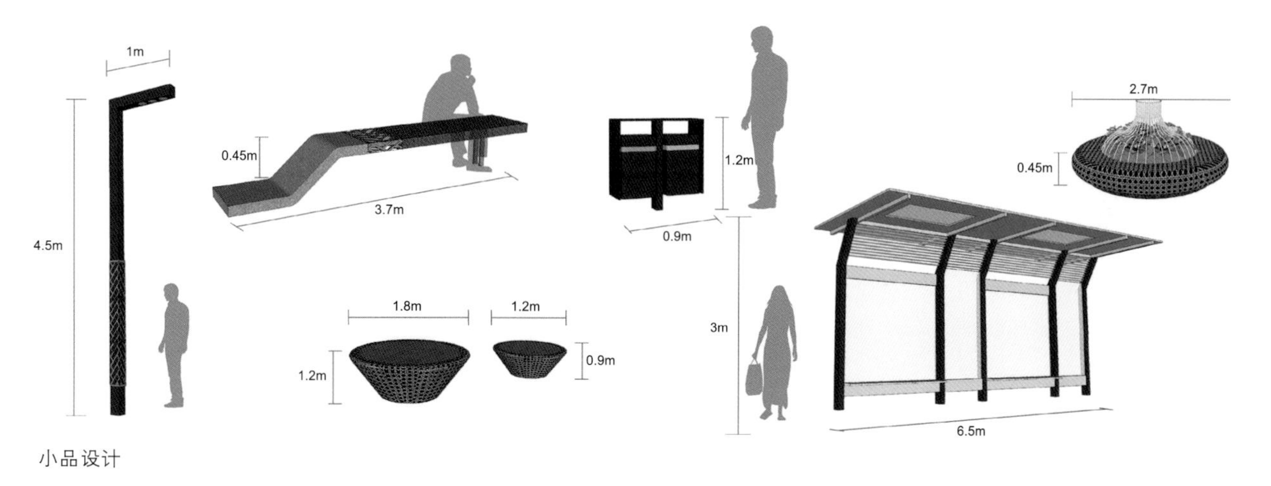

小品设计

8.6 专项设计

8.6.1 崖壁设计

现状为混凝土硬质护坡，无种植面积，由排水沟至崖壁底脚宽度为 500 ～ 800mm，马道宽度为 2m。

8.6.2 设计措施

（1）在排水沟边界处设置挡墙，在挡墙和崖壁之间填入种植土，种植爬山虎。

（2）在马道处填入种植土，种植低矮灌木和三角梅，三角梅可向下垂落，亦可向上攀爬。

8.7 结语

城市道路绿化带建设所实现的不仅仅只是景观上的视觉效果，更是改善城市道路生态条件的重要措施。事实上，利用绿化带的生态功能来取得城市生态环境的良好循环是城市生态可持续发展的根本出路。我们相信，城市道路的绿化带景观设计是城市精神文明建设中的重要组成部分，也是一个城市精神文明内涵的外在体现，因此，道路绿化带的建设必须该作为城市建设的一个重点问题来进行处理，最终实现和谐发展。

9　山东省济宁市礼贤路景观概念方案设计

◎ 上海点聚环境规划设计有限公司

9.1　设计愿景

9.1.1　重温圣贤之路

本案所在的道路名称为礼贤路，并与周边道路命名成为一个系列，如求贤路、思贤路、复贤路、知遇路和知音路。

9.1.2　穿越运河之路

礼贤路长 5km，由西至东经过京杭大运河、新运河、古运河、洸府河以及塌陷区湖泊。

9.2　设计策略

礼贤路是一条有自己特色并与周边规划相协调的一条特色城市景观道路——具备文化特色，运河特色和生态特色。

文化特色：以景观手法在礼贤路上来体现圣城济宁的儒家文化底蕴，可以在车站候车亭设计，街道户外家具设计，道路灯具设计，地面铺装设计，景墙和户外艺术品设计上来传递这样一种文化的基本色调。这样一种色调可以延伸到求贤路、思贤路、知遇路和知音路，相

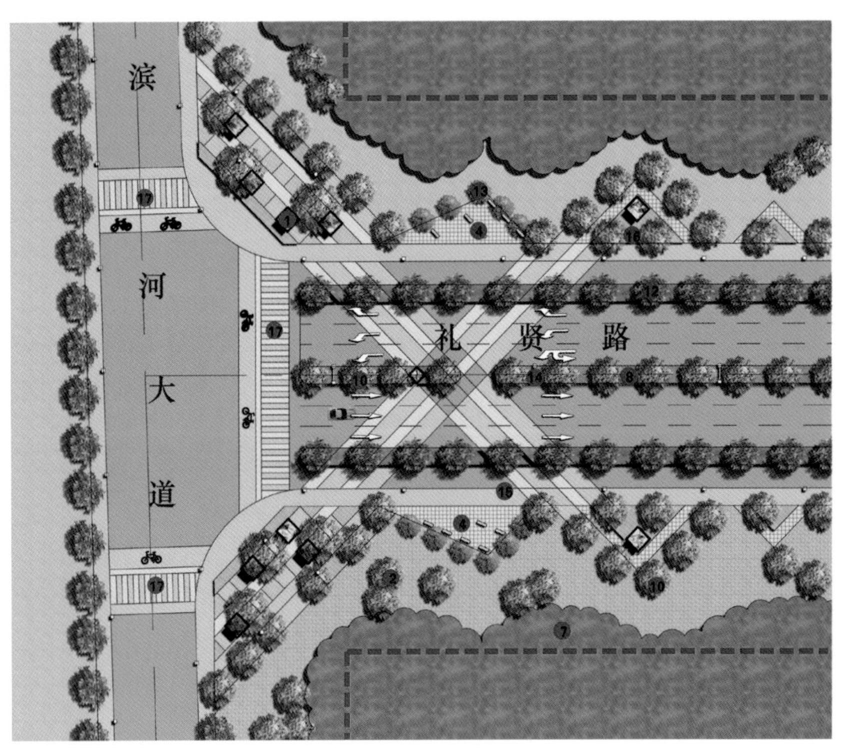

1 特色雕塑
2 草坪
3 竖向照明雕塑
4 特色铺装
5 4.5m 宽自行车道
6 3m 宽人行步道
7 大片植栽
8 特色开花植物
9 2m 宽人行道
10 常绿树
11 休息区
12 特色落叶树
13 花树
14 车行道街灯（20m 间隔）
15 人行道街灯（10m 间隔）
16 直角三角形花园
17 斑马线

滨河大道交汇处平面设计图

求贤路
思贤路
礼贤路
知音路
圣贤路
湖泊区湖泊
湖泊区湖泊

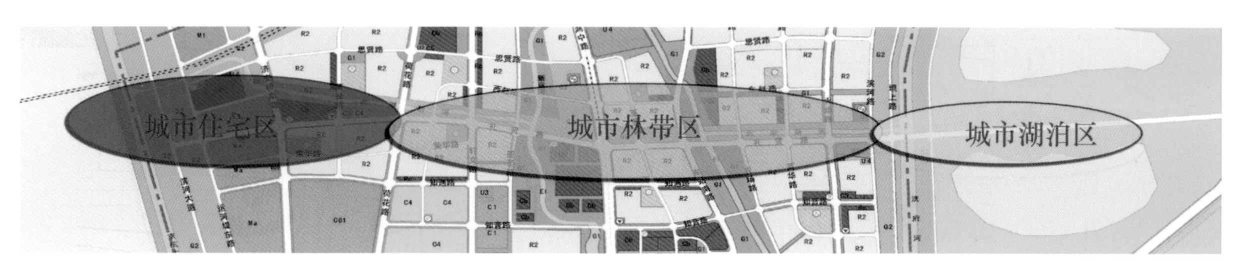
城市住宅区
城市林带区
城市湖泊区

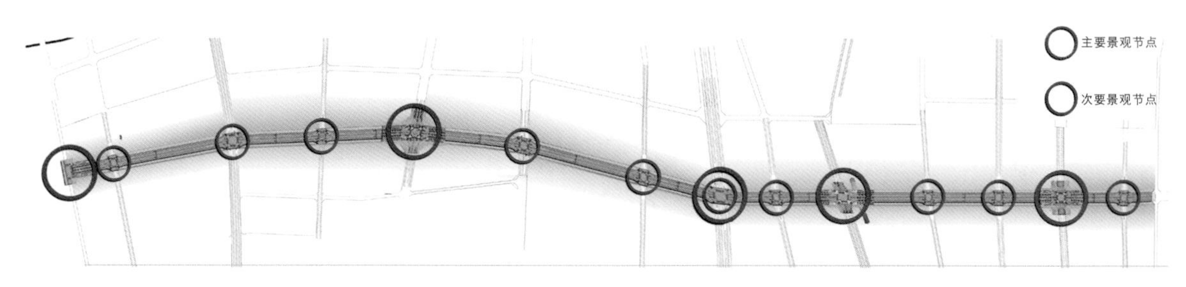
主要景观节点
次要景观节点

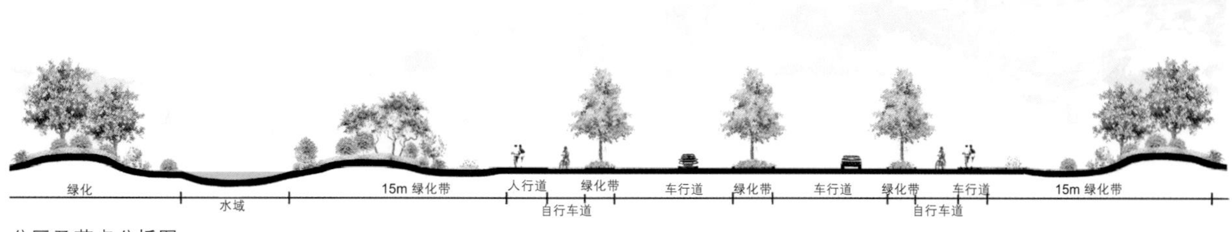
绿化
水域
15m 绿化带
人行道
自行车道
绿化带
车行道
绿化带
车行道
绿化带
车行道
自行车道
15m 绿化带

分区及节点分析图

荷花路交汇处平面设计图

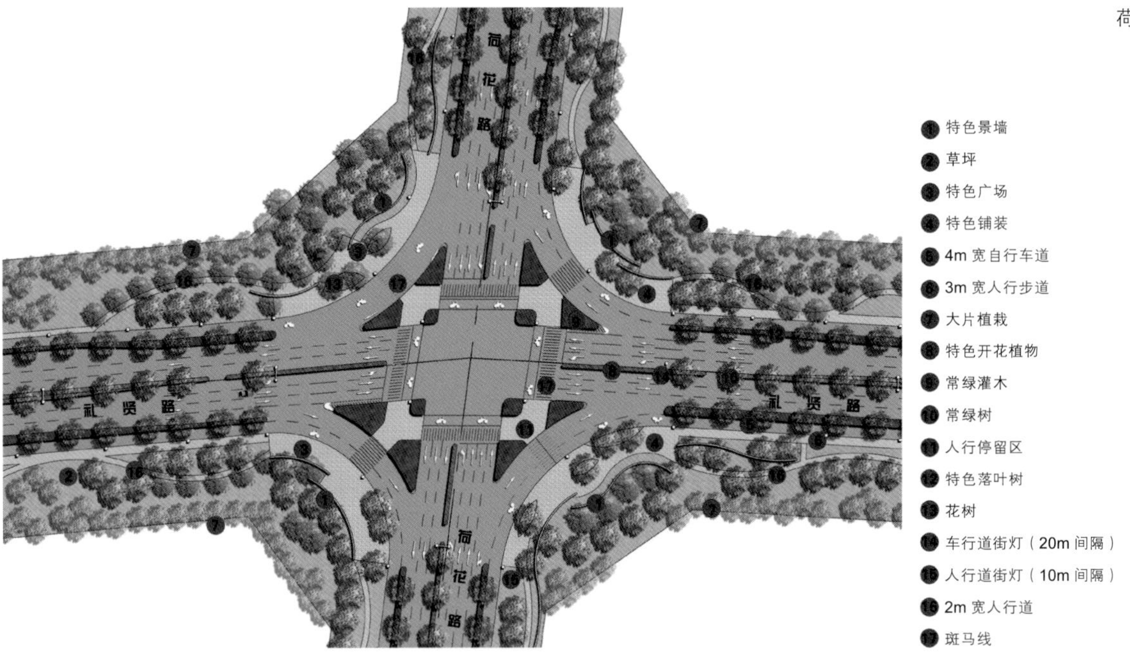

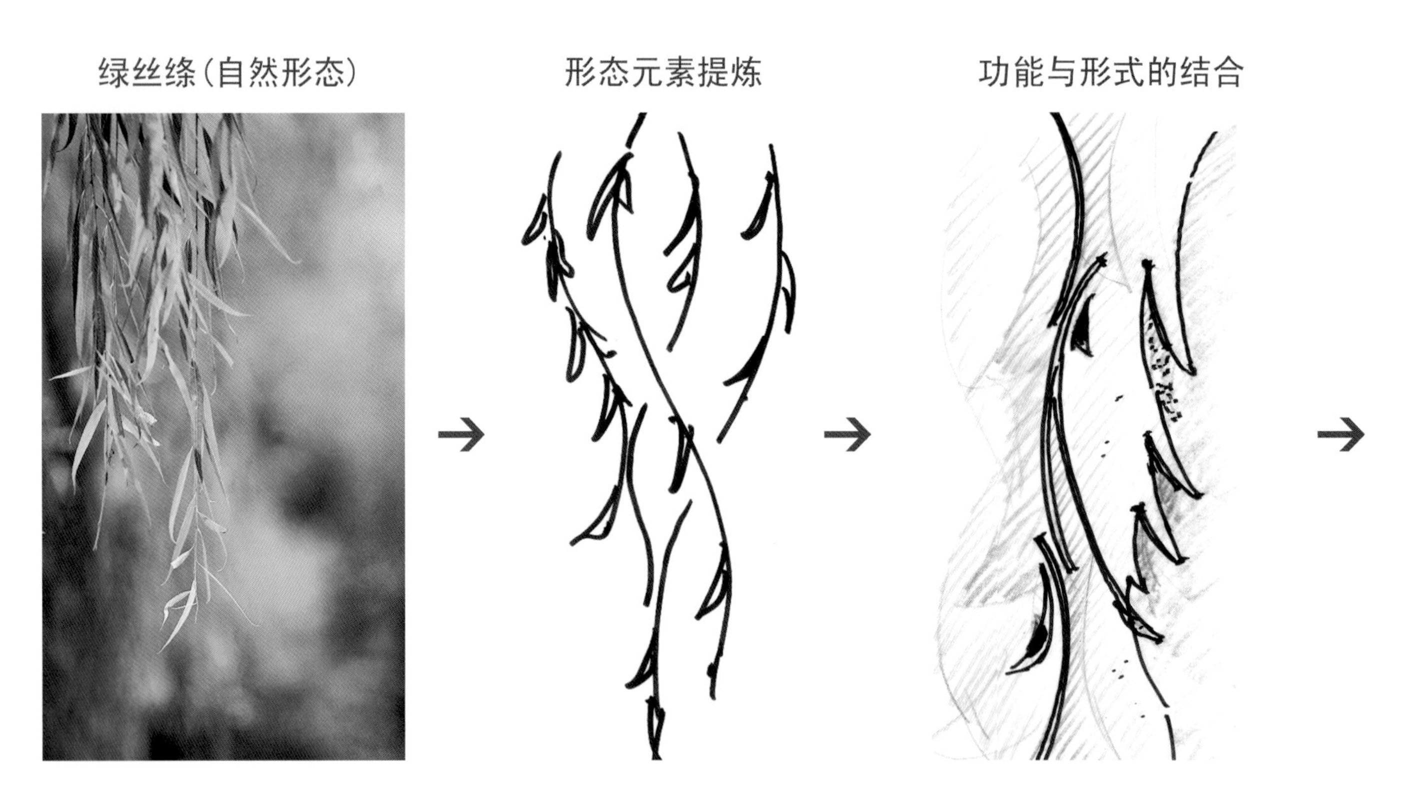

■ 园路系统与景观构筑物（枝干）

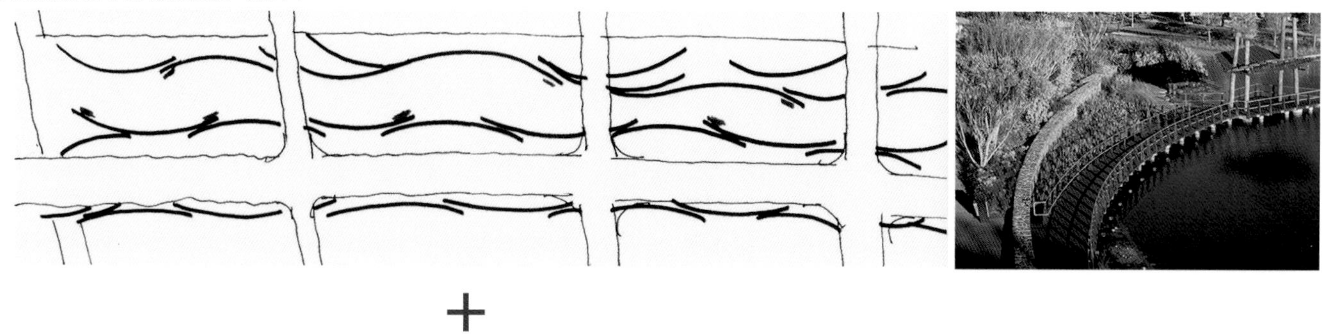

＋

■ 生态岸线与雨水花园（外在形态）

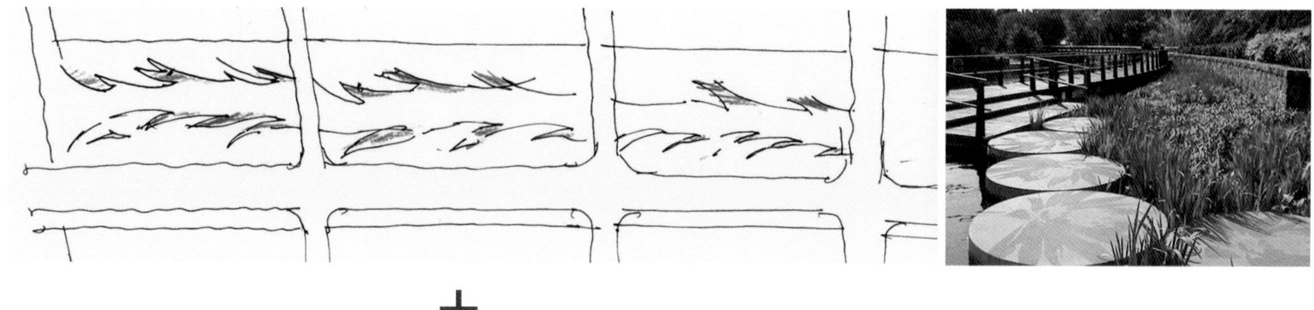

＋

■ 绿化种植：乔木、灌木、地被的有机结合（绿叶）——河边靠路一侧空间打开，不知更多的草坪空间，河边另一侧闭合作为道路的视线边界

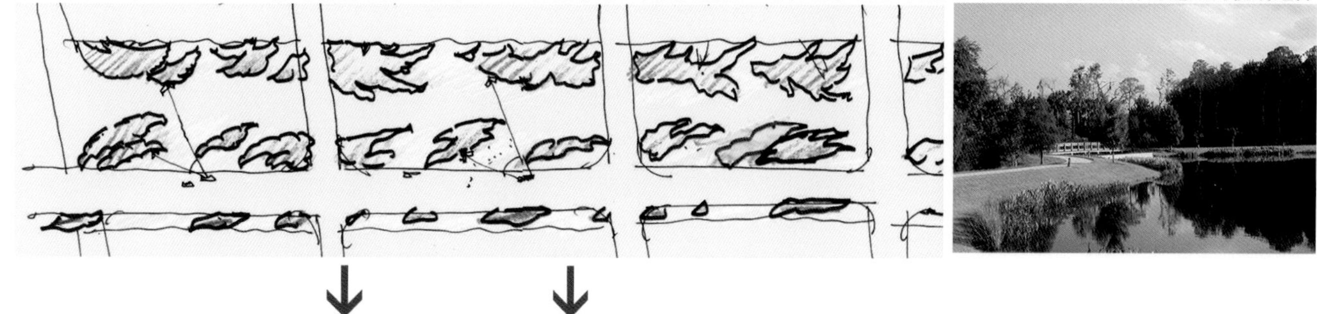

↓ ↓

■ 道路系统、生态系统、绿化系统三者有机结合（绿色脉络）

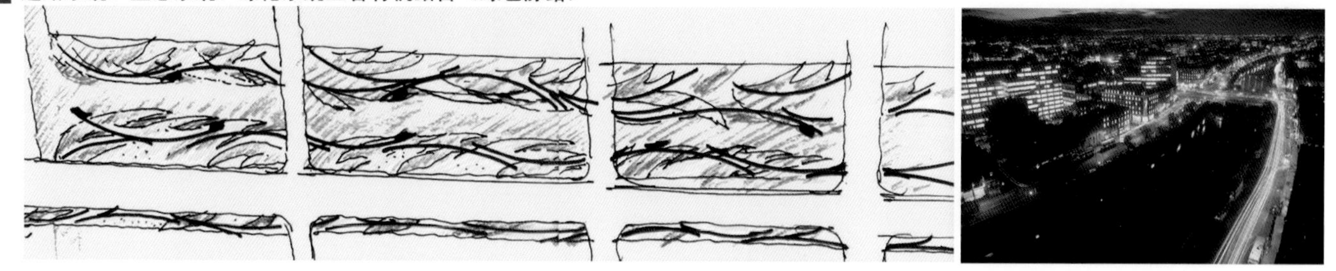

设计元素

互之间既有共性又有差异来形成一个系列。

运河特色：礼贤路依次穿越京杭大运河（将来）、新运河、古运河和洸府河。跨越这四条著名河道的大桥，可以成为礼贤路上的地标（同时也是这四条河道的地标）。目前新运河上的桥梁已由新运河设计单位在做概念设计，其他三座桥的设计可以与之响应，形成系列，求共性（同在礼贤路上）存差异（在不同的河道上）。桥的立面和栏杆可以一致，色彩和细部图案可以反映每一条河道本身的故事和特色。

生态特色：高压走廊防护林毗邻礼贤路，加宽了道路侧向的绿地进深，为道路两侧或单侧提供了非常难得的景观机遇，改善了道路侧向的视野，成为一条名副其实的景观道路。所以防护林绿带实际上与道路两侧绿带是一个整体，应同时考虑。防护林绿带为附近城市雨水生态化管理提供了可能，在此可以收集地标径流，用植物过滤污染严重的初期雨水，向下渗透雨水来补充地下水，滞留雨水来实现雨水排放的错峰。同时也为野生动物，鸟类和鱼类提供了珍贵的城市中的栖息地。

9.3 设计元素主题——平面构成语言

设计本身“源于自然，用于自然”，采用济宁本土植物“旱柳”的“枝条”和“叶片”构成平面形态，随风拂动的柳枝交错在一起，柔美而又有弹性的线条是构成整个流线系统的主线，将灵动的活动空间、构架、平台交织在一起，形成一个多层次趣味性强的城市景观绿轴，从而达到，形式与功能的完美结合。随着时间与空间的推移，整个城市绿带犹如涌动在城市中的绿色的脉络；与此同时的生态可持续性的设计，形成一个生态系统体系，让整个绿带承担起了净化水系、空气以及隔离噪声等重任，滋养着整个城市，让城市有了活力与生机。

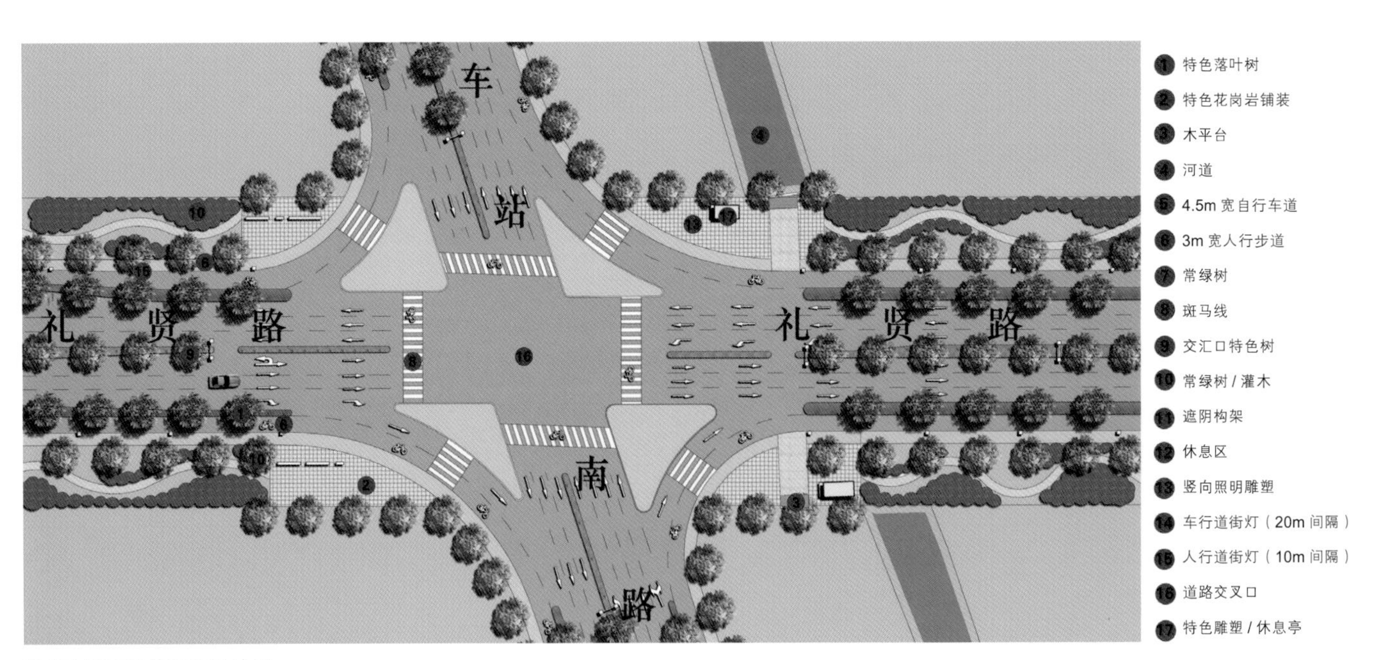

车站南路交汇处平面设计图

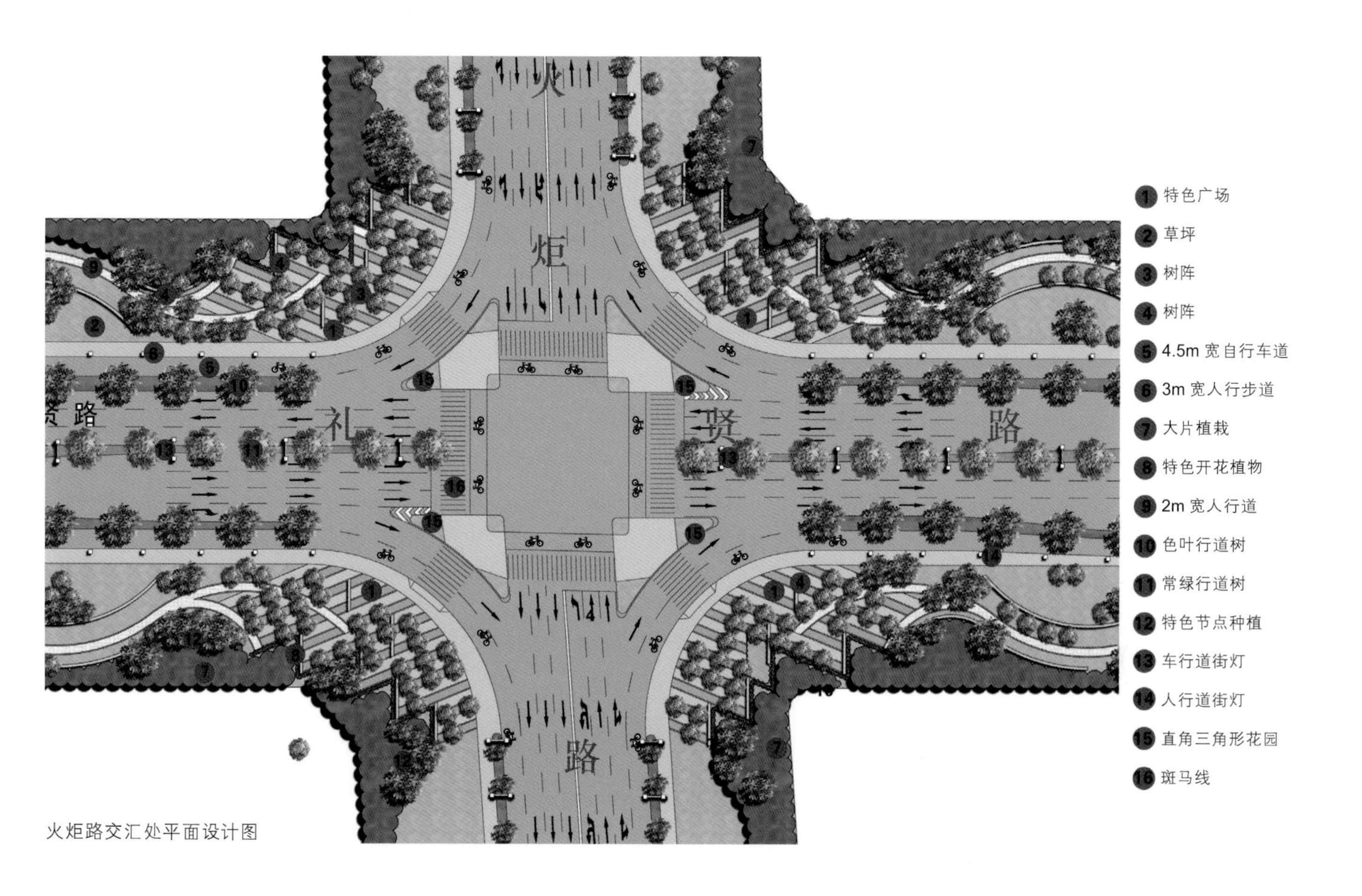

火炬路交汇处平面设计图

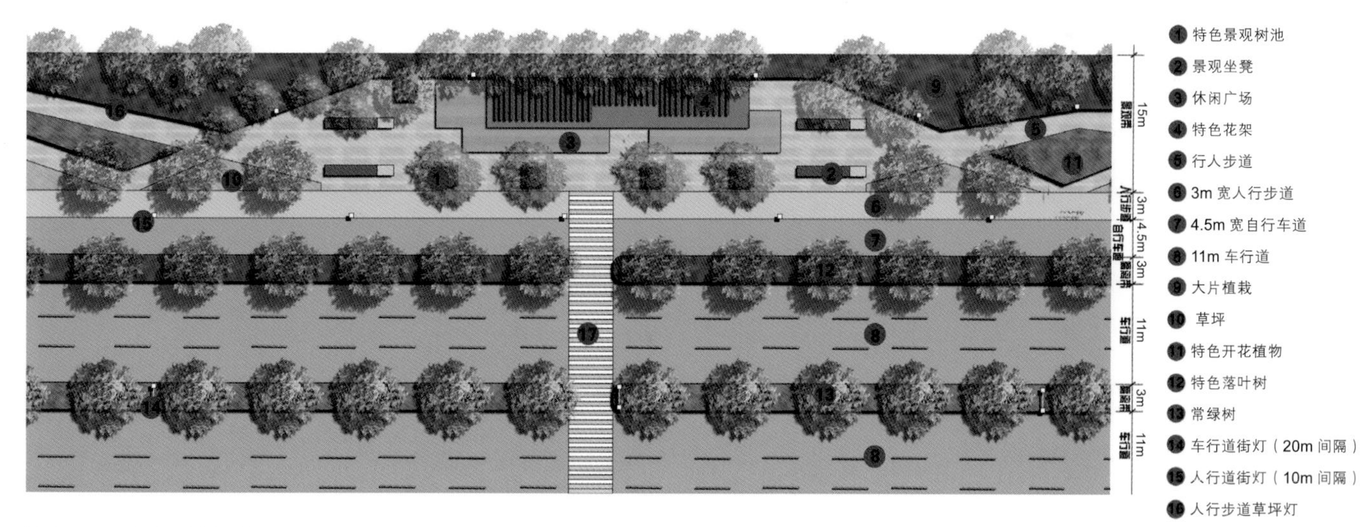

道路趣味空间平面设计图

9.4 景观节点分区

9.4.1 城市住宅区

目标：营造道路节点形象及提示步入礼贤路的起点。

功能：为两侧居住的居民及共公地块提供绿色的缓冲带。

9.4.2 城市林带区

功能：将礼贤路打造为集生态、文化、休闲的景观道路。

9.4.3 城市湖泊区

目标：利用地形塌陷所形成的湖泊，打造湿地公园，形成北湖区特色的湖泊景观。

功能：平衡城市生态，营造滨水公园氛围。

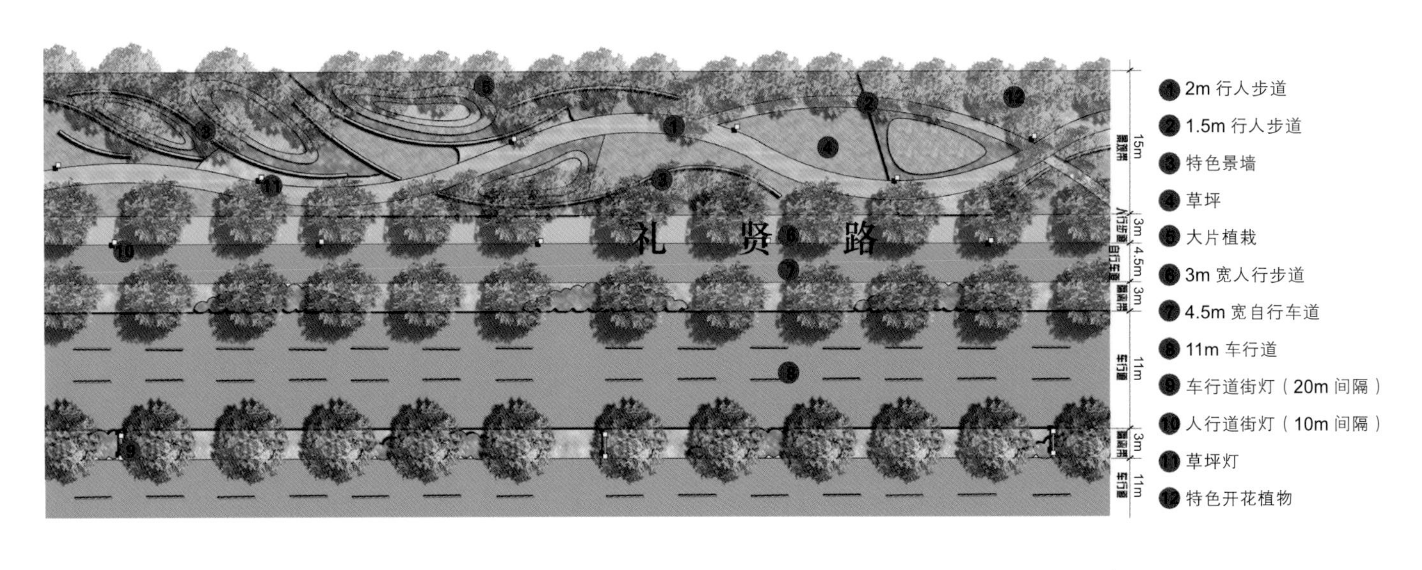

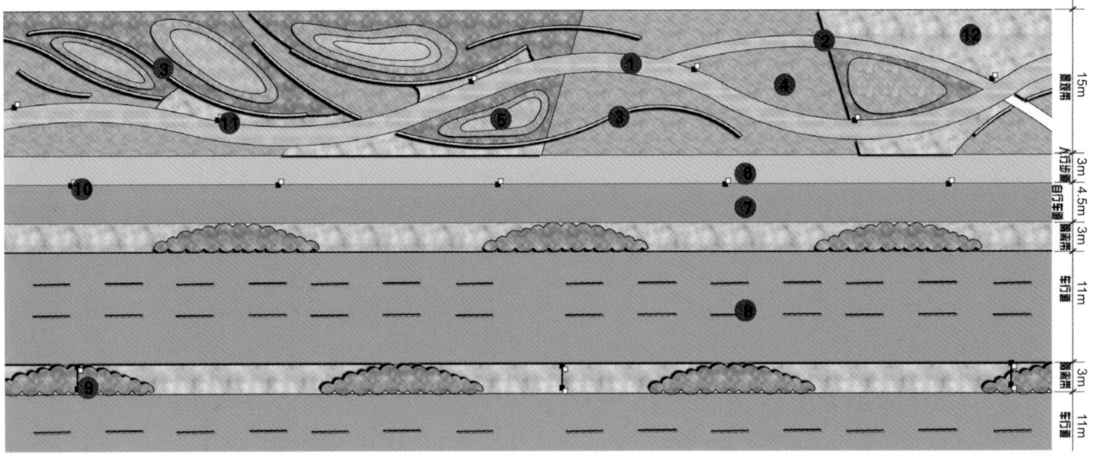

1 2m 行人步道
2 1.5m 行人步道
3 特色景墙
4 草坪
5 大片植栽
6 3m 宽人行步道
7 4.5m 宽自行车道
8 11m 车行道
9 车行道街灯（20m 间隔）
10 人行道街灯（10m 间隔）
11 草坪灯
12 特色开花植物

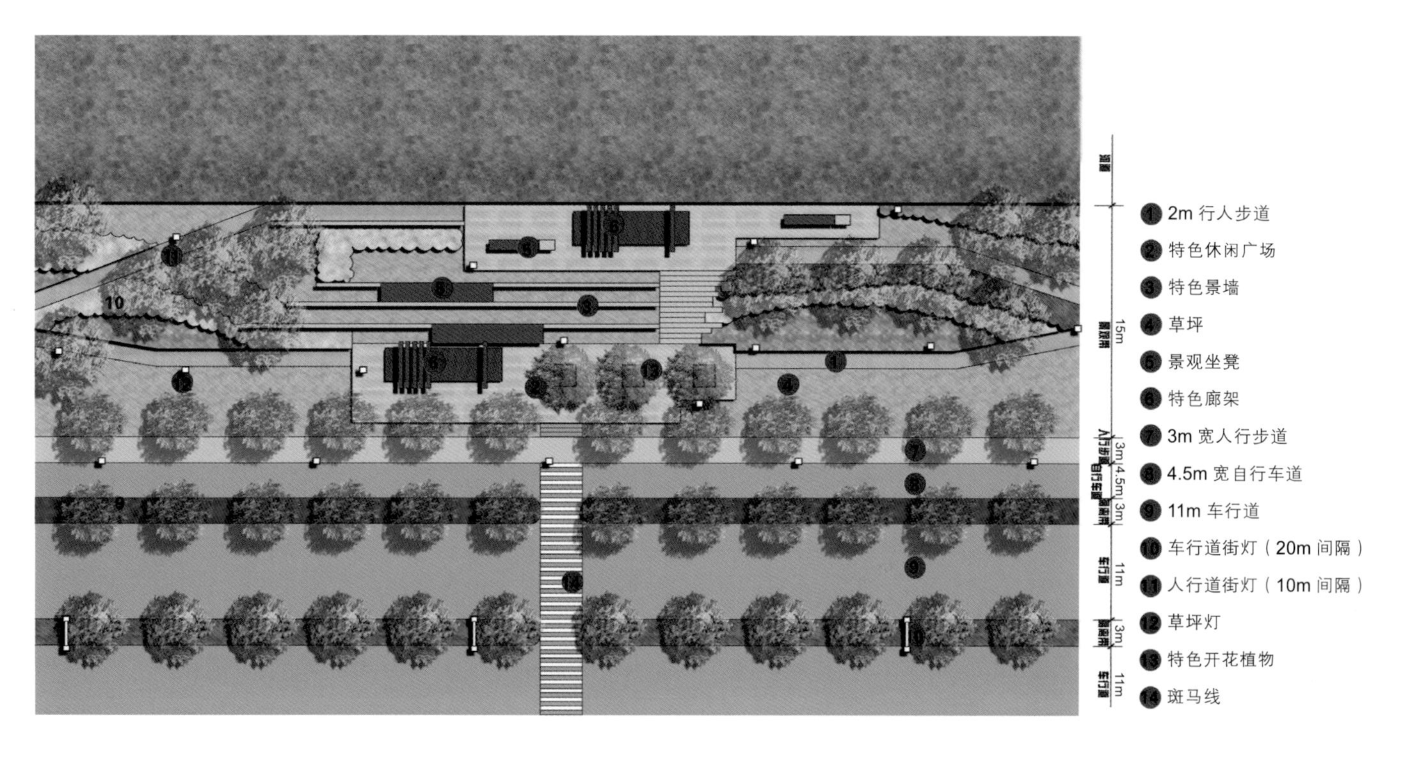
2m 行人步道
特色休闲广场
特色景墙
草坪
景观坐凳
特色廊架
3m 宽人行步道
4.5m 宽自行车道
11m 车行道
车行道街灯（20m 间隔）
人行道街灯（10m 间隔）
草坪灯
特色开花植物
斑马线

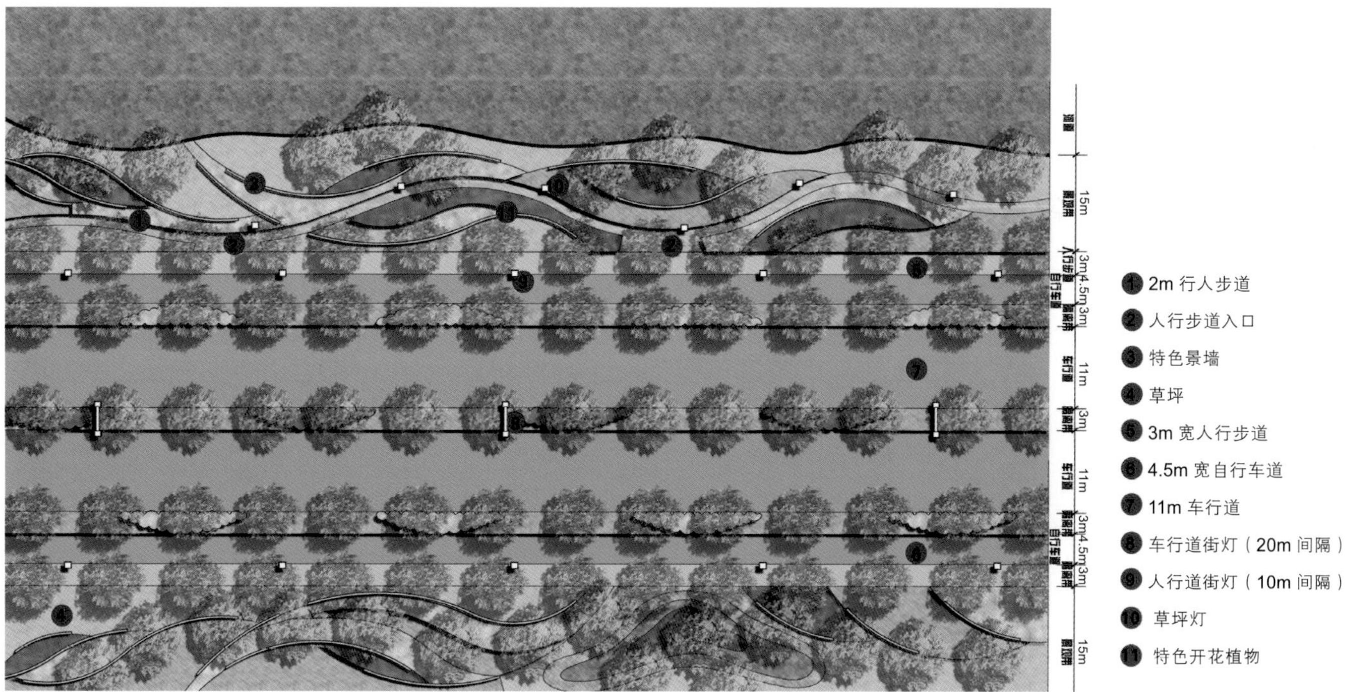
2m 行人步道
人行步道入口
特色景墙
草坪
3m 宽人行步道
4.5m 宽自行车道
11m 车行道
车行道街灯（20m 间隔）
人行道街灯（10m 间隔）
草坪灯
特色开花植物

绿化空间平面图

10 上海市嘉定区安亭体育公园及红线外道路景观设计

◎ 上海朗道国际设计有限公司

10.1 项目概况

安亭新镇位于上海市区西北部，毗 G2 京沪高速(G42 沪蓉高速)，邻嘉闵高速，地处吴淞江、蕴藻浜的三江交汇之处，现已成为上海嘉定区安亭国际汽车城内的大型国际社区，经过十余年快速发展，新镇内外部及邻近周边地区配套已完备成熟，未来发展价值无限。

安亭新镇坐拥沪上大面积天然生态资源的嘉定，不仅是一座拥有国际化社区小镇的未来城，也是富有江南水乡特色的生态城。

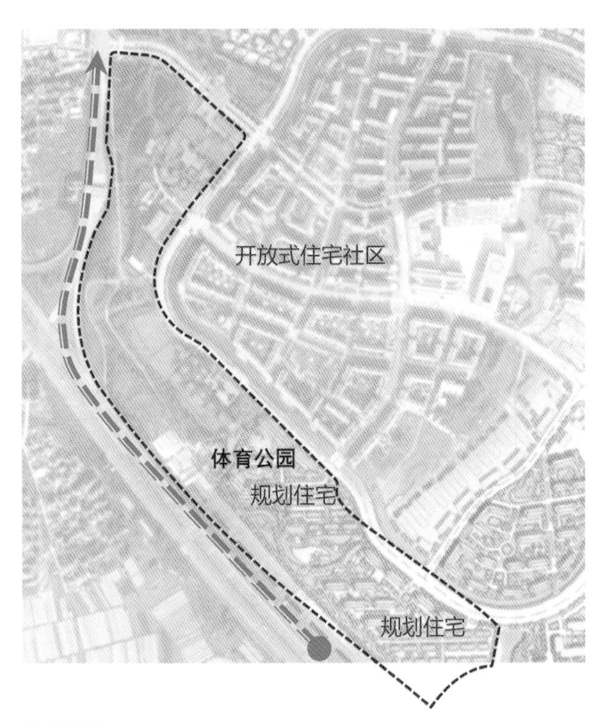

规划总图

总体设计草图

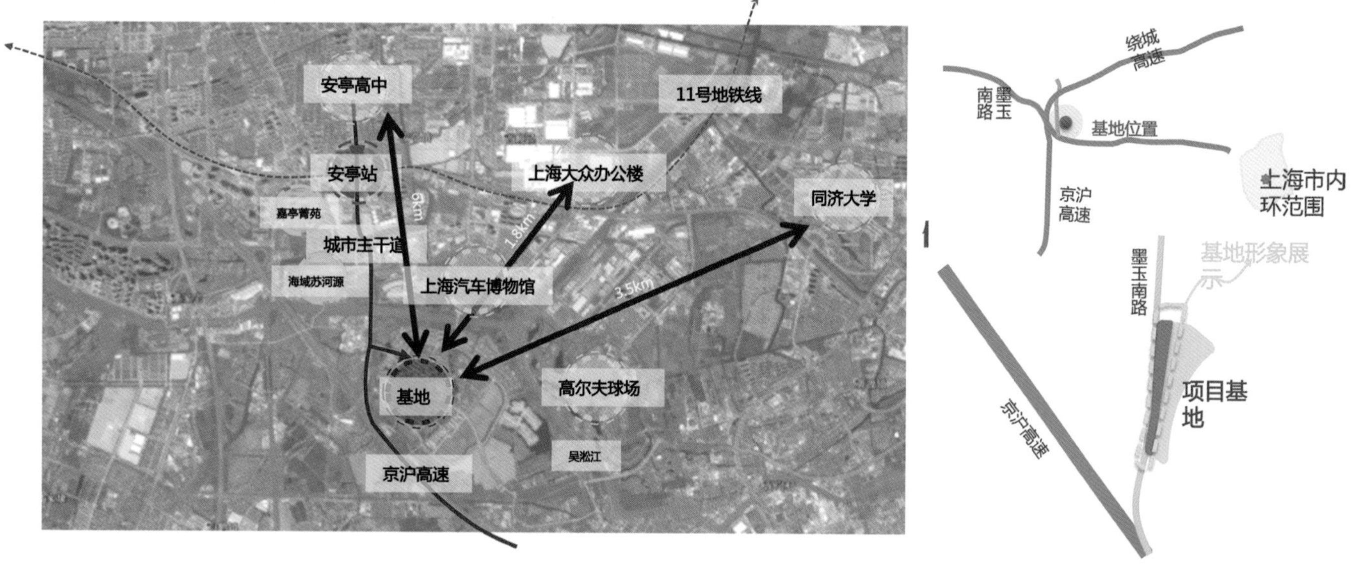

体育公园区位图

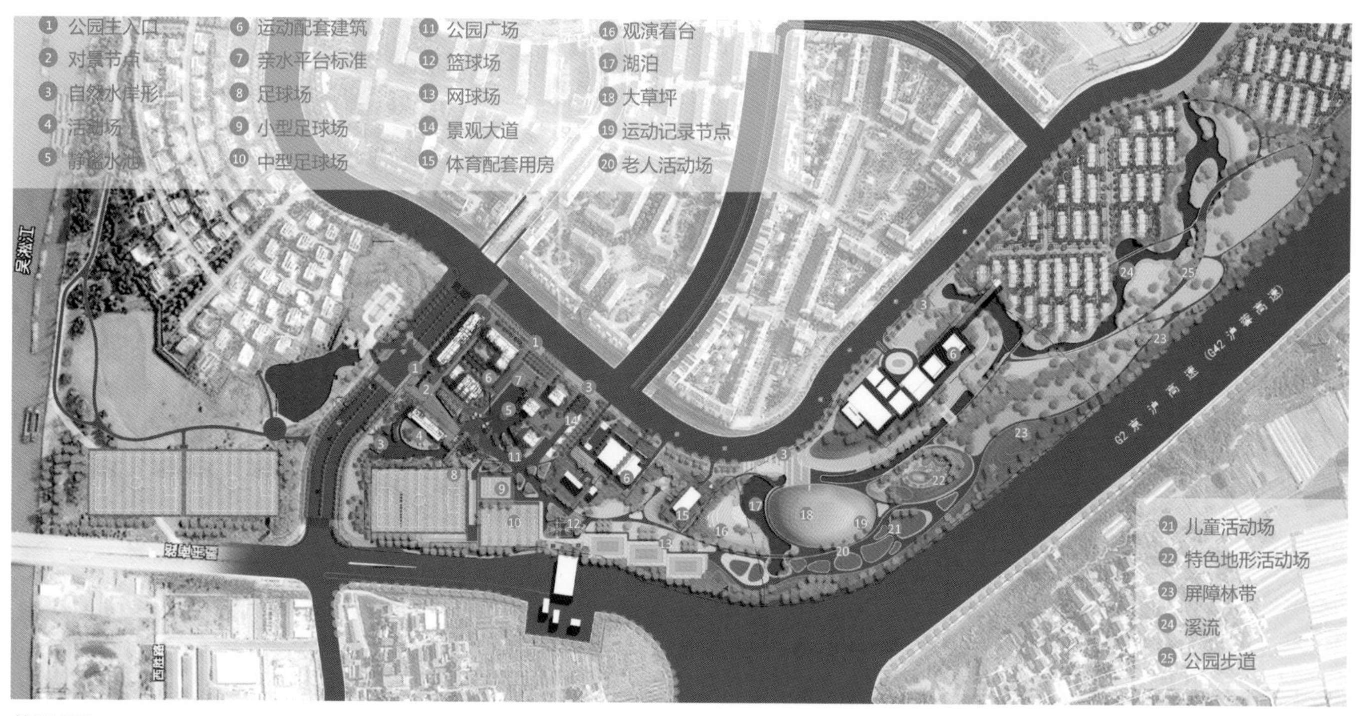

总平面图

安亭体育公园，距离上海市中心约 32km，约 37min，距离虹桥国际机场 20km，约 26min。

人民广场到达安亭地铁站约 80min，项目距离安亭地铁站约 2.5km，约 8min。

10.2 设计定位：绿色、健康、生活

通过城市稀缺的运动功能主题，吸引市区人群，形成安亭新镇的新镇新名片。

打造运动边界，吸引人气，树立健康绿色生态的安亭新镇社区形象。

鸟瞰图

改造范围

利用体育公园塑造醒目的、生态的、健康社区门户形象。

串联绿地系统，形成可以串联的绿地步行，骑行网络。

为社区居民打造适宜的运动场所，根据新镇居民组成及作息时间，设置符合新镇居民需求的运动功能。

10.3 改造范围

全区改造面积大约 18489.4m^2(排除车行道沥青面积)。其中 A 区改造面积为 7214.8m^2；B 区改造面积为 3955.7m^2；C 区改造面积为 2168.8m^2；D 区改造面积为 5150.1m^2。

10.3.1 A 区市政道路景观改造策略

增加精神堡垒，提升下闸道与安礼路的形象展示。两侧自行车道增加环氧地坪，注入德式色彩；增加塑胶慢跑步道；增加射树灯，道旗灯，提夜间升道路形象；增加运动主题地面标识，关注细节；售楼处入口铺装独立设计，结合售楼前广场；增加交通安全“语音提示桩”(十字路口人行走等待区)；优化北侧停车场标识系统；增加公交站台设计；停车场改造设计。

10.3.2 B 区市政道路景观改造策略

增设形象门楼，强调安德路、安礼路入口形象；结合人行道，增加慢跑步道。入口区铺装通过混凝土砖改造设计，优化入口形象。改造破旧栏杆形象，增加河道安全提示牌；增加交通安全“语音提示桩”(十字路口人行等待区)；增加射树灯，道旗灯，提夜间升道路形象；增加运动主题地面标识，关注细节；改善边界绿化形象。

10.3.3 C 区市政道路景观改造策略

沿街广场铺装优化，注入德系色彩，改善休憩设施；结合人行道增加慢跑步道。增加射树灯，道旗灯，提升夜间道路形象；增加 交通安全“语音提示桩”(十字路口

人行走等待区）；市政绿篱形象较弱，改善边界绿化形象；增加运动主题地面标识，关注细节。

10.3.4 D区 市政道路景观改造策略

沿街铺装融合广整体气质优化，注入德系色彩；两侧自行车道增加环氧地坪，增强运动符号；增加射树灯，道旗灯，提夜间道路形象；增加交通安全“语音提示桩”（十字路口人行走等待区）；市政绿篱形象较弱，改善边界绿化形象；增加运动主题地面标识，关注细节。

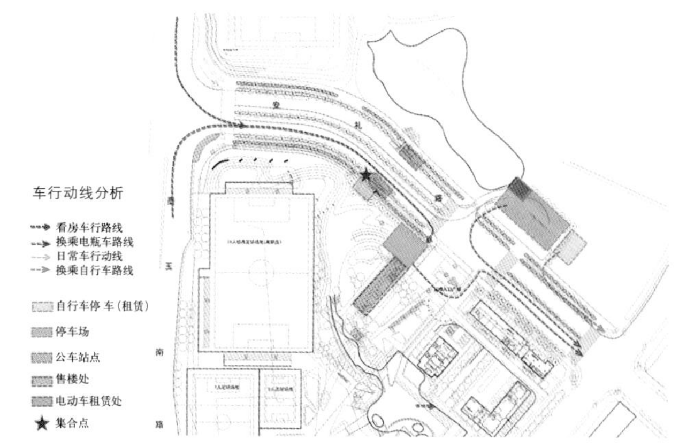

车行动线分析图

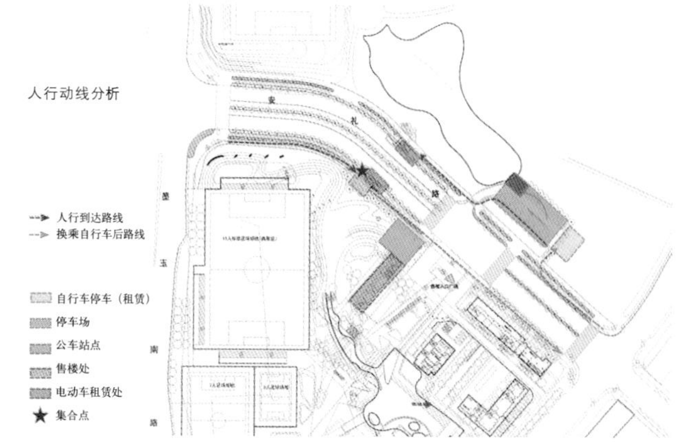

人行动线分析图

A区效果图

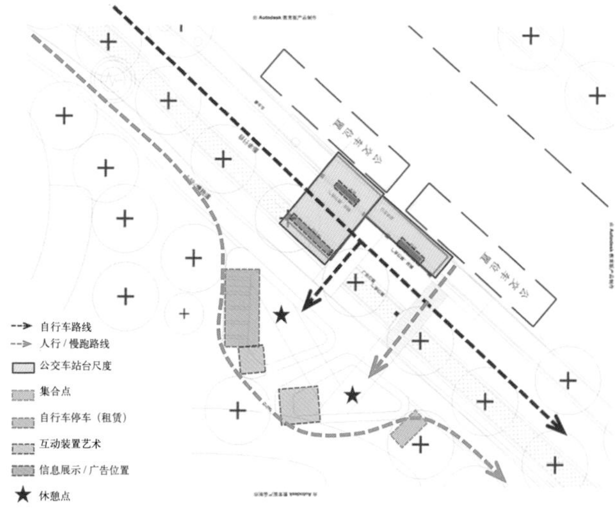

公交站台方案功能布置图

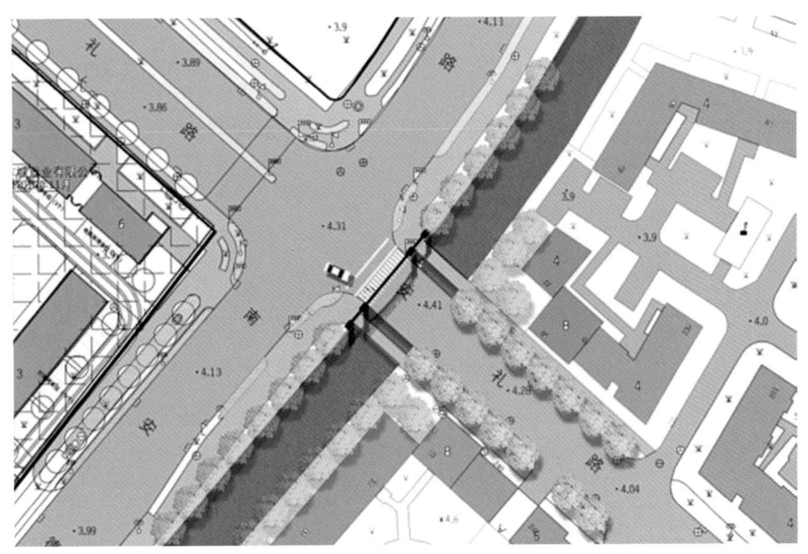

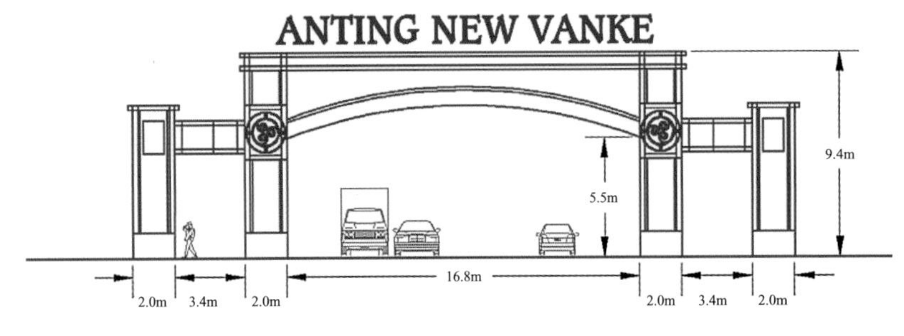

安礼路—安亭新镇形象入口

11　北京市经济技术开发区道路绿化景观设计

◎ 北京市京华园林工程设计所　北京中联大地景观设计有限公司

11.1　总述

城市道路绿地作为城市景观的构成要素，在改善生态环境，提高生活质量等方面发挥着重要作用，同时在城市景观塑造，城市环境创造上也起着积极的作用，已经成为反映城市风貌和城市文明程度的重要标志。道路与人的生活息息相关，在当今少数发达国家，道路环境规划非常注重生态环境、文化观念和人的感受，注重通过植物给人带来清新的空气、优美的环境和精神的慰藉。因受经济等因素的制约，国内对道路环境的要求相对较低。随着经济的迅猛发展和人民生活水平的不断提高，生活环境问题已越来越为人们重视，人们期待着出现体现关注人、并具有特色性的高品位绿地景观。“规划是未雨绸缪，不是临渴掘井”，如何通过高标准的规划来创造高品位的绿地景观应作为开发区道路绿化建设的首要问题。北京经济技术开发区道路绿化设计立足发挥城市园林绿化的生态、景观、休闲康乐三大功能，遵循总体统一、意境相融的原则，体现“以人为中心”思想，从而创造出高品位的开发区绿地景观。

11.2　项目概述

北京经济技术开发区于1991年8月15日开始筹建，是北京市唯一的国家级经济技术开发区，是同时享有国家级经济技术开发区和国家高新技术产业园区双重政策的经济区域。北京经济技术开发区总体规划面积为46.8km^2，由科学规划的产业区、高配置的商务区及高品质的生活区构成。目前，开发区一期规划用地15.8km^{2}已经基本开发完成，将以此为基础向京津塘高速公路以东和凉水河以西方向发展。其中，京津塘高速公路以东规划面积约14km^2，凉水河以西约10km^2，设计范围主要在工业区、核心区和南部新区工业区部分。

11.3　设计定位

（1）按照亦庄卫星城总体规划的要求，遵循规划、建筑、景观三位一体的原则，创造一个人工环境与自然环境和谐共生的、可持续发展的理想城区。

（2）高新产业工业区主要采用功能性绿化，发挥植物的环境保护功能，降噪、防尘、减低风速、净化空气等。风格简洁、清新、明快。

（3）重要城市景观节点：是城市景观结构的重要组成部分。特点：疏朗、开放、有序、宜人并有门户感。

11.4　设计依据

（1）亦庄卫星城总体规划。

（2）招标公司发布的招标文件。

（3）中国城市规划设计研究院编制的《城市道路绿化规划与设计规范》。

（4）住房和城乡建设部、交通部颁布的有关道路绿化设计技术标准、设计规范、规程。

11.5 设计理念

11.5.1 生态优先的原则

以建造城市完整生态系统的重要组成部分来把握设计，道路绿化应以绿为主，绿美结合，绿中造景；栽植丰富的植物品种，乔木、灌木、地被植物合理搭配，要求没有裸露土壤，充分发挥遮阴、除尘、减燥，改善城市气候条件的功能。树种选择和植物配置要符合北京市的自然状况，根据本地气候、土壤条件选择适合该地区生长的树种，有利于树木的生长发育，抵御自然灾害，最大限度地发挥对环境的改善能力。

11.5.2 人性化的追求

设计追求以人为本，从提高环境品质、增强环境识别性、方便开发区人使用等角度切入，创造满足现代人多样生活需求的城市道路绿化体系及开放的公共绿地，营造动态的富有韵律的景观序列。

11.5.3 因地制宜、突出特色

简洁、清新、明快、流畅作为设计的美学理念。突出开发区“现代、简洁、大方”的道路绿化景观特色。根据开发区道路现状，可分为环状和放射状两种类型，在现有道路总体布局结构的基础上，进行总体设计，行道树与四周道路系统统一协调，分车带及两侧绿地的植物景观作出不同的变化。

（1）根据道路的板块及宽度的不同，我们也将标准段长度分别设计为100m、80m、50m三种类型，力求达到最佳的景观变化效果。

（2）以圆形树冠的落叶乔木作为基调使沿线不同风格的建筑协调统一于开发区的景观之中。

（3）植物的选择：以乡土植物为主，常绿阔叶兼顾，充分利用修剪整齐的绿篱、色带、花篱为平面布局骨架，适当选择观花、观干、观形、观叶的花灌木进行配置，营造出简洁、变化、大气的道路动态绿化景观效果。注意植物生长习性，花期、花色以及树形合理搭配。

（4）道路交叉口抹角绿化以低矮、修剪整齐的色带、花带、组球为布局骨架，选择常绿树（河南桧、蜀桧）及各种花灌木为背景植物。

（5）集中绿地做成具有深远静态的开敞空间，在这些空间里设置林荫广场、休息设施等，供人做短暂歇息，让人在凉爽、安静处透过枝条欣赏到在植物环境中街景的美。

（6）环状、放射状道路行道树统一协调，如西环中路、西环南路行道树还延用西环北路的馒头柳，地盛西路和地泽南街的行道树为千头椿，地盛中路和地泽北街行道树为国槐，放射状的道路：地盛北路、地盛南街、地泽路、地泽东街、地泽西街行道树为栾树，文昌大道行道树为元宝枫。

（7）种植设计：

1）落叶大乔木栽植时应适当修剪，在保证成活率的同时注意树形的景观效果；

2）行道树分枝点高度为2.8m;

3）花灌木栽植后注意适时适量修剪，控制其生长量，保证景观效果的长期性；

4）花篱植物（如棣棠、木槿、锦带等）应注意适时修剪，保证花篱的效果；

5）常绿乔、灌木及部分落叶乔木移植时应保证适当大小的土球（土球直径约为植物胸径的7~10倍）；非正常季节栽植落叶乔木和花灌木时也应带土球；

6）悬铃木生长到一定阶段可做适当疏减，以保证树下一定的光照及其他植物的生长；

7）图中绿地范围内地被植物未表明的均为冷季型草（早熟禾）。

11.6 工业区标段设计

设计内容为亦庄经济技术开发区工业区部分的七个标段。

（1）标段一：地盛北街、地盛西路 、地盛中路、地

盛南街、地盛东路。总长 2470m，总面积 16236m^2。其中标准段面积 13820m^2，路口抹角面积 2416m^2。

1）根据与周围道路行道树统一与协调及总体设计的原则，我们选用槐树为地盛中路行道树，千头椿为地盛西路行道树，地盛路与文昌大道行道树一致：元宝枫，地盛北路、地盛南路行道树为栾树。

2）道路绿化标段长度每段设为 50m 长。

3）绿化带设计分为两种类型：

地盛中路和地盛西路的绿化带分别为 4.5m 和 3m，利用折线变化的大叶黄杨篱进行骨架布置，并在黄杨篱组合的空间内种植高低起伏的常绿树及各种花灌木，如河南桧、红瑞木、小龙柏、丰花月季。

其他道路绿化带宽度为 2m，主要以直线形的绿篱、花篱 - 大叶黄杨、棣棠与蜀桧及花灌木：金银木、锦带交替布置，创造出简洁的线形绿化带景观。

4）道路交叉口抹角绿化以红叶小檗、大叶黄杨、金叶女贞、丰花月季组成色带，以蜀桧、紫薇、金银木、锦带为背景植物。

（2）标段二：地泽北街、地泽南街、地泽西街、地泽东路 、地泽路。总长 3117m，总面积 20405m^2。其中标准段面积 17169 平方米，路口抹角面积 3236m^2。

1）根据与周围道路行道树统一与协调及总体设计的

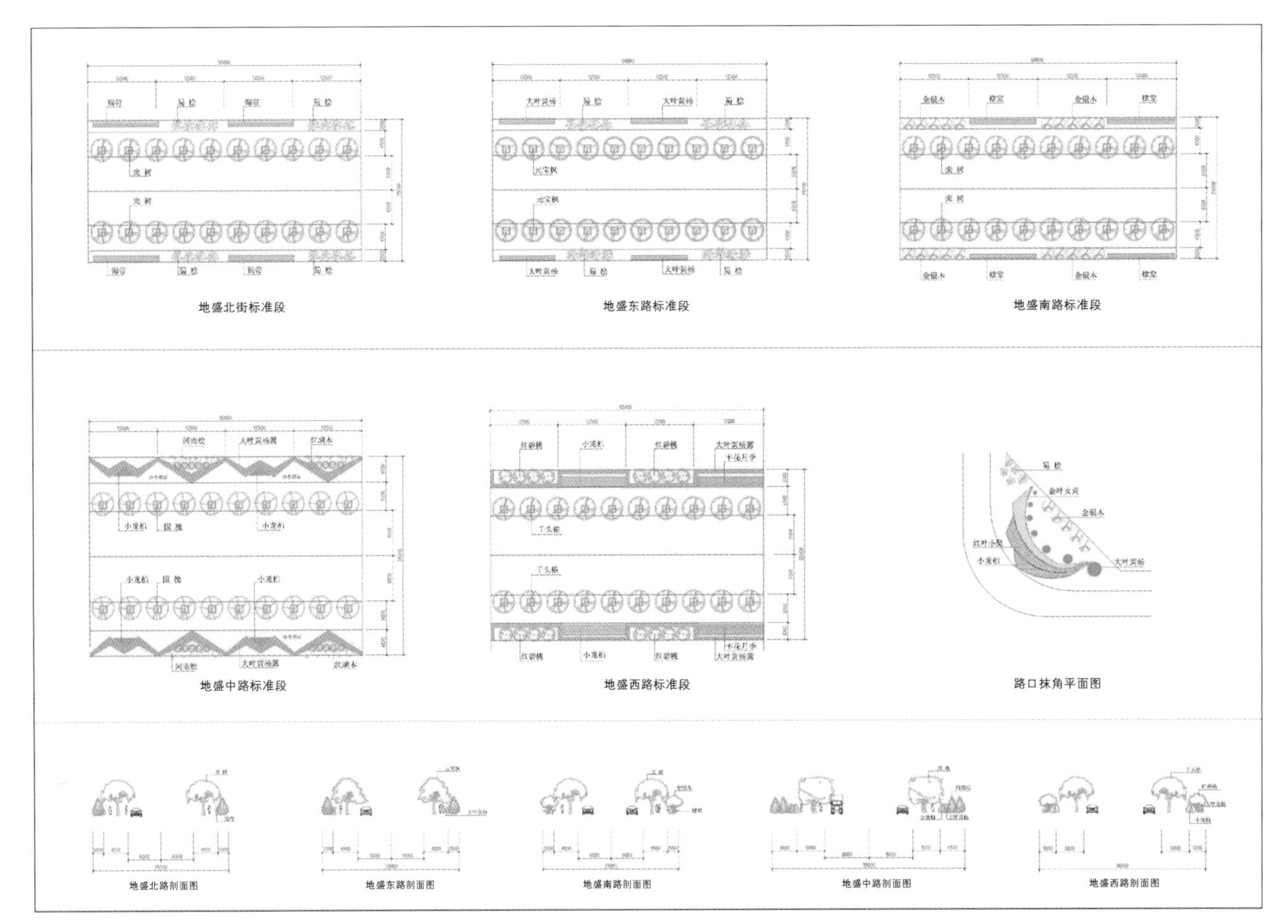

标准段一平面图、剖面图

原则，地泽北街、地泽南街、地泽路、地泽东街、地泽西街的行道树为栾树。

2）道路绿化标段长度每段设为 50m 长。

3）绿化带设计分为两种类型：

地盛中路和地盛西路的绿化带分别为 4.5m 和 3m，利用折线变化的大叶黄杨篱进行骨架布置，并在黄杨篱组合的空间内种植高低起伏的常绿树及各种花灌木，如河南桧、金银木、紫薇、小龙柏、丰花月季。

其他道路绿化带宽度为 2m，主要以直线形的绿篱、花篱 - 大叶黄杨、棣棠与蜀桧及西俯海棠、木槿交替布置，创造出简洁的线形绿化带景观。

4）道路交叉口抹角绿化以小龙柏、大叶黄杨、金叶女贞、丰花月季组成色带，以蜀桧、红瑞木、红叶李、红碧桃、木槿为背景植物。

（3）标段三：总面积共 18155m^2。其中文昌大道长 1264m，面积 7584m^2，路口抹角面积 2503m^2；32 号绿地面积 8068m^2。

1）根据文昌大道的现状，将道路绿化标段长度每段设为 80m 长。

2）文昌大道绿化带宽 3m，选择前后两排互错的大叶黄杨篱（25m 长）作为绿化骨架，并在绿篱之间交替种植蜀桧和红瑞木。

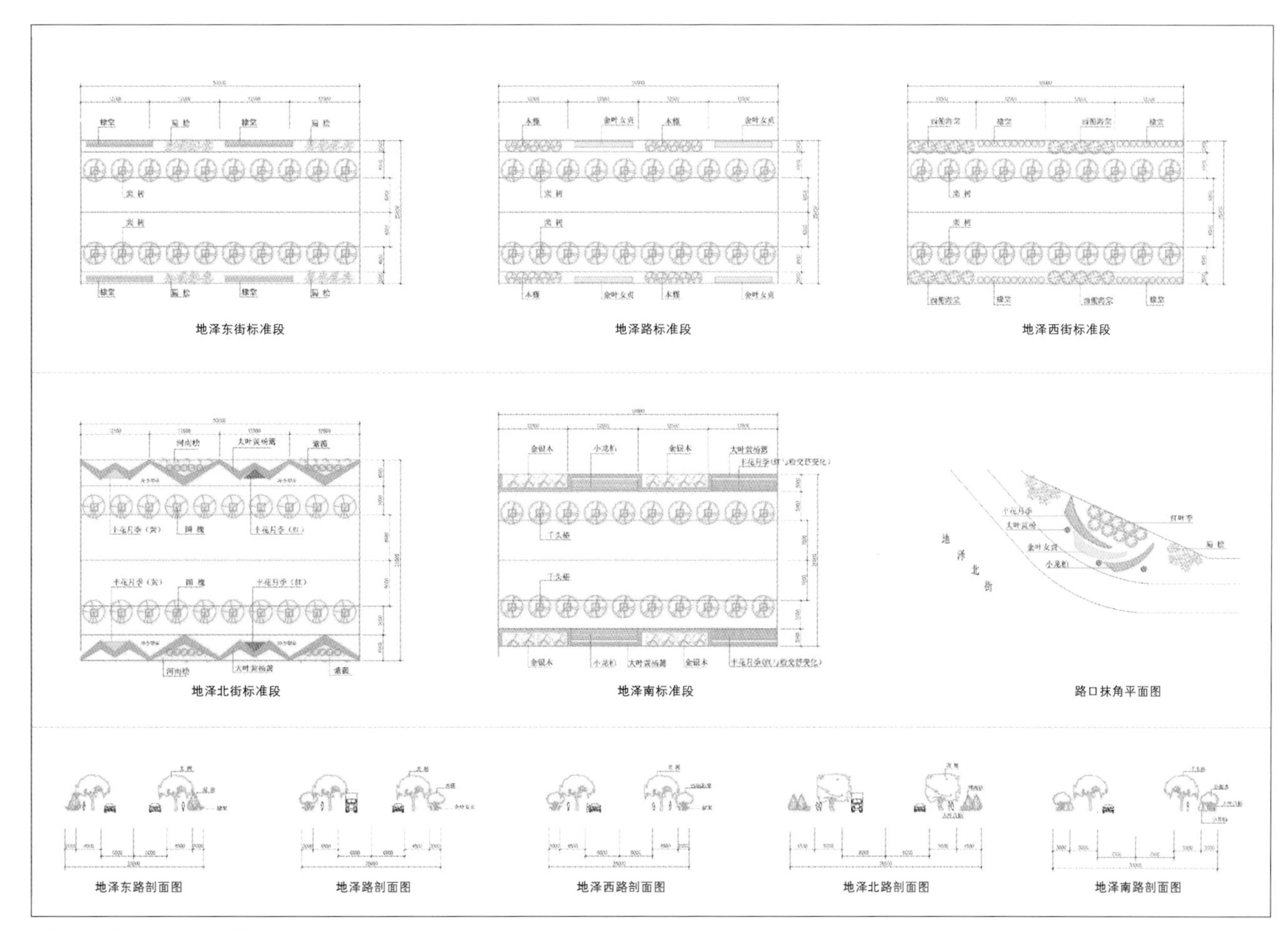

标准段二平面图、剖面图

3）道路交叉口抹角绿化以低矮、修剪整齐的小龙柏、红叶小檗、大叶黄杨、金叶女贞作为色带组球，以蜀桧、红叶李、红瑞木、锦带为背景植物。

4）北工大软件园（32号）绿地：以自然疏林草坪及规则的树阵、绿篱、色带为布局骨架，靠近道路口处的绿地以低矮色带为主，中间为开敞的疏林草坪，背景树为悬铃木，悬铃木前种植西府海棠树阵及色带。整个园子贯穿有整齐的园路，起伏的微地形，并预留有通往软件园的道路，树种有：蜀桧、悬铃木、小龙柏、紫薇、大叶黄杨、金叶女贞、西府海棠、丰花月季。

5）绿地布局简洁大方，利用规整的绿篱、树阵等现代的造园元素，表达开发区理性的思维与高效的特点。

（4）标段四：总面积 15586m^2。其中 56 号绿地，7408m^2；62 号绿地，8178m^2。

1）两块绿地以拟对称的布局形式，设有起伏的微地形及弯曲的园路，前面是多层次的弧形色带，中间是疏林草坪，背景树是自然的栾树林，林前用观干、观叶的紫叶李及红瑞木过渡，草坪上用放射状的绿篱贯穿其中，前后形成规则—半自然—自然的变化空间，前后的竖向景观也是形成从低到高的变化。

2）绿地中设有园路及林荫小广场，铺装材料为 200mm×100mm 灰色舒布洛克砖，南侧绿地中预留有通往同仁医院生活区的园路。

（5）标段五：东环南路总长 2426m，面积 33964m^2。

1）根据道路的现状，将道路绿化标段长度每段设为 100m。

2）为了把东环路的行道树统一起来，我们也选用悬铃木作为东环南路的行道树。

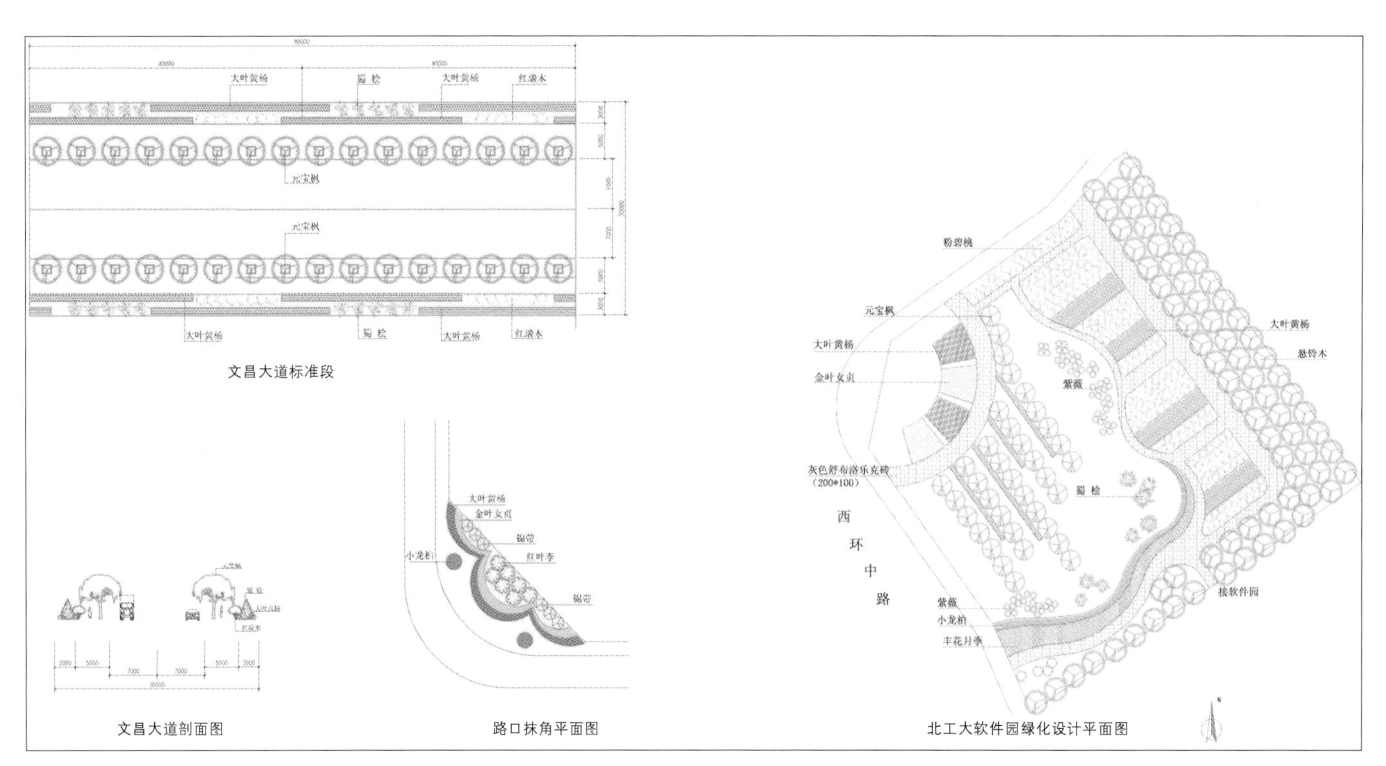

标准段三平面图、剖面图

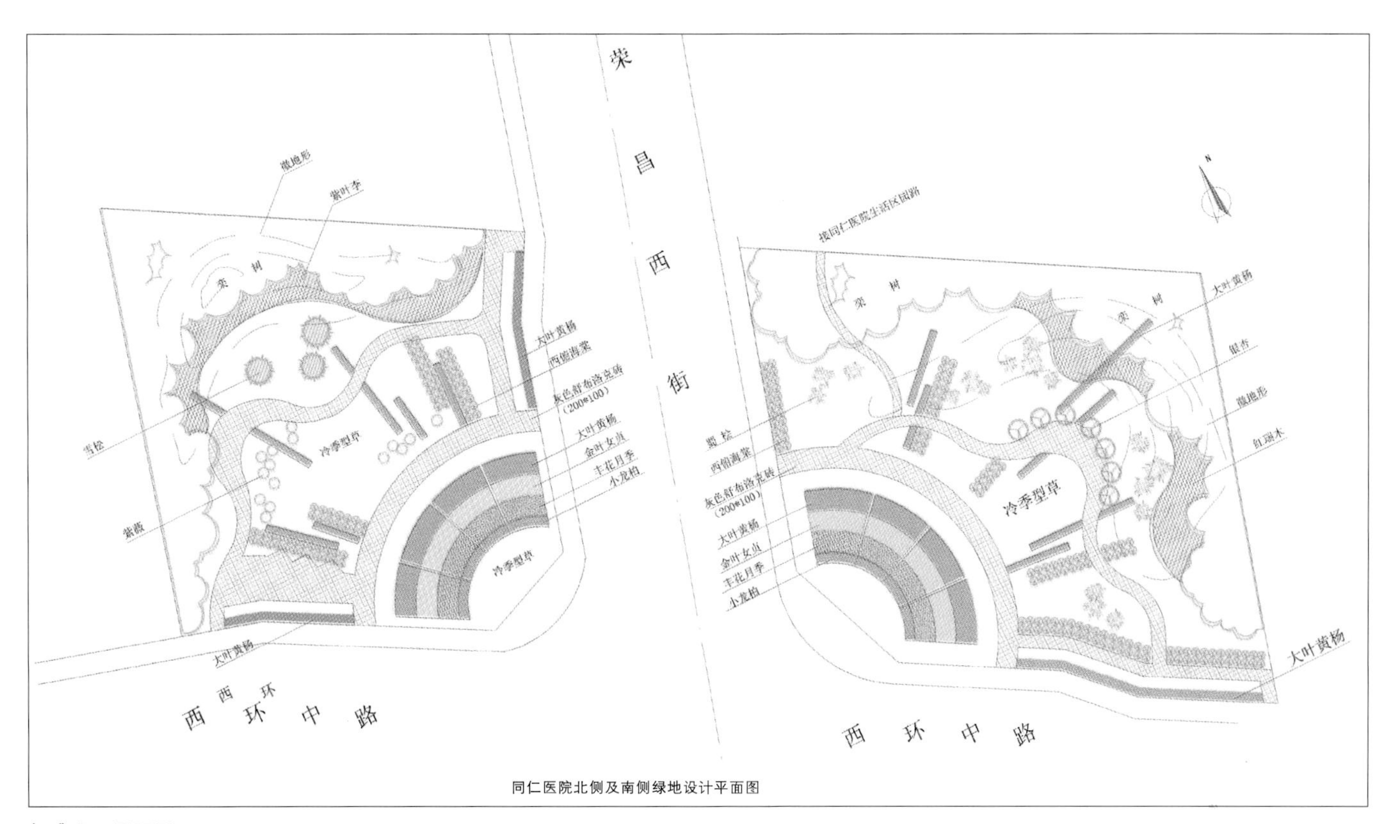

标准段四平面图

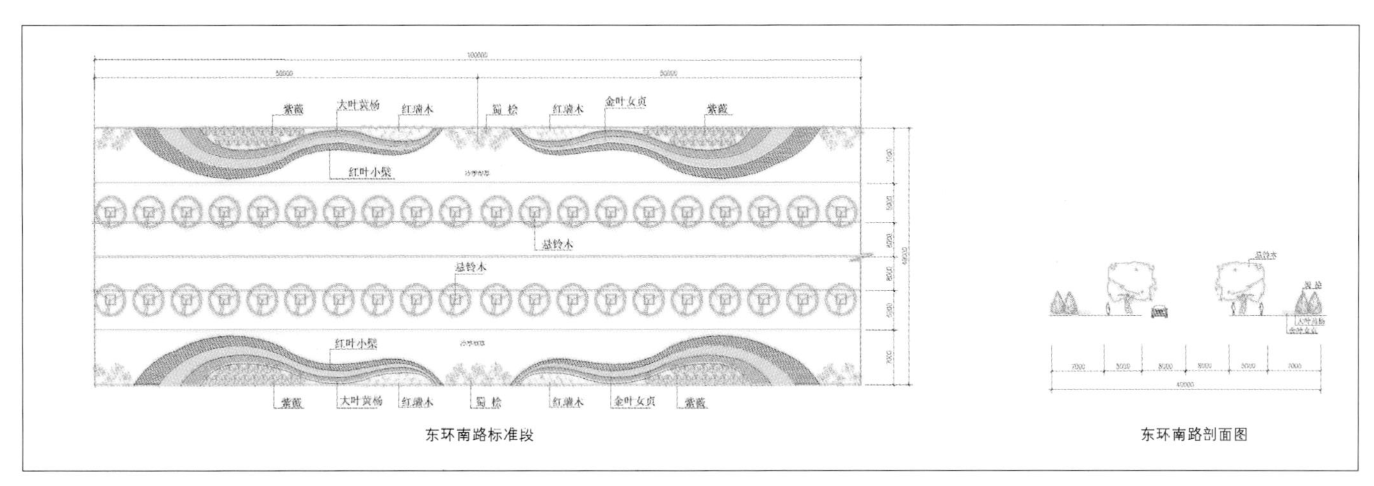

标准段五平面图、剖面图

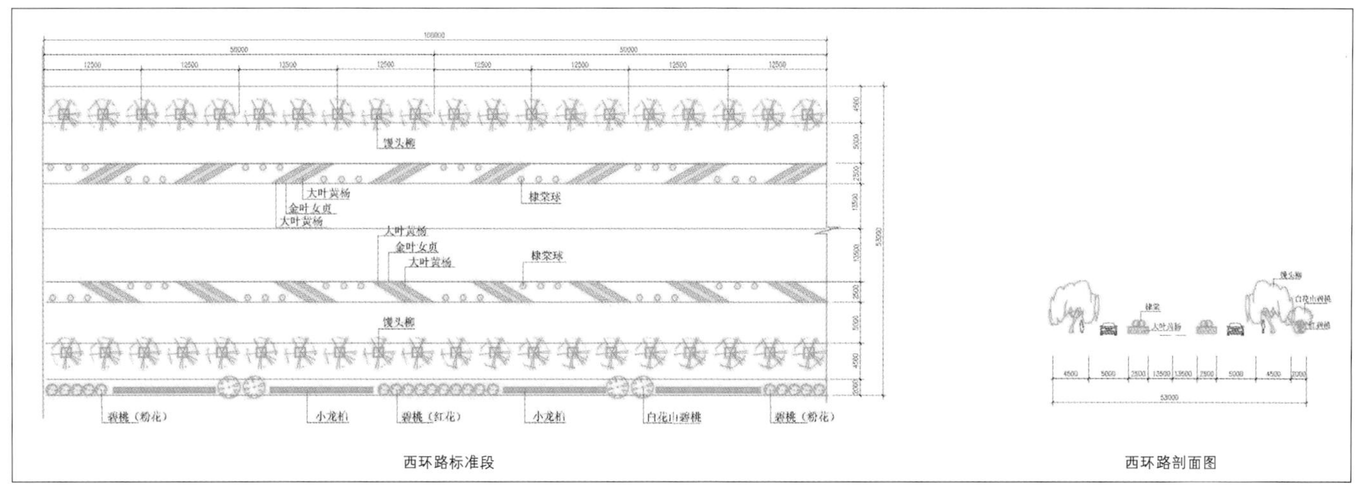

标准段六、标准段七平面图、剖面图

3）东环南路绿化带宽 7m，以长 40m 的弧形三层色带（大叶黄杨、金叶女贞、紫叶小檗）作为构图元素，以紫薇、红瑞木、蜀桧作为背景树，形成色彩丰富、高低起伏的景观。

（6）标段六、标段七：西环中路总长 2404m，总面积 19046m^2（其中标准段面积 16828m^2；路口抹角面积 2218m^2）；西环南路总长 3038m，面积 21266m^2。

1）根据道路的现状，将道路绿化标段长度每段设为 100m。

2）为了把西环路的行道树统一起来，我们选用馒头柳作为西环路的行道树。

3）西环路中环内侧除了有 2m 宽的绿化带，还有 2.5m 宽的分车带。

4）分车带以修剪整齐的大叶黄杨、金叶女贞篱及棣棠球为构图元素，形成简洁美观的分车带绿化景观。

5）道路内侧 2m 宽的绿化带以大叶黄杨篱为构图骨架，交替种植红碧桃、白花山碧桃，形成高低起伏的变化。

11.7 核心区和南部新区设计

设计内容为亦庄经济技术开发区核心区和南部新区部分，包括核心区的荣京西街百米绿化带，科惠大道西南侧绿地，中芯国际西侧三角绿地和南部新区的泰河路（博兴八路至新凤河路段），博兴三路，博兴路绿化。

（1）荣京西街百米绿地位于荣京西街以南，地盛西路与地盛东路之间。占地面积 8hm^2。主要特点：整块绿地讲求丰富的植物层次，以大乔木为背景，用常绿树增加厚度，点缀大量的色叶和开花灌木，使四季景观丰富多彩。道路铺装：采用透水砖材料和碎石铺装，节约园林绿化用水。

1）本块绿地以植物造景为主，满足绿化隔离带的隔离要求，同时兼顾居住区的休憩需要；绿地内穿过开敞的草地和林荫空间，设计散步道使绿地面积达到最大。

2）整块绿地讲求丰富的植物层次，以大乔木为背景，用常绿树增加厚度，点缀大量色叶和开花灌木，使四季景观丰富多彩。

3）绿地规则的种植呼应现状道路绿化，用宿根花卉加以点缀，并用大、小乔木设计成疏林草地以增加整个绿地的层次。

4）考虑此处两块绿地是居住区和工业区的分隔带，所以植物的选择尽量考虑抗污染性较强的树种。

（2）中芯国际西侧三角绿地位于中芯国际以西，地

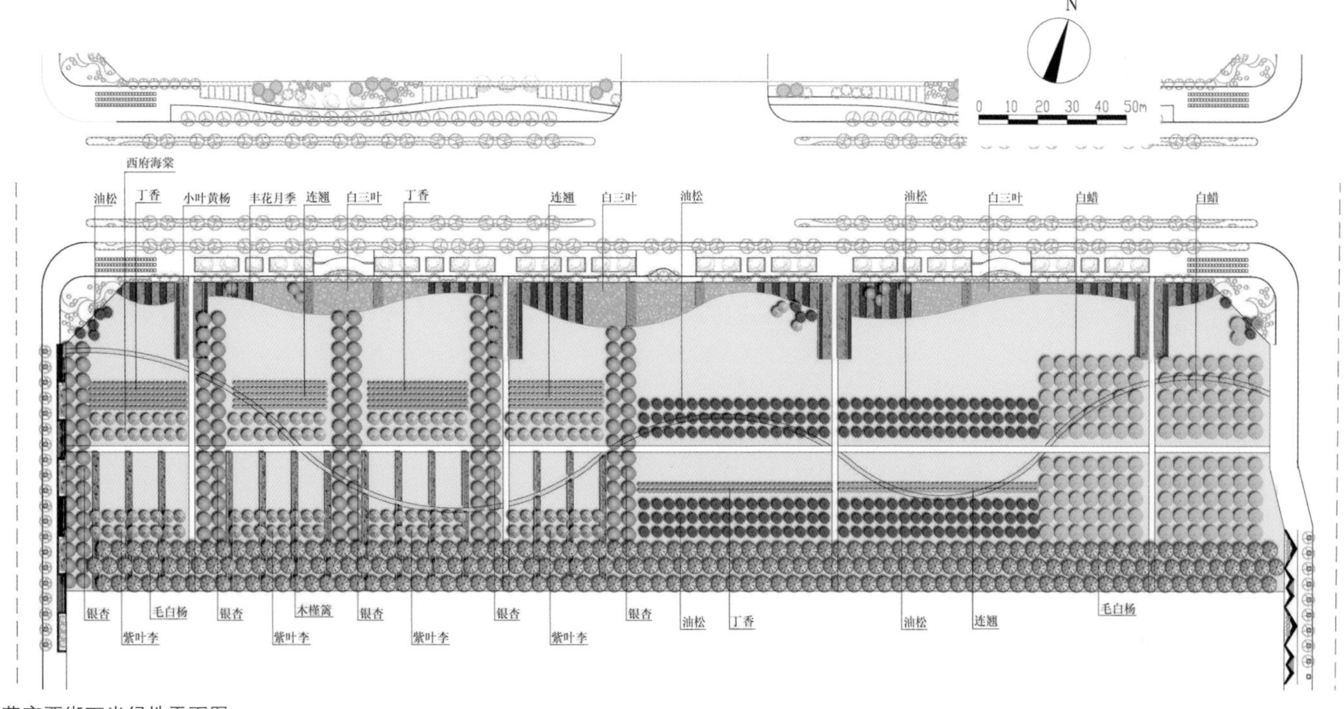

荣京西街百米绿地平面图一

盛西路和地盛北路交叉路口以东。占地面积 2.5hm^2。

1）绿地以规整式和自然式两种林地形式为主，加以艺术的设计效果，使其在控制造价范围内达到最佳效果。

2）根据相邻的高科技企业性质，绿地整体设计体现科技的螺旋上升的趋势。以螺旋状桧柏篱和条带栽植的山桃、国槐为主要构架，以层次丰富、层林尽染的密林为背景。

3）山桃的花期长，面积大，效果突出，形成山花烂漫的风景林地，使人有舒心安逸的感觉。

4）植物多选用抗污染性较强的树种。

5）碎石铺就的小路使人更接近自然，山桃分割开来的绿地以深、浅两种地被覆盖。整个绿地构图清晰，时代感强烈。

6）预留 600m^2 的公厕和垃圾楼用地。

7）国槐等高大乔木要求带冠移植，保证移栽当年盛夏时期冠幅不小于 2m。花灌木修剪建议重疏轻剪，保证当年的绿化效果。

（3）科惠大道西南侧（幼儿园）绿地位于科惠大道南侧，二十一世纪双语幼儿园北侧。占地面积 1.5hm^2。

1）绿地以自然式种植为主，在尽量加大绿量的基础上设置三个停留广场，采用圆形铺装和树阵广场结合的方式，使用大量鲜艳色彩的开花植物和芳香植物，背景以红花刺槐为主，从而运用植物景观启发儿童感官兴趣，使植物在空间层次上产生丰富的景观。

2）考虑到绿地靠近幼儿园和学校，分别在绿地中部东西两侧设计了儿童活动场地，植物选择上以开花植物为主，但不选带刺和散发毒素的植物，从而保证了儿童活动的安全。

3）本着交通安全的原则，在道路的转弯处适当减少乔、灌木的栽植。此外，绿地中也适当加大植物的株距，

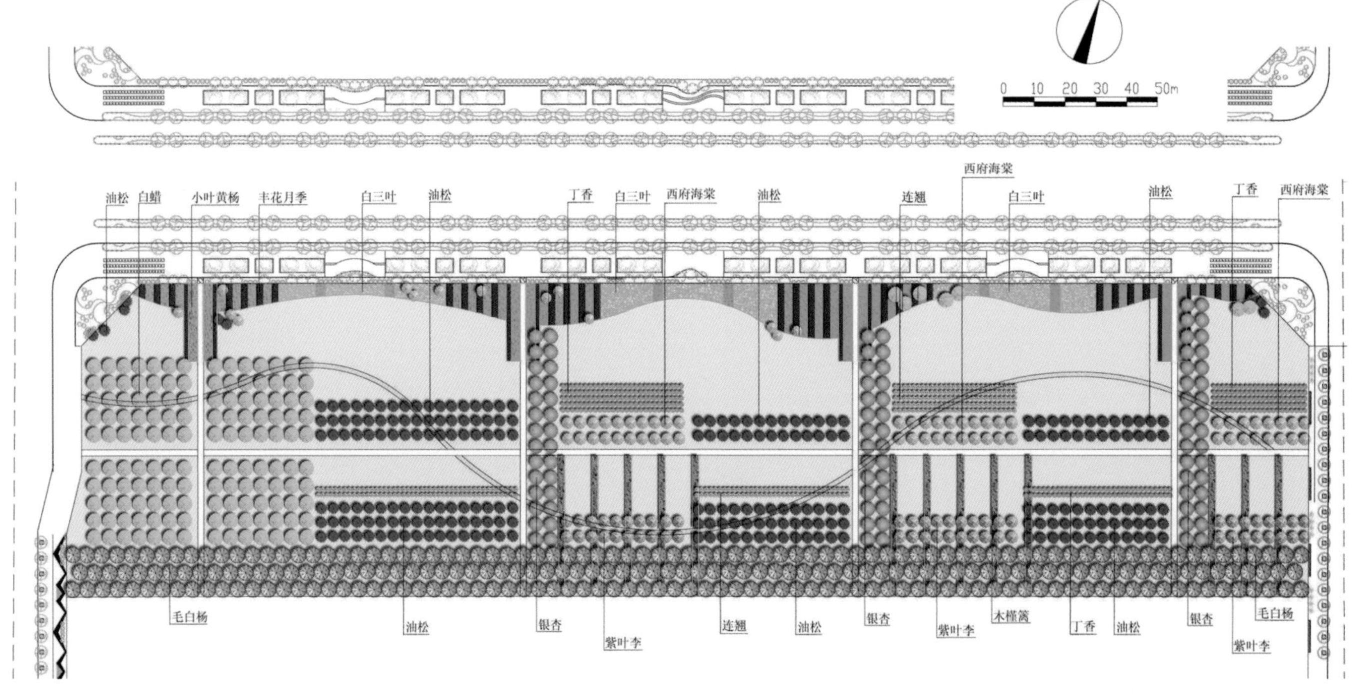

荣京西街百米绿地平面图二

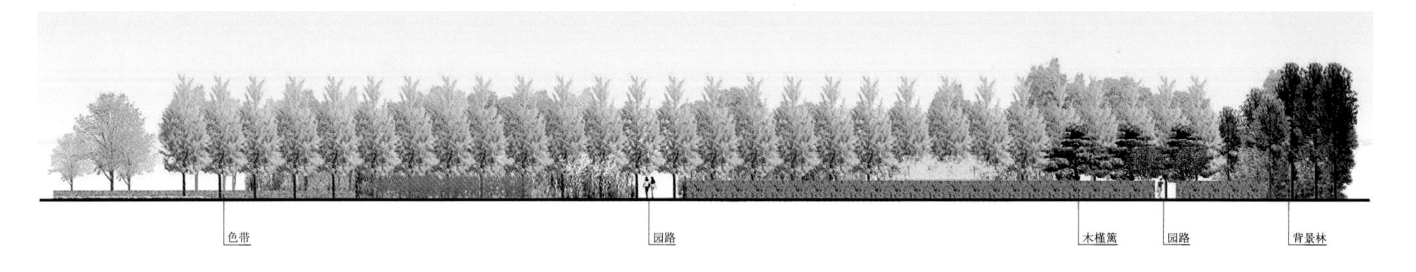

荣京西街百米绿地立面图

使人走在其中，有高低错落、疏密相间、搭配有序的感受。

（4）泰河路设计范围由博兴八路至新凤河路段，全长2940m，占地面积1.76hm^2。主要特点：以春、夏景观为主。

1）前景色带植物构成的形式是由中国画水浪的画法抽象而来，暗合路名——泰河之意。

2）背景树由高大挺拔的毛白杨、夏季开花的合欢来形成层次、季相变化丰富的景观。

3）花灌木和常绿树采取自然式的栽植，使整条道路绿化在统一中求丰富。常绿树选择桧柏和油松，并点缀色叶植物紫叶李和花灌木高杆紫薇及迎春。

（5）博兴三路设计范围由泰河路至新凤河路段，全长1735m，占地面积1.04hm^2。主要特点：植物配置以春、秋景观为主。

1）设计形式采取规则、严谨的构图来体现整体性和

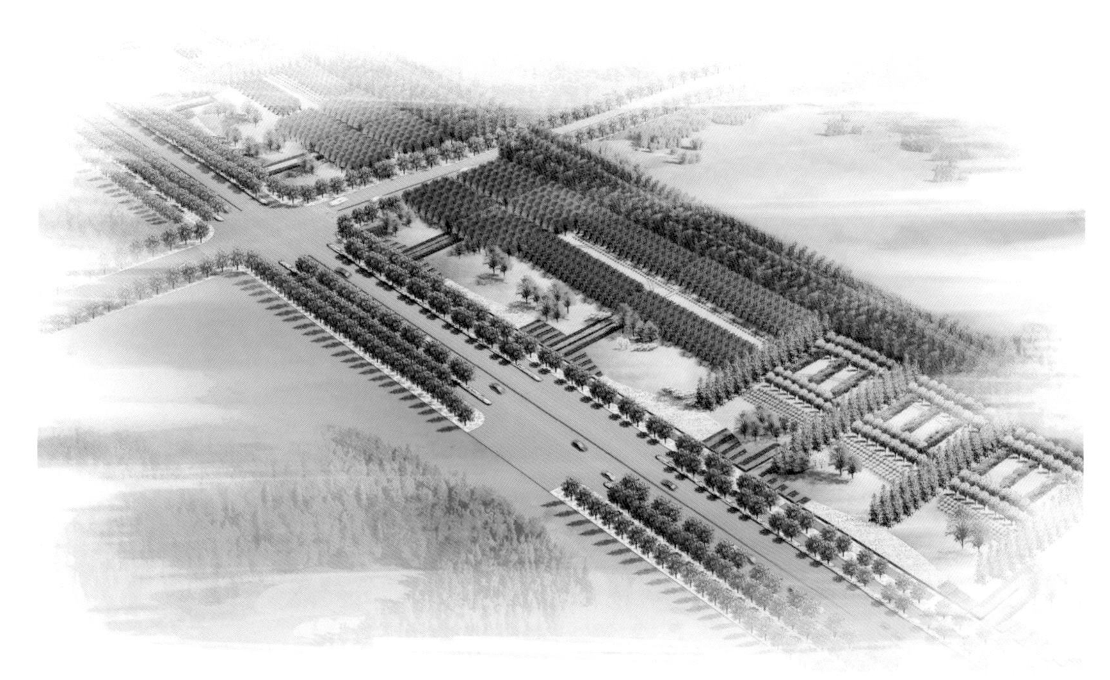

荣京西街百米绿地鸟瞰图

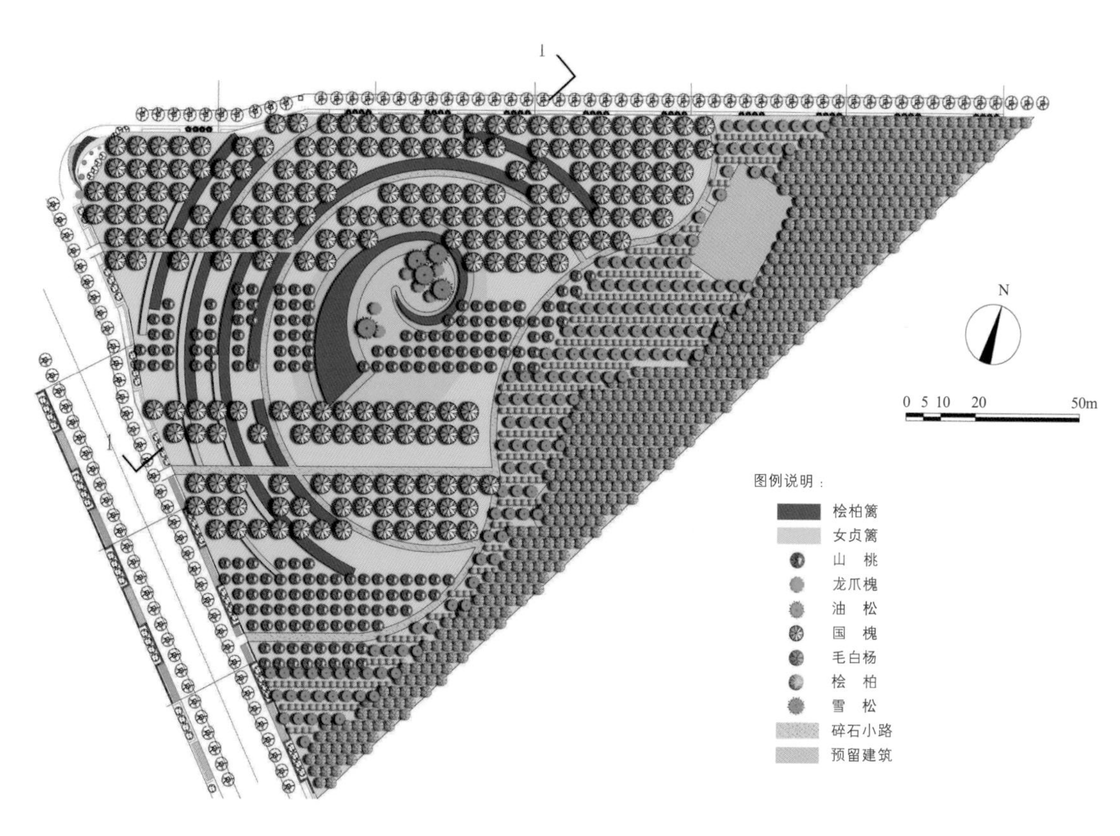

中芯国际三角绿地平面图

中芯国际三角绿地立面图

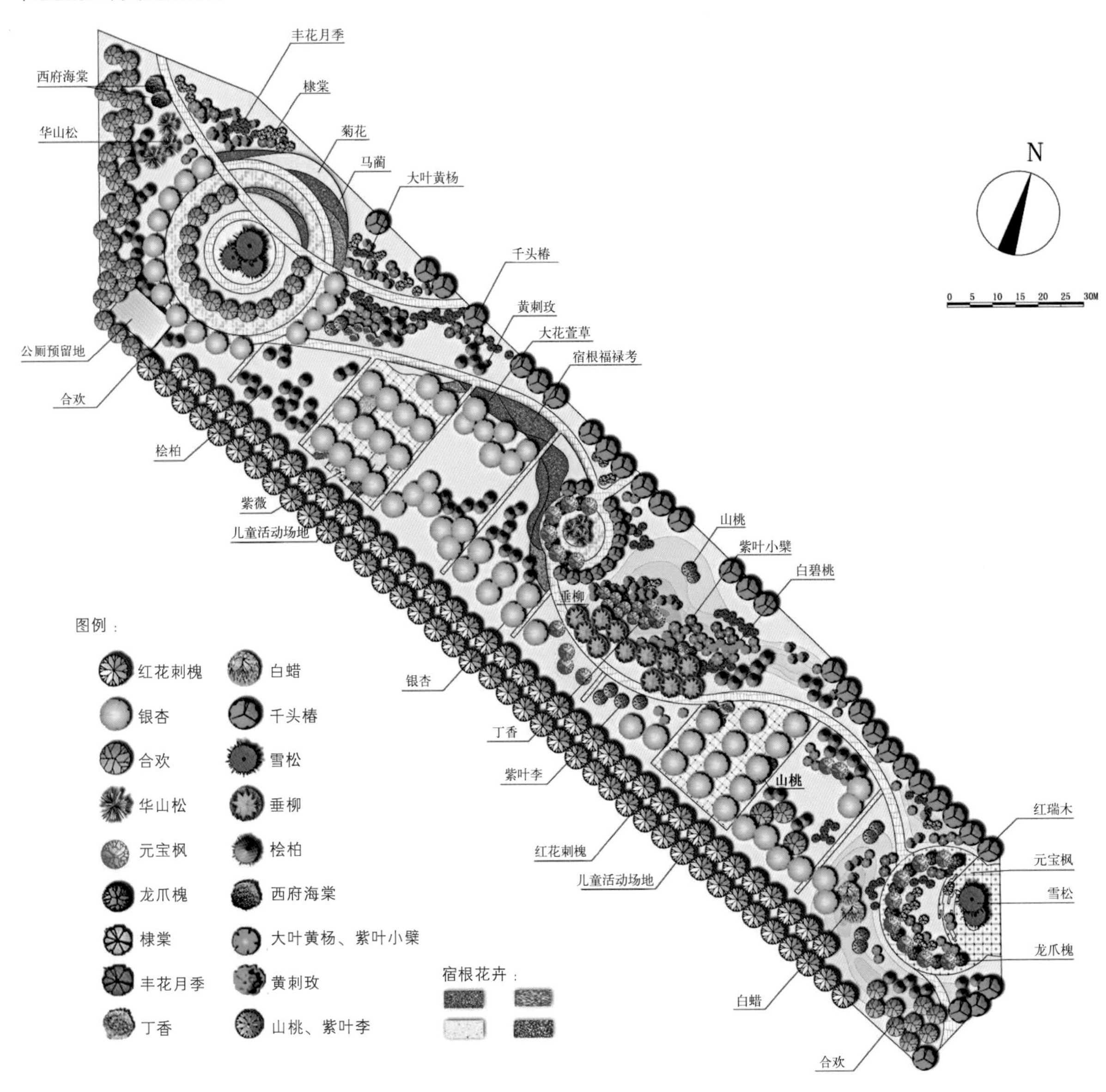

科惠大道西南绿地平面图

科惠大道西南绿地立面图

科惠大道西南绿地鸟瞰图

泰河路绿地鸟瞰图

泰河路绿地剖面图

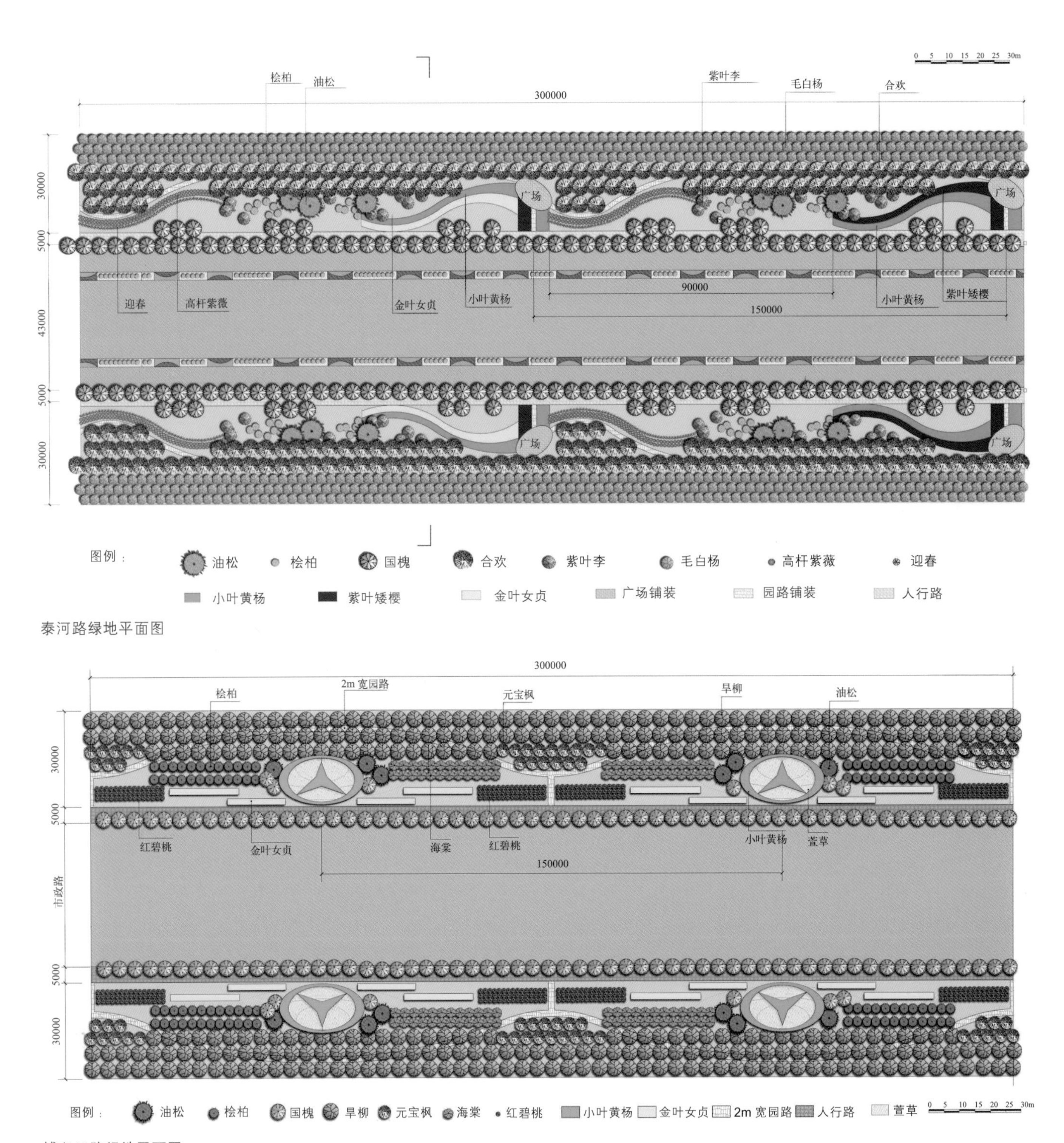

泰河路绿地平面图

博兴三路绿地平面图

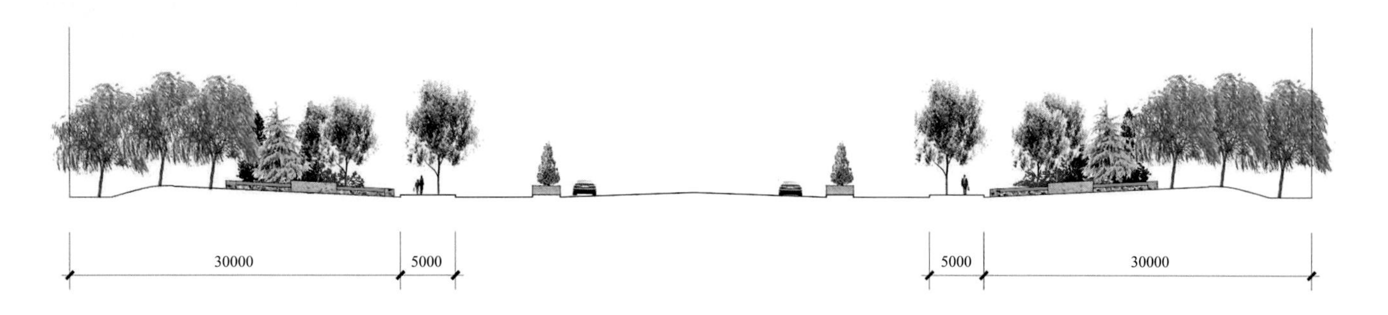

博兴三路绿地剖面图

博兴三路绿地效果图

博兴路绿地效果图

节奏感，形 成良好的、舒适的视觉效果。

2）由于绿地内侧为奔驰公司，设计以小叶黄杨构成规则的“奔驰”标志图案，结合斜坡地形，丰富植物的竖向景观。标志两侧设计金叶女贞条带，增强整体的节奏感。

3）树种选择以春季开花的红碧桃为主，营造蒸蒸日上的景象。

4）背景树选用元宝枫和旱柳。要求带冠移植，保证移栽当年盛夏时期冠幅不小于 2m。

（6）博兴路设计范围由泰河路至新凤河路段，全长 2140m，占地面积 1.28hm^2。主要特点：以夏、秋景观为主

1）以矩形的毛白杨树阵为整条路的结构框架，具有明显的节奏感。

2）树种选择以夏天观花的红瑞木、棣棠、木槿以及秋天观叶的银杏等植物为主。

3）每隔 150m 在白杨树阵下设计林荫广场，背景为观干植物红瑞木。

4）树阵之间为层次丰富的自然群落，刚柔相继，动静结合。自然群落植物以紫叶李、油松、桧柏为主。

11.8 结语

随着亦庄的不断发展，我们的道路绿化设计范围也从工业区到核心区和南部新区。通过对亦庄经济技术开发区道路绿化的设计，设计师的体会是道路景观设计构思不能仅局限于道路红线的划定范围，而应与周围环境有机结合，也就是我们所说的整体感和统一性，尤其要根据其总体规划中所处的地位及所在地区的实际情况、周边环境的用地性质来决定道路景观设计的内容和形式，也就是充分考虑城市道路景观的延伸性。

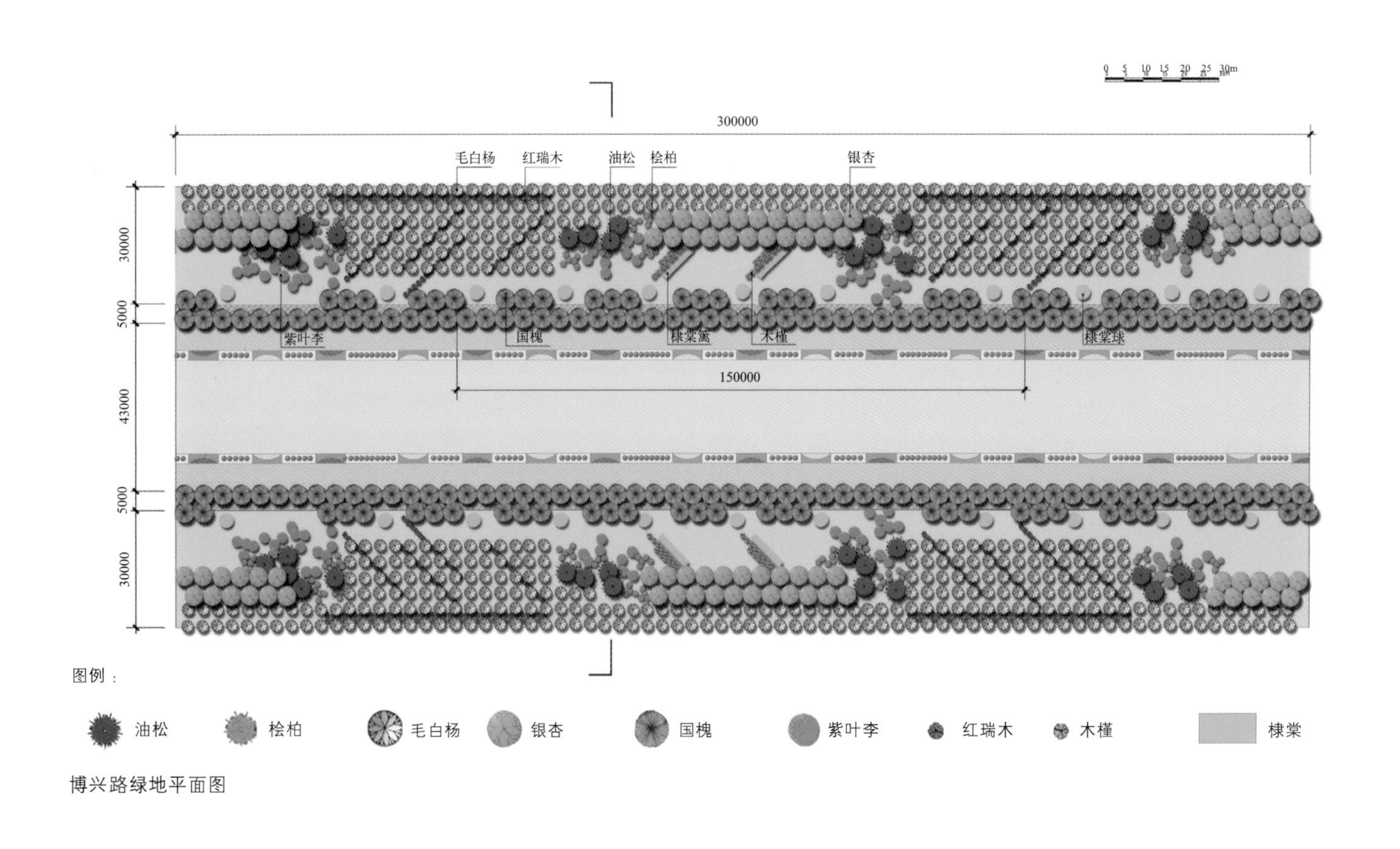

博兴路绿地平面图

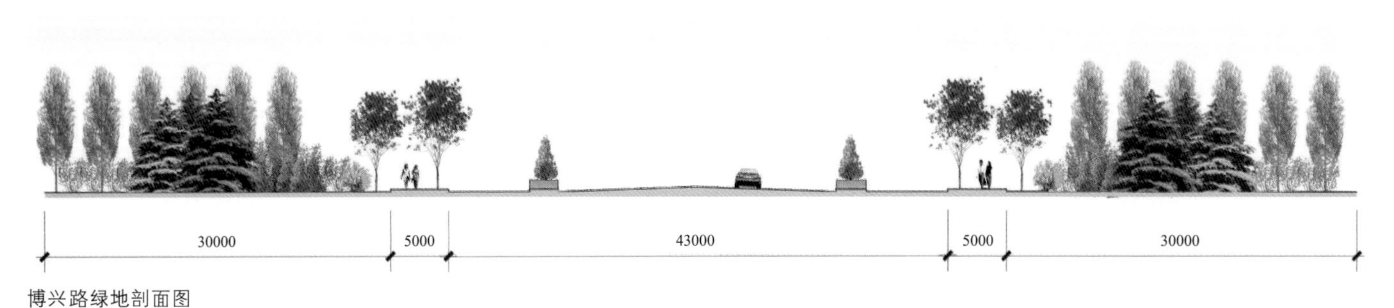

博兴路绿地剖面图

12　河南省开封市经济技术开发区道路景观设计

◎ 深圳市四季青园林花卉有限公司北京分公司

12.1　项目概述

开封经济技术开发区位于开封市西区，开封市护城大堤的东面，处于魏都路、解放路、集英街、夷山大街四条路的环绕中。开发区总体规划面积 54km^2。

本次道路景观规划的范围是魏都路以北，解放路以南，集英街与夷山大街之间。集英街由规划区的西缘通过，是高速公路与郑汴公路的连接线，也是开发区通往外省市的生命线。开发区东缘的衣衫大街是新区于老城区的地缘分界线，在此范围内东西向的大梁路与宋城路是贯穿开封市东西的两条城市发展轴，是开发区与旧城，以及杏花营组团联系的主要纽带。开发区中部南北走向的金明大道作为区内最主要的城市干道，集交通、生活、文化、景观于一体，由南至北把开发区内各个部分联系成为一个有机的整体。

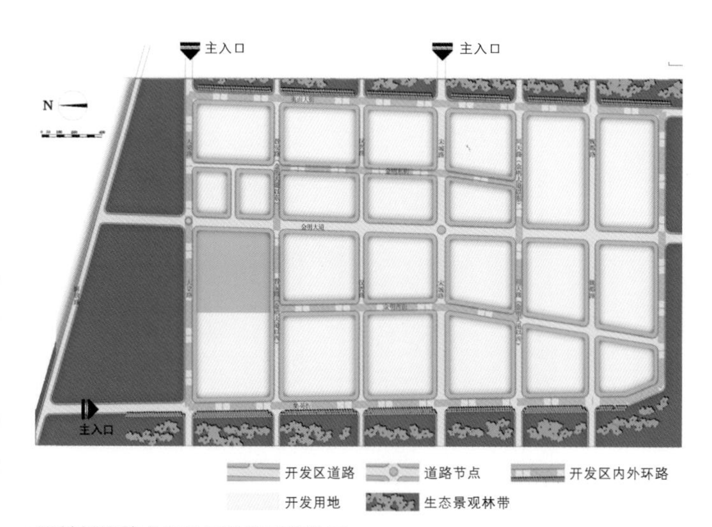

开封经济技术开发区道路网络体系

在开封经济技术开发区的城市绿地系统规划中，开发区西缘的护城大堤作为开封市城市外围绿地系统的主轴，把开发区西面生态保护地、南面的农业保护地，北面的风景旅游休闲用地联系成为一个“口袋”状的绿化隔离带。开发区东缘与老城区交汇的夷山大街作为一条景观大道，是新老城区的缓冲地带。这样，开发区就处于一条环状的绿带包围之中，加上开发区内纵横交错的不同级别的景观道路以及呈楔形深入城市内部的金明池遗址公园，整个开发区的绿地系统形成了良性循环的，自给自足的生态模式。

12.2　规划设计目标

“工作、生活、交通、精神上的享受”是现代人生存所不可缺少的四个部分，其中，“交通”是联系其他三个部分的枢纽。所以，我们的设计目标是通过对开发区道路绿地的宏观规划以及区内道路节点的景观设计，使整个开发区体现出“生态、文化、现代”三大特点。

12.3　规划设计构思——“花园城市”与三条轴线

“花园城市”最基本的定义是：城市处于环状的绿带包围中，这个概念起源于 17、18 世纪工业革命后期，它的出现较好地控制了城市的规模。另外，它试图解决“城市”作为自然界中独立存在的生态个体的内部生态循环问题。“花园城市”是一种理想的城市模式。我们在规划设计中，通过对开发区周边环境的分析，认为集英街、

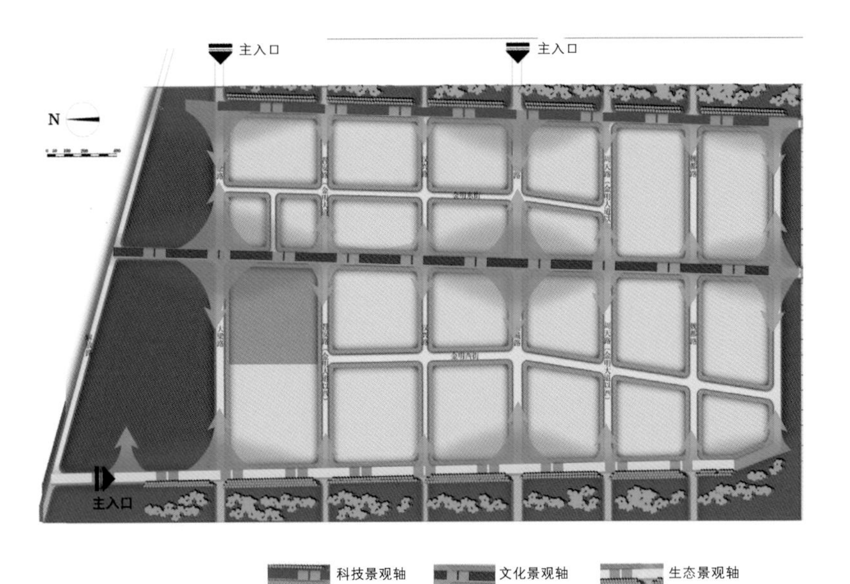

开封经济技术开发区道路景观系统

魏都路、夷山大街和解放路这四条景观大道构筑整个开发区“花园城市”最基本的“绿源”。绿带沿着这四条路向外辐射，形成了环绕开发区外围的绿化隔离带。

开发区由南向北有三条明显的地域轴线——集英街、金明大道和夷山大街。考虑到开封是一座历史文化名城，我们结合这三条大道和周边环境的关系，重新定义了这三条轴线——生态轴（集英街）、文化轴（金明大道）、现代轴(夷山大街)。我们希望通过这样有序列、有特色的交通系统勾勒出整个经济开发区的绿化骨架。

12.4 景观轴道路景观设计

12.4.1 集英街

集英街位于开发区的西侧，在我们的景观规划中，将集英街的绿化定义为生态轴。因此，我们将整个街道机动车和非机动车之间的绿化隔离带设计成自由式种植，以组团式绿化为主，通过植物不同的布局，相互搭配，给人以多姿多彩、赏心悦目的观赏效果，满足人们的追求自然的视觉审美要求。在绿化带上，每隔一定的距离还设置了生态宣传台，也满足了现代生

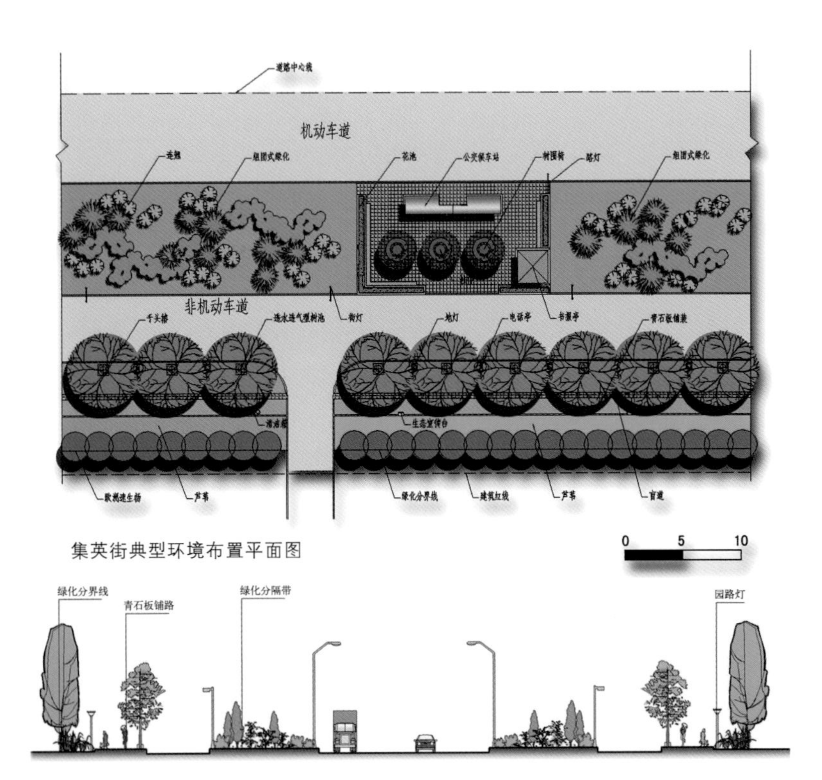

集英街典型环境布置平面图

集英街典型环境布置立面图

集英街典型环境环境布置平、立面图

集英街典型环境环境布置效果图

活中人们的精神文化需求，赋予整个集英街道路空间以浓郁的文化氛围。

12.4.2 金明大道

金明大道位于开发区的中部，是贯穿开发区南北的主要干道，也是连接老城与开发区的通道，我们将其定义为“文化轴”。在树种选择上，我们考虑以彩叶树和开花的树为主，以烘托开发区中心地段的气氛；在沿街小品的设置上，我们将开封的历史和具有当地文化特色的符号运用其中，展现了城市独特的文化内涵；在人行道铺装的设计上，我们将有当地历史特色的符号印于地砖上，沿街的座椅两侧设置表达当地历史名人或传说故事的青铜雕刻，使整条街道在不失大气的同时，也具备了一个历史文化名城应有的细节美。

沿街的公交汽车站也是我们设计的重点，我们将座椅和花池、树池相结合，在保证公交车站功能的同时，也充分考虑到了等车人的舒适性，从而体现出开发区“以人为本”的人文关怀。

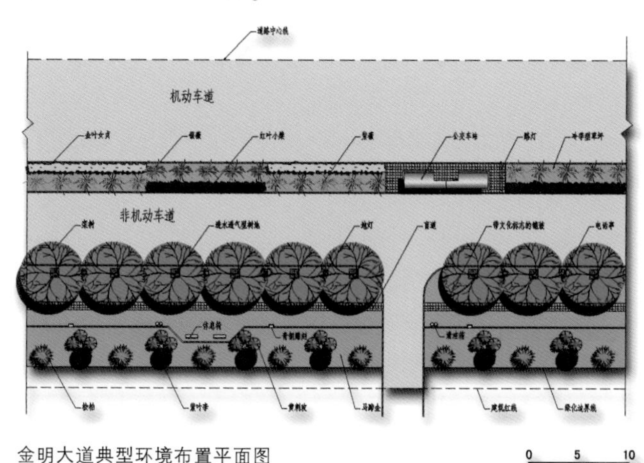

金明大道典型环境布置平面图

金明大道典型环境布置立面图

金明大道典型环境环境布置平、立面图

12.4.3 夷山大街

夷山大街与集英街相对，位于开发区的东侧，是我们道路景观规划中的现代轴。隔离带以规则式种植为主，修剪整齐的金叶女贞和紫叶小檗展示了开发区的现代风貌，在分隔铁丝网上攀缘的藤本月季，给这整齐的路面增添了一分色彩。道路上的小品和铺装都以现代风格为主。

夷山大街典型环境环境布置效果图

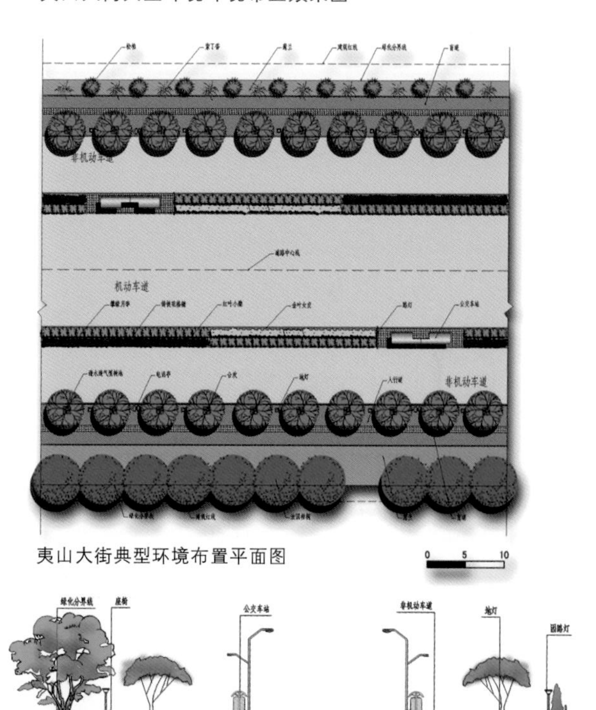

夷山大街典型环境布置平面图

夷山大街典型环境布置立面图

夷山大街典型环境环境布置平、立面图

12.5 街道景观设计

根据开发区内道路的路基划分，区内的道路可以划分为三级：

“一块板”道路——汉兴路、晋安路（金明大道以东）、周天路（金明大道以东）、魏都路以及金明东街。

“两块板”道路——金明西街。

“三块板”道路：集英街、金明大道、夷山大街、晋安路（金明大道以西）、周天路（金明大道以西）、周天路（金明大道以西）、大梁路和宋城路。

道路景观属于线形视觉空间，其景观具有连续性、流动性和节奏性等特点，其视觉效果，除景物的直接刺激外，主要取决于人与景相对位移的速度。由于人在地面作水平运动时，一般视线集中在倾角为27°的范围内，因此，道路景观近地面的视域应该更注重细部设计，而在离地面较高的地方应该注重景观的连续性和整体性。这样，无论在车行道还是在人行道，都能找到适合于人的尺度的景观元素。

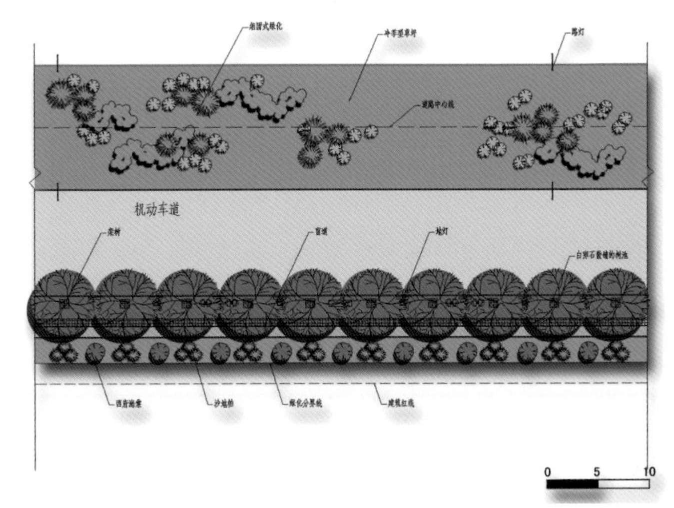

金明西街典型环境布置平面图

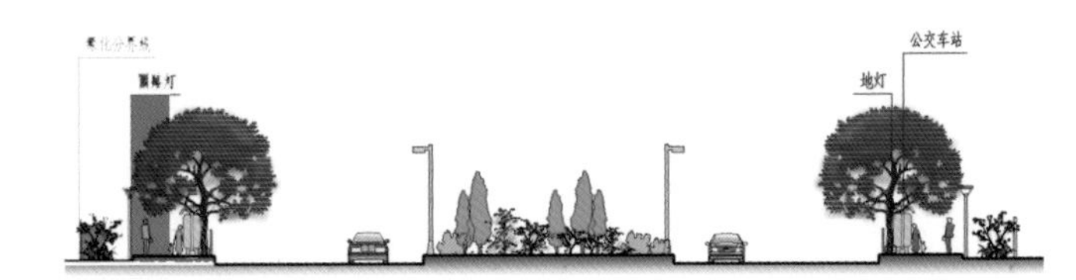

金明西街典型环境布置立面图

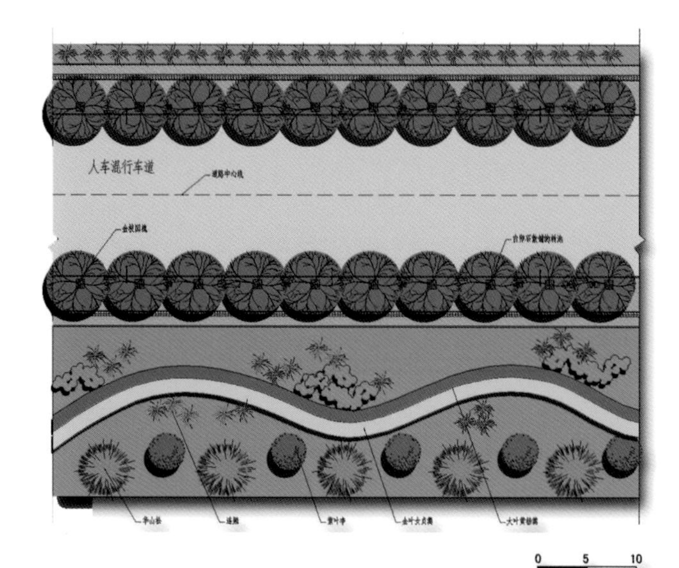

汉兴路典型环境布置平面图

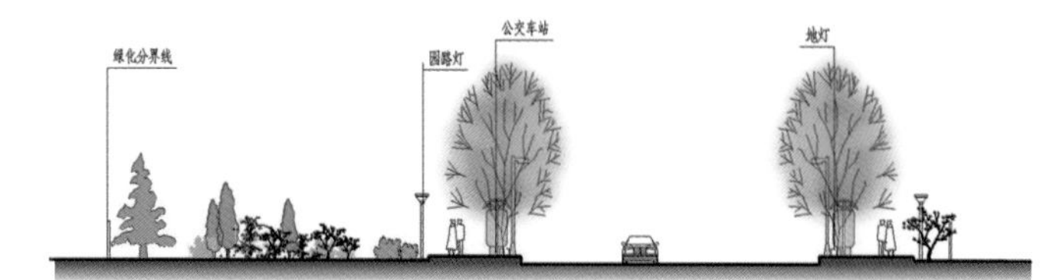

汉兴路典型环境布置立面图

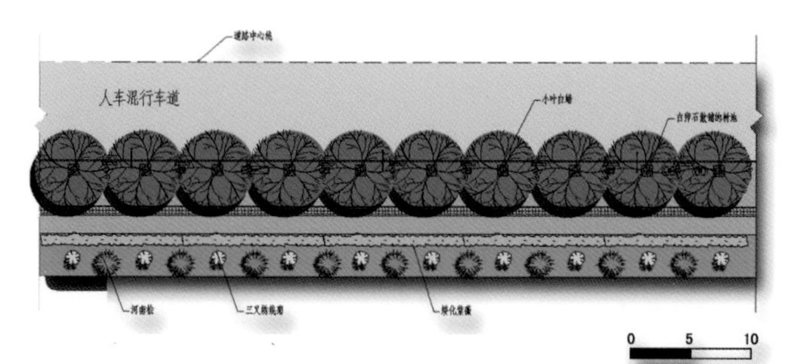

晋安路（金明大道以东）典型环境布置平面图

晋安路（金明大道以东）典型环境布置立面图

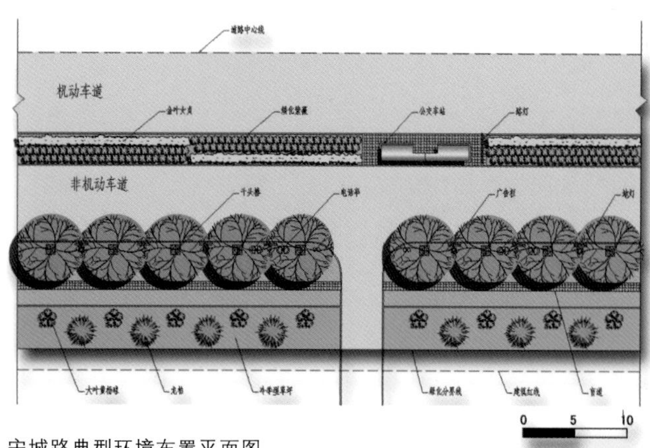

宋城路典型环境布置平面图

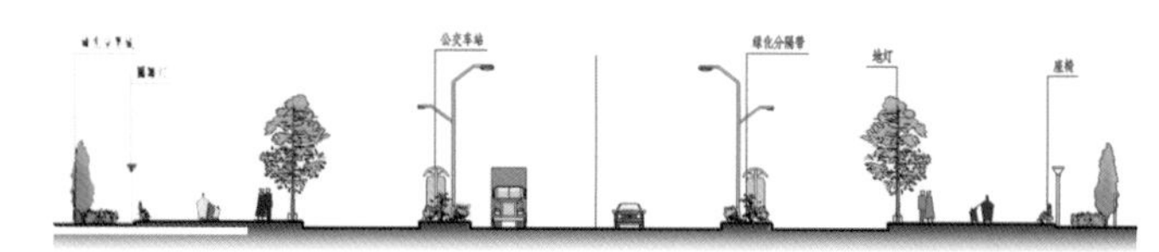

宋城路典型环境布置立面图

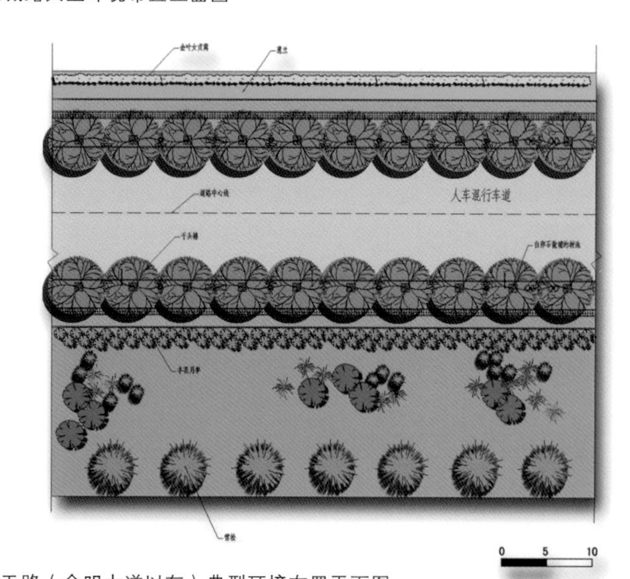

周天路（金明大道以东）典型环境布置平面图

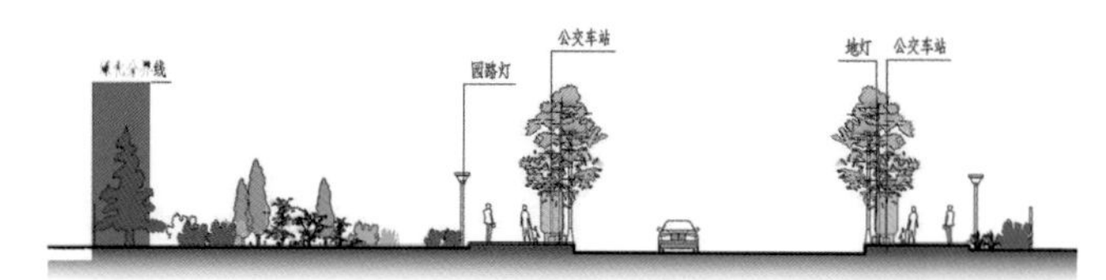

周天路（金明大道以东）典型环境布置立面图

13 上海陆家嘴健身绿道项目设计

在我们的印象里，健身步道大都是景观较单一的。景观作为市政健身绿道的配套部分，作为一个软手段将对绿道进行提升和包装，把浦东陆家嘴地区 20km 的绿道打造成为高品质的休闲运动开放空间。

通过浦东健身绿道的打造，能够把人们从室内引到户外，在户外进行各种休闲健身运动，它不仅仅是一个市政绿道，它更是一种生活方式的转变，是一种健康的生活方式的体现。我们更加希望在健身绿道当中不光有老年人的身影，应该有各个年龄层的人。我们不希望它是单一乏味的，我们更希望它是多彩的。

张家浜作为黄浦江的一条重要支流，犹如一条蓝色的动脉灌入浦东的绿心（世纪公园）。所以，我们将注入“多彩生命线”的概念，以它作为载体来诠释这种高品质的充满活力的生活方式，那么浦东也将成为这种生活方式的新起点。

绿道休憩驿站的首选的是科技馆段。改造后的平面布局，最北侧是规划健身步道，并将南侧的广场进行改造，引入多彩生命线的铺装。以水洗石作为装饰，通过使用不同的彩色石料的不同配比来实现。始终贯穿健身绿道和休息驿站，反复运用这样的元素可以增加人们对绿道的认知感，同时也在每个驿站中制造了兴奋点。其次是舒布洛克砖作为步道驿站的主要铺装，设计出线形动感的花纹。我们觉得，单单水洗石和幻彩砖还不能完全表达陆家嘴的特色，所以我可以在局部地坪加入钢条作为装饰或者收边。最后，也就是本项目最幻彩的部分，我们在坐凳面层采用了赛耐克，并与立面的水洗石衔接。

在科技馆前的起始点设计了标识牌 LOGO，标识牌方案是以飘逸的雕塑形式和浦东绿道的字体相结合，设置于步道的南侧，强化浦东绿道的印象。植物也进行了补充和改造，把原有的零散树穴进行整合并和景观坐凳相结合。尤其像张家浜这种线形的开放空间，这样去打造可以避免重复单一的景观带来的视觉疲劳。

希望通过对绿道的打造，可以让越来越多的人受益于这些人性化、艺术化的设计。

建成实景照片（一）

建成实景照片（二）

建成实景照片（三）

建成实景照片（四）

主雕塑以抽象“w”勾勒出飘逸的绿道形象。

“w”即“way”，道路也，一道二意。

一意为，人通行的基础设施。体现出张家浜绿道工程本着“以人为本”的理念，为民众建设最基本的健身设施。

二意为，事务发展变化的路径。意在表达人们逐渐从室内通往室外生活方式的改变。

其次，以蓝绿色作为主雕塑的核心色。体现了沿张家浜健身步道的生态性、独特性。

最终结合简洁的“绿道”字体，与上海这座大都市现代化的气质相得益彰。

主雕塑

建成实景照片（五）

14 上海市崇明县陈家镇四号河滨水道路绿化带景观设计

◎ 上海贻贝景观设计有限公司

14.1 现状分析

陈家镇四号河是镇内重要的水系组成部分。同时也是上海市委 2013 年课题研究《崇明生态河道适用技术研发与示范》中的示范工程。

四号河位于陈家镇的中心位置，地理位置优越，水资源条件丰富。

本次工程设计范围——北陈公司～前哨闸河，位于中心城区。全长 5.2km。

其两侧地块功能由生态园与大型社区及商业区交叉分布而成。

现状河道两侧多为农田，在裕安社区板块，现状河道北侧有部分居民住宅楼已民建成。

拟建驳岸沿线原为民宅、河道、蟹塘及农田。勘察期间拟建驳岸沿线地面标高在 2.96~4.31m 之间；测得河道水面标高 2.72m，水深在 1.50m 左右（2013 年 7 月 31 日测得）；测得驳岸沿线河塘中分布的淤泥最深标高 0.20m。

项目区位图　　现状照片

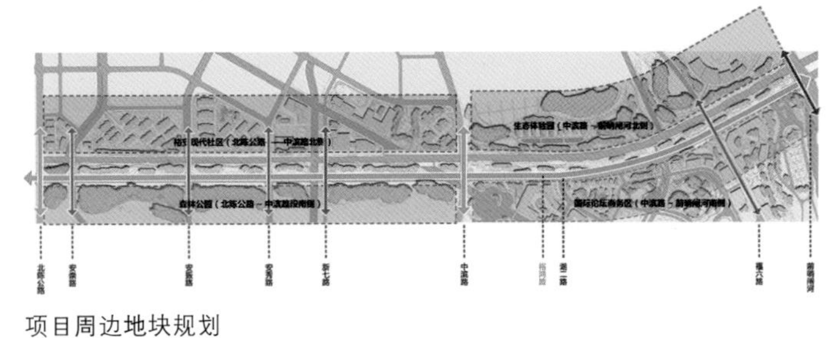

项目周边地块规划

根据《上海崇明陈家镇水利规划（2010~2020）》规划区域内河常水位 2.6~2.8m，最高水位 3.65m，预降水位 2.1m。

本次四号河（北陈公路～前哨闸河）贯穿四个功能区：裕安现代社区、生态体验园、森林公园和国际论坛商务区。本次工程范围内周边共规划 8 条道路，其中主干路三条，次干路三条，支路两条。

14.2 概念定位

14.2.1 概念启发

（1）借

自然之景——感受四季交响的协奏；

自然之美——感受“景中行，梦中画”的生态气息；

自然之气——营造生生不息的绿色体验。

（2）吸

纯净之氧——改善城市环境，体验健康生活；

淳朴之情——文化传承，感受淳朴风情；

科技之光——绿色生态，持续发展。

（3）形

生命长廊——多元化的生态系统，增强生态系统的稳定性；

灵动空间——多层次的功能形态空间，增强时尚灵动空间。

（4）步

水岸漫步——立体流线形滨水慢行系统；

健康之行——时尚运动生活的起始，充满活力的健康长廊。

14.2.2 主题概念

“借”自然之气；

“吸”生态之氧；

“形”生命之河；

“步”健康之路。

以“慢行水岸、借氧之旅”为设计主题，结合道路及滨水绿化，打造一条集滨水漫步、慢行系统、商务休闲、时尚运动、生态湿地于一体的活力廊道系统，通过“借”自然之气、“吸”生态之氧、“形”生命之间、“步”健康之路等方式，实现多彩缤纷的生态道路滨水系统。

14.3 分段详细设计

14.3.1 北陈公司——中滨河

主题片区：彩叶林带区（南岸），生态氧吧区（北岸）。

引导关键词：健身、休闲、参与、生态。

亲水栈道：健身场地、林中漫步道、道路绿化背景林带。

设计主导思想：

（1）社区与生态园相互交错，河带穿插其中，运用园林设计中借景的理念，演变为“借氧”的理念，通过种植更多的湿生植物将河流生态系统与森林生态系统融合互补，形成天然氧吧。通过生态护岸的点缀，形成立体的生态氧吧区。

（2）考虑到“人”也作为生态中的一环，在这里设计了运动场所和亲水设施。

（3）陆域带设计沿河跑道等休闲运动场所，河边设计亲水木栈道，增加人与水的互动，营造出健康向上、朝气蓬勃的城市氛围。

14.3.2 彩叶林带

主题片区：彩叶林带区（北岸），生态氧吧区（南岸）。

引导关键词：自然、生态、多彩、休闲、观景。

功能场地：彩叶背景林、亲水栈道。

设计主导思想：

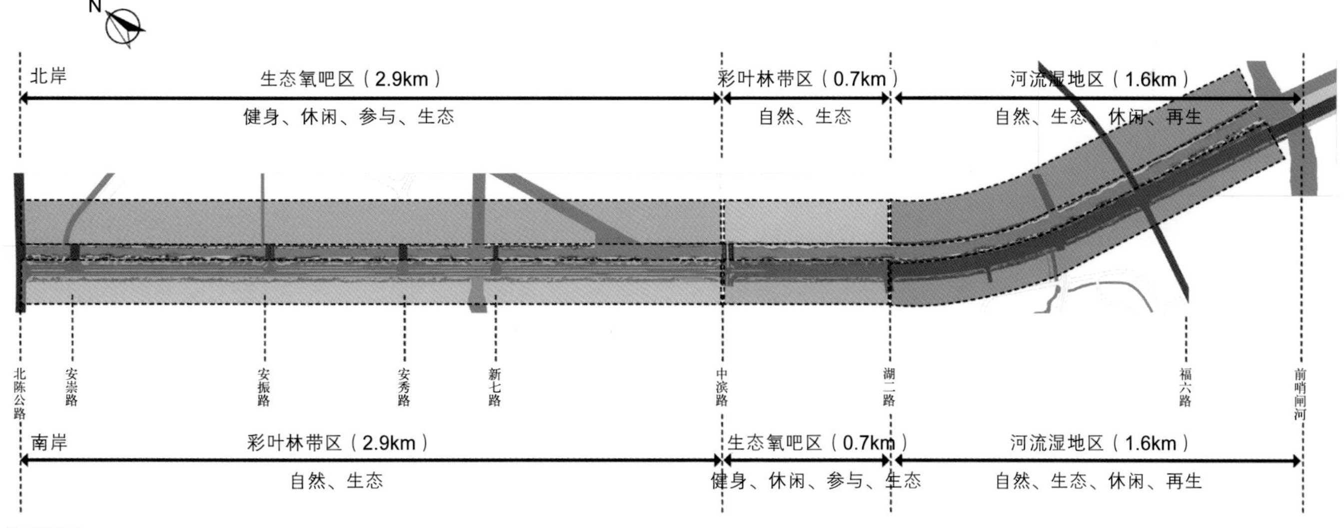

总平面图

北陈公司——中滨河平面图

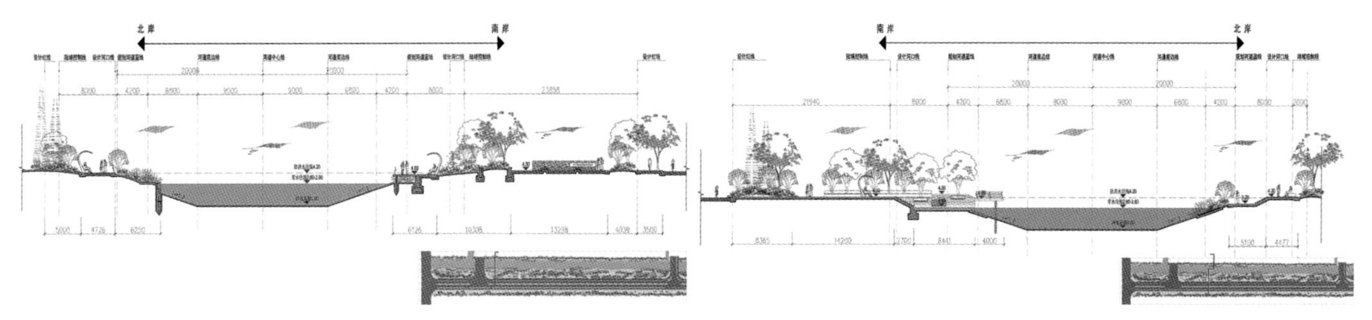

剖面图

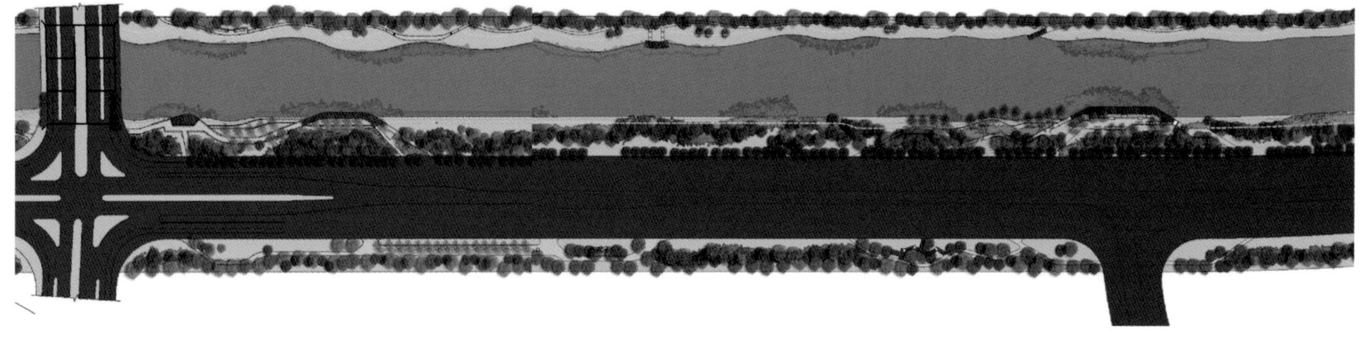

彩叶林带平面图

（1）北岸的生态体验园则需要一种安静的氛围。在此段设计彩叶林带区作为一道天然屏障，缓和商务区与生态园之间的矛盾。

（2）通过色彩变化丰富的林带，创造与河流湿地不同的生境系统，给予依赖树林的生态物种创造良好的生存环境。

（3）陆域带以种植乔木为主，成片种植乡土树种，相邻的片林种植树形、季相、色彩差异较大的品种以体现高低不平的林冠线、颜色丰富的彩叶林。河岸交界处则作为过渡带局部种植水生植物。林中布置蜿蜒道路。

14.3.3 河流湿地

主题片区：生态湿地区。

引导关键词：自然、生态、多彩、休闲、观景。

功能场地：彩叶背景林、亲水栈道。

设计主导思想：

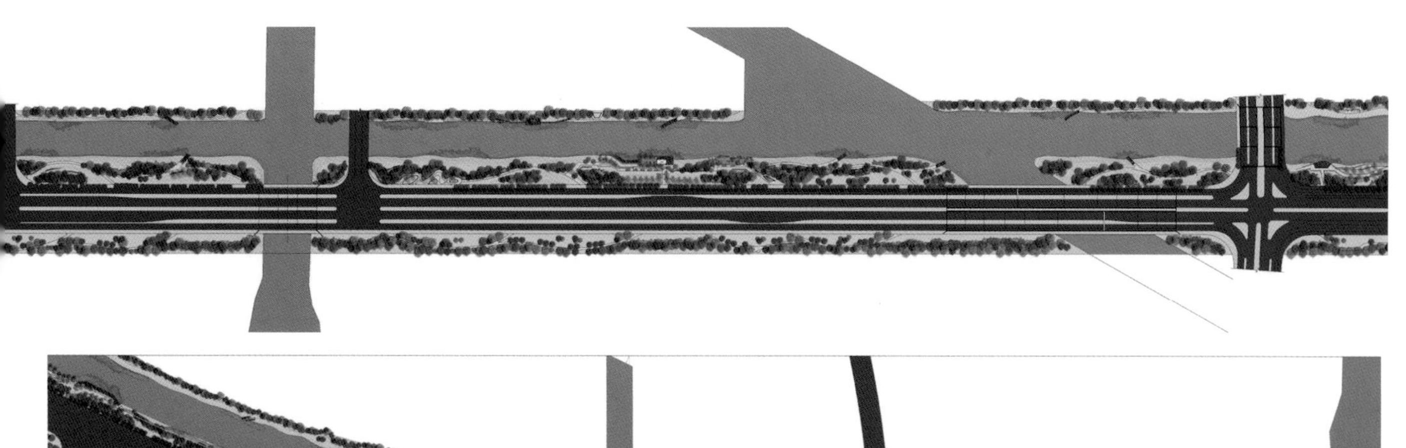

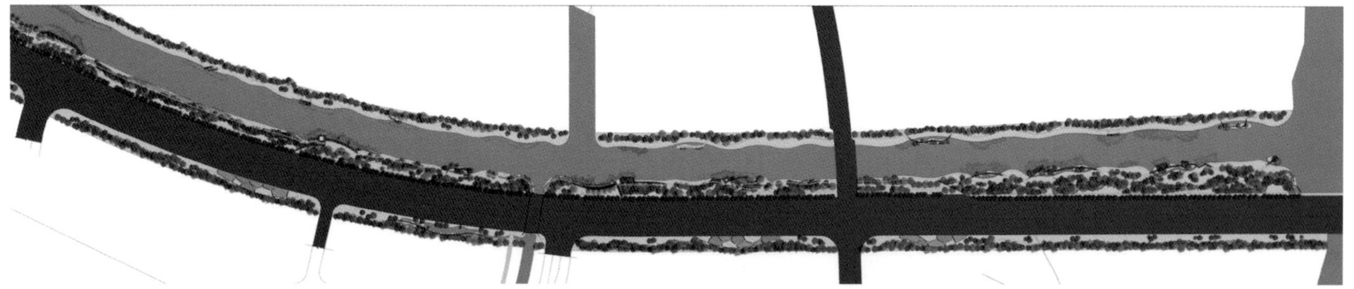

河流湿地平面图

（1）此段周边生态环境优越，往东 1 ～ 2km 即为湿地观光区，作为河道和湿地的过渡区。在此段河道设计为弯曲、生态、自然的河流。并通过模拟生物自然生存环境而达到形成生物多样化的目的。

（2）护岸弯曲凹凸，河岸设计浅滩湿地，通过地形设计使浅滩地形高低起伏在河道边形成小岛屿的效果，并在小岛屿上种植耐湿乔木池杉，形成木在水中生的效果。设计湿地、半湿地、岛屿、浅滩、林荫、鱼礁等为生物提供不同的生境系统，为生物多样化创造良好先决条件。局部设计亲水栈道增添人与水的互动。

节点效果图（一）

节点效果图（二）

节点效果图（三）

节点效果图（四）

节点效果图（五）

14.4 驳岸专题设计

14.4.1 自然驳岸

（1）生态石笼 / 加筋麦克垫

生态石笼是近年来工程项目中的一种新型材料结构，又成为生态格网结构。可根据工程设计要求组装成箱笼，并装入块石等填充料后连接成一体，达到自然的水体和土壤之间的交流，创建一个对水生生物和微生物的生存环境，从而增强了自我净化能力，保护和改善水体水质。

（2）人工鱼礁（生态链修复）

人工鱼礁是人为地在水域中设置构造物，以改善水生生物栖息环境，为鱼类等生物提供索饵、繁殖、生长发育等场所，达到保护、增殖资源和提高渔获质量的目的。人工鱼礁按不同的制造材料可分为石块、混凝土、轮胎、玻璃钢、钢材等制作的鱼礁；按形状可分为正方体形、多面体形、锥形、圆筒形、半圆形等以及多种形状的大型组装鱼礁。

（3）生态袋

生态袋具有目标性透水不透土的过滤功能，既能防止填充物（土壤和营养成分混合物）流失，又能实现水分在土壤中的正常交流，植物生长所需的水分得到了有效的保持和及时的补充，对植物非常友善，使植物穿过袋体自由生长。根系进入工程基础土壤中，如无数据锚杆完成了袋体与主体间的两次稳固作用，时间越长，越加牢固，更进一步实现了建造稳定性永久边坡的目的，大大降低了维护费用。

14.4.2 硬质驳岸

（1）浆砌块石驳岸

尽量采有大块石，以节约水泥用量，块石之间用 M10~M15 水泥砂浆砌筑，使成垂直式挡土壤。顶部用条石做压顶。浆砌块石驳岸要注意每隔 20 ～ 25m 留一伸缩缝，缝内填以油毡（沥青、麻纱的混合物）。现在有用“L”形预制水泥板来代替块石的。这种方法施工简单，外形整齐，用作垂直式的驳岸很适合。

（2）舒布洛克砌块

柔性结构，可以承受较大的位移而不至于失稳破坏，对小规模基础沉陷或短暂的非常规荷载组合（如地震、高地下水位等）具有高度的适应能力。

（3）木桩生态驳岸

指公园、小区、街边绿地等的溪流河边造境驳岸，一般做法是取伐倒木的树干或适用的粗枝，横向截断成规定长度的木桩打成的驳岸。

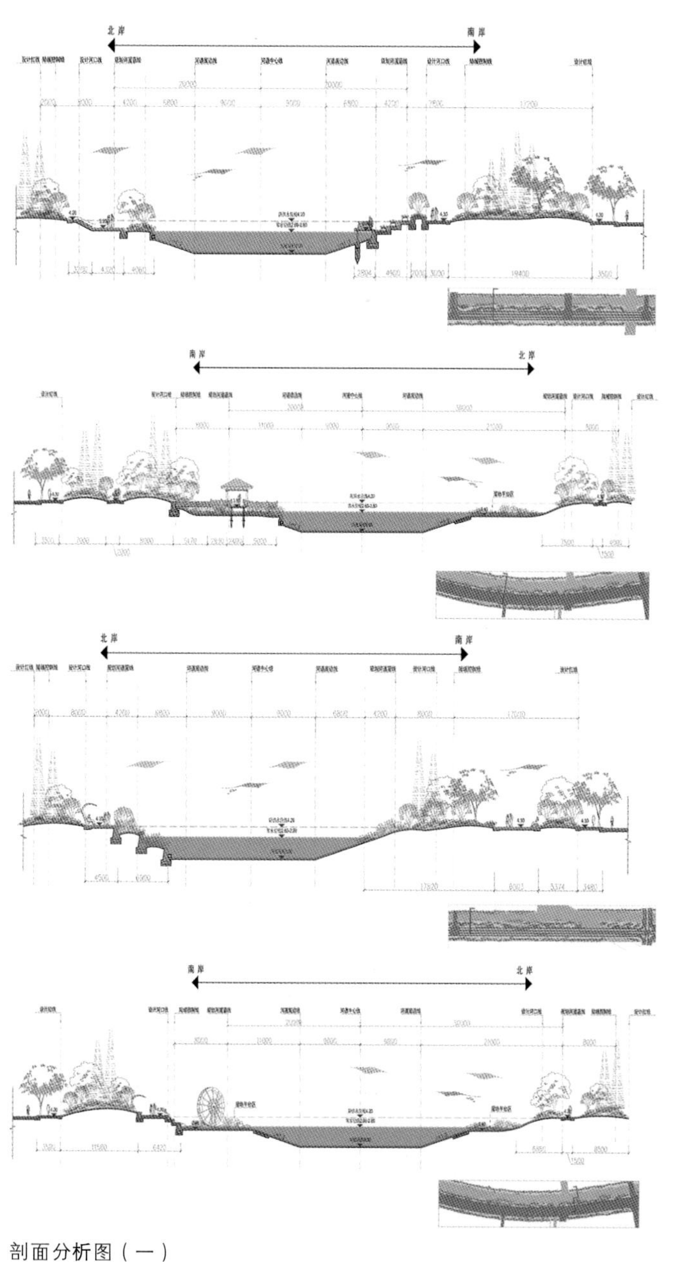

剖面分析图（一）

3.20
4.30
i=1:3
生态石笼
4.30
生态石笼
3.20
i=1:3
人工鱼礁
4.30
人工鱼礁
3.56
i=1:3
人工鱼礁
植被根系紧锁
连接扣
加筋格栅
生态袋
复合稳定的生态边坡+加筋格栅+植物根系→永久性稳固的生态边坡
3.00
2.60
4.30
4.60
生态袋
4.30
4.50
2.95
4.00
i=1:3
浆砌块石驳岸
4.30
湿地平台区
2.40
浆砌块石驳岸

剖面分析图（二）

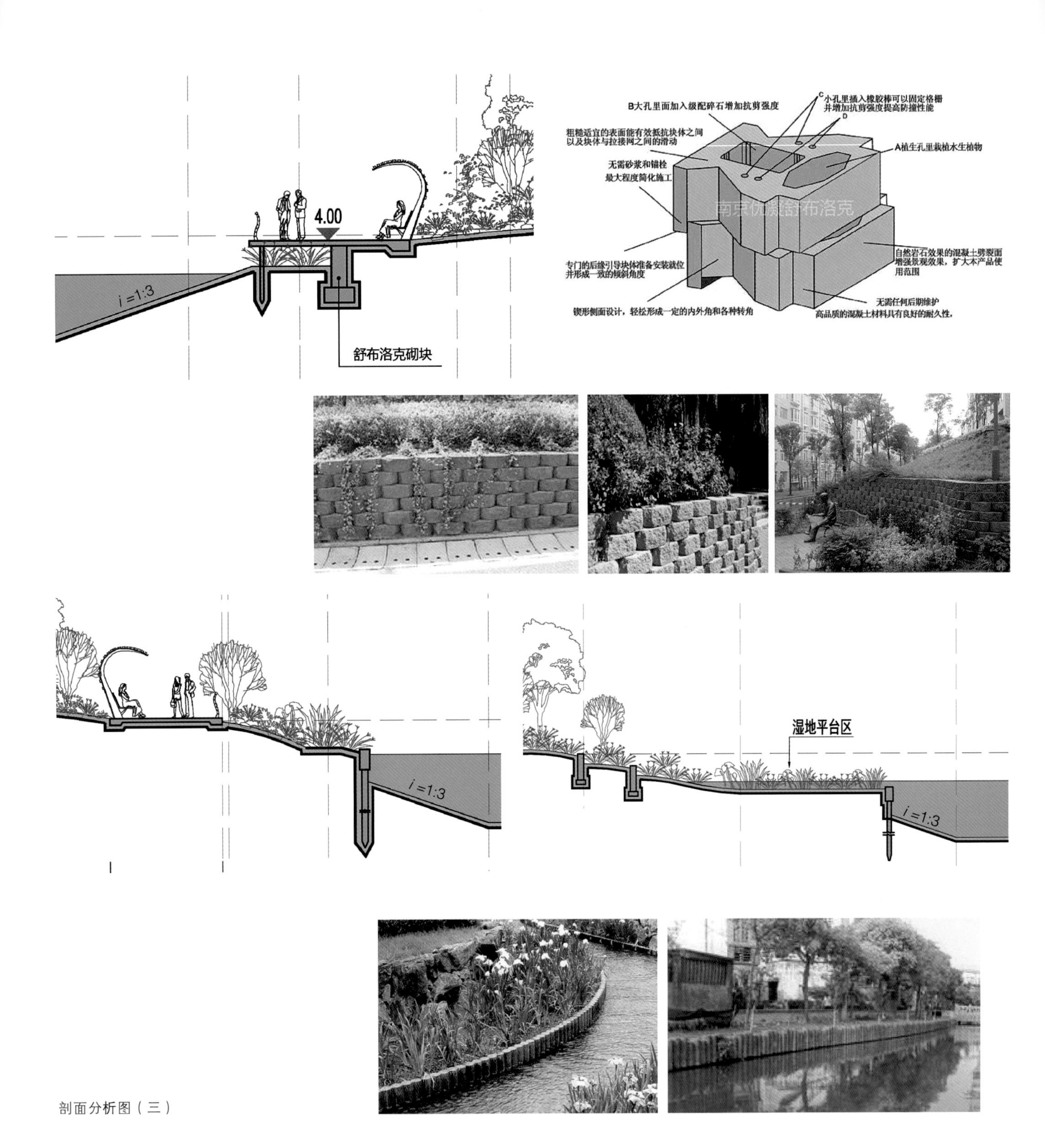
4.00
i =1:3
舒布洛克砌块
B大孔里面加入级配碎石增加抗剪强度
C
小孔里插入橡胶棒可以固定格栅
并增加抗剪强度提高防撞性能
D
粗糙适宜的表面能有效抵抗块体之间
以及块体与拉接网之间的滑动
A植生孔里栽植水生植物
无需砂浆和锚栓
最大程度简化施工
南京优凝舒布洛克
自然岩石效果的混凝土劈裂面
增强景观效果，扩大本产品使
用范围
专门的后缘引导块体准备安装就位
并形成一致的倾斜角度
无需任何后期维护
楔形侧面设计，轻松形成一定的内外角和各种转角
高品质的混凝土材料具有良好的耐久性，
i =1:3
湿地平台区
i =1:3

剖面分析图（三）

15 江西省贵溪市沿河东路延伸段地块滨江绿地景观设计

◎ 上海现代建筑设计集团

15.1 前言

此次设计的滨江景观带部分是连接贵溪电厂与南北城市景观轴线交接的滨水景观带重要节点，位置相当突出也相当重要；承担着引导城市健康发展，提升周边土地价值及美化城市整体形象的重要功能。对于“一江两岸、显山露水”山水贵溪的旅游发展 理念具有前瞻性意义。

15.2 项目概况

滨江绿地范围西起贵溪电厂东侧，东至新建3号桥，全长约2.1km，用地规模约173963m^2。东西向长约2.1km。南北向最宽处约为130m，最窄处约为45m。

15.3 规划设计的目的

秉承“显山、露水、绿色”生态贵溪的规划目标，展示“铜都银乡”的矿脉地质历史与文化内涵，力求塑造滨江“生态、文化、特色、活力”的舞台，使滨江公园成为贵溪独具特色的滨江标志性景观。

15.4 景观设计策略

（1）策略之一：生态信江

营造和谐互动可持续发展的生态型体验。

（2）策略之二：文化信江

带动居民体育文化休闲，提升滨江公园人气。

（3）策略之三：特色信江

塑造信江滨水空间的景观标志性。

（4）策略之四：活力信江

提升周边土地综合价值，带动配套休闲消费。

15.5 设计概念

古老的“信江”承载了城市发展的印记。设计概念源于对贵溪地理特征理解“山水”自然地形与城市相互作

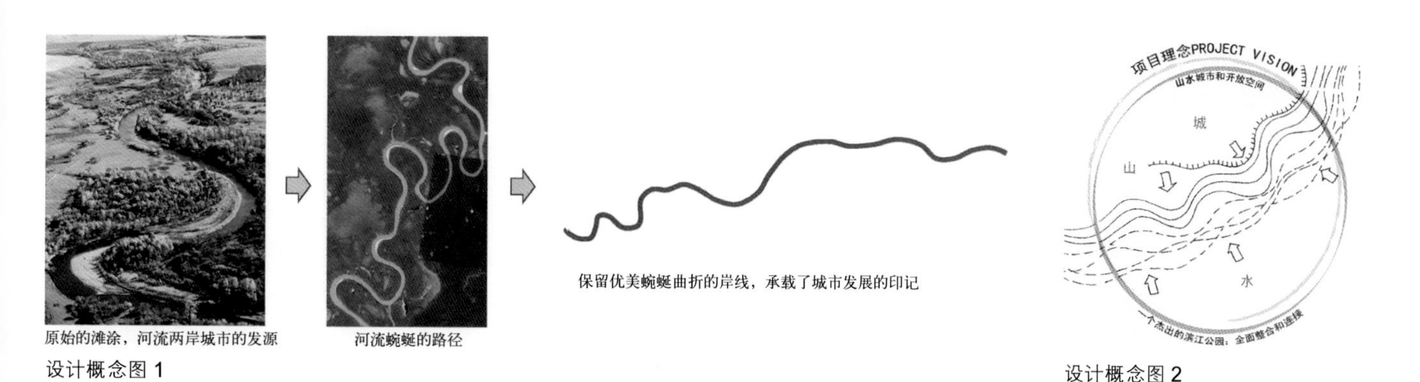

原始的滩涂，河流两岸城市的发源　河流蜿蜒的路径

设计概念图1

设计概念图2

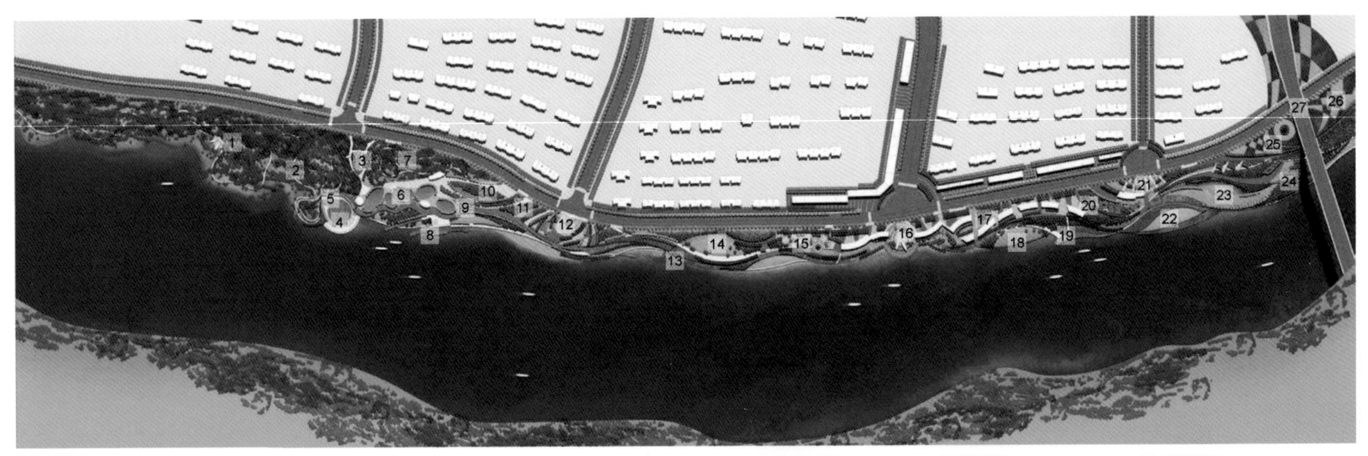

景观总平面图

1 山地观景平台
2 生态林带
3 儿童游戏池
4 太极文化广场
5 观景台
6 极限滑板区
7 野趣园
8 滨水多功能跌落式平台
9 自行车道
10 观景台阶
11 林荫花境
12 畲族文化广场
13 滨水眺台
14 露天草坪剧场
15 艺术铺装
16 城市之门（市民林荫广场）
17 滨江商业街（地下停车场）
18 大草坪
19 码头
20 运动场地
21 景观广场
22 风筝大草坪
23 草地剧院
24 水生植物
25 桥头标志性构筑
26 桥下模纹花坛（城市之眼）
27 高架桥

用下形成今天的面貌。城市悠久的历史以及人类在河流沿岸定居的历史演化过程。滩的概念是城市与自然相互作用的过程现象，印证了城市发展的轨迹。

15.6 规划结构

规划结构为“一横、两纵、三心、五区”。

“一横”：为滨江公园东西方向的景观轴线，串联了公园重要的景观节点，也是整个滨江公园的景观动线。

“两纵”：为滨江公园南北方向的景观轴线，加强了公园南北向的联系，两轴将地块北部的居住区和商业区与地块紧密联系在一起，串联了各主要广场及交通节点，是连接信江的重要景观视线。

“三心”：指滨江公园里景观节点的高潮，分别为具有地方特色的畲文化庆典广场、滨江休闲商业街、贵溪桥头文化广场。

“五区”：为矿产文化、滩涂湿地文化与地块有机结合起来，分别为生态观赏板块、运动游戏板块、商业休闲板块、滨水艺术板块、山地体验板块。

分区平面图

日景鸟瞰图

15.7 规划设计内容

滨江绿地以矿脉文化和滩涂湿地文化为脉络，将地块有机地联系在一起，自西向东五个功能板块串联为一体，并利用各板块功能的渗透叠加，将信江沿岸的城市风貌变迁浓缩于城市滨江公园之中。

结合文化内涵与地块因素将沿江分为：生态观赏板块、运动游戏板块、商业休闲板块、滨水艺术板块、山地体验板块。

夜景鸟瞰图

（1）生态观赏板块

区域原有水塘较多，以体现植物生态群落之美，湿地生态环境为主题。结合观赏与科普宣传的要求，通过乡野氛围的植物组合等来丰富自然景观。沿江桥头设计竖立在桥头公园的景观标志性雕塑，使驳岸显得更自然生动。

（2）运动游戏板块

设置水幕电影、亲水码头等水上娱乐项目，加上时尚的滑板、排球场、半场篮球练习场、露天舞会广场以

运动游戏板块效果图

生态观赏板块平面图

生态观赏板块

- 结合观赏与科普
- 结合雕塑设计树立桥头公园的景观标志性
- 乡野氛围的植物种植
- 静态的休闲空间

1 水之涟漪雕塑景观雕塑
2 景观密林种植
3 多功能景观廊架
4 水生植物群落
5 多功能草坪观演区

乡土植物观赏

水生植物群落观赏

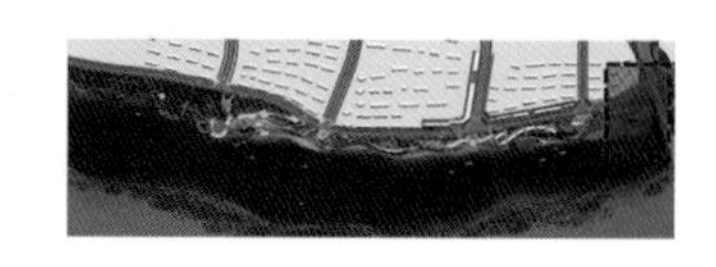

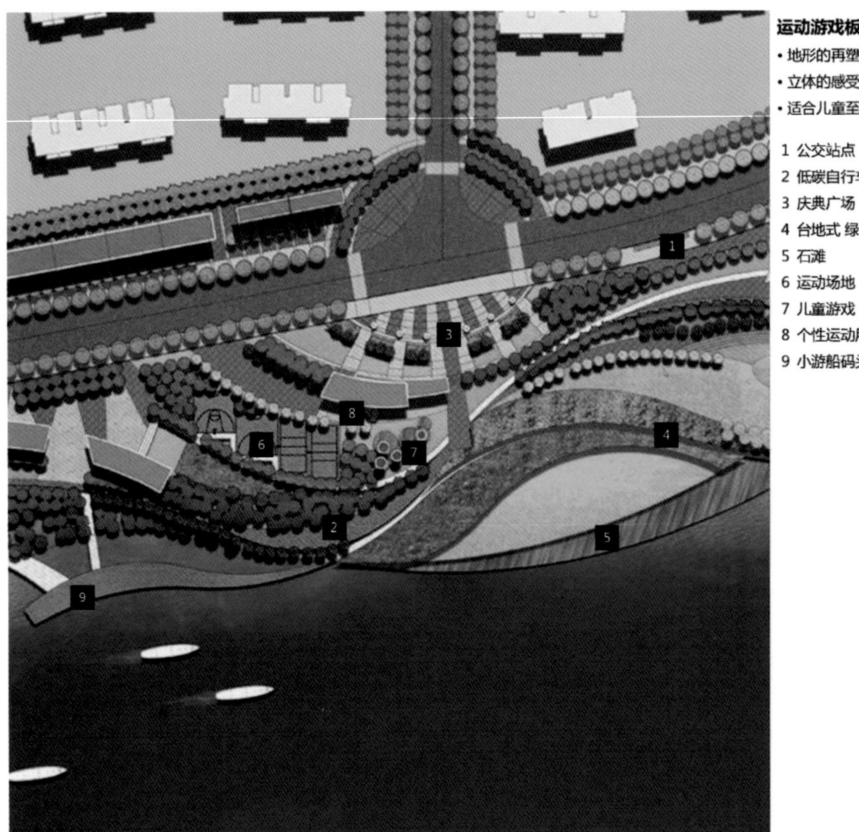

运动游戏板块平面图

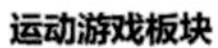

运动游戏板块

- 地形的再塑造
- 立体的感受
- 适合儿童至青年的活动

1 公交站点
2 低碳自行车道
3 庆典广场
4 台地式 绿化
5 石滩
6 运动场地
7 儿童游戏
8 个性运动用品店
9 小游船码头

运动场地

儿童游戏

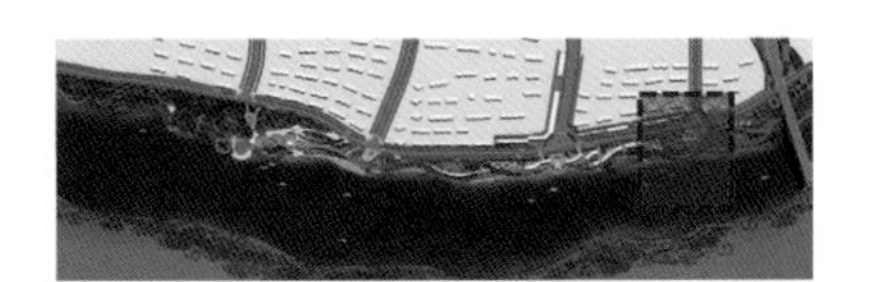

商业休闲板块

- 都市的
- 夜晚活动丰富的
- 活跃的

1 公交站点
2 艺术铺装
3 水景雕塑
4 多功能商业服务
5 花境
6 景观平台
7 商业街
8 演艺大草坪
9 咖啡茶饮
10 市民林荫广场
11 景观构筑

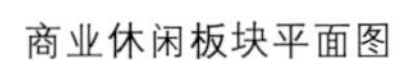

商业休闲板块平面图

特色廊架广场及休憩空间

商业休闲板块效果图

滨水艺术板块平面图

滨水艺术板块

- 室外展示空间
- 丰富的表现形式
- 优雅时尚

1 公交站点
2 公园入口
3 多功能活动草坪
4 滨水眺台（露天餐座）
5 雕塑艺术观赏区
6 景观木栈道
7 沙滩
8 林荫小广场
9 畲乡文化广场
10 水景雕塑
11 咖啡茶座

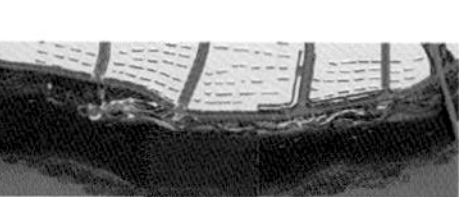

滨水艺术板块区位示意图

滨水艺术板块效果图（一）

滨水艺术板块效果图（二）

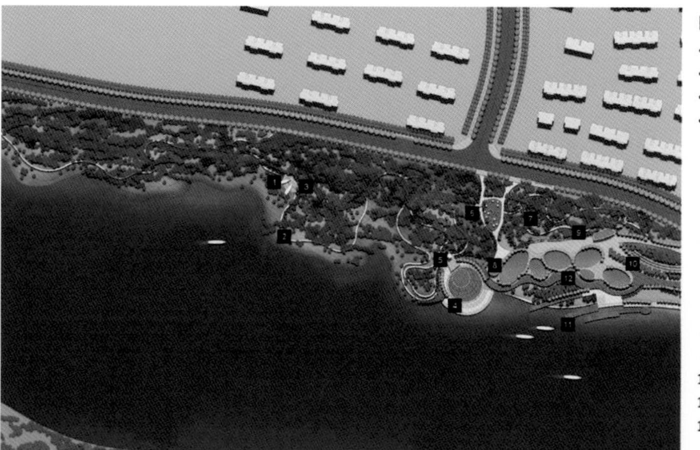

山地体验板块平面图

山地体验板块

- 兼顾大众活动与极限运动
- 适宜家庭型活动
- 动静皆宜
- 山体生态旅游区

1 山地观景平台
2 林荫散步道
3 生态树林
4 太极养生广场
5 观景台
6 老年人健身
7 极限运动游戏区
8 运动服务设施
9 攀岩
10 观景台阶
11 滨水多功能跌落式平台
12 基础服务建筑

山地体验板块区位示意图

山地体验板块效果图

铜矿石的颜色——橙黄色
ORANGE
明亮、愉悦、生机勃勃

将铜矿的色彩以及材料运用到公园的景观小品、标识以及灯光设计中，以十分现代的方式展示悠久的地质文化

乡土植物元素

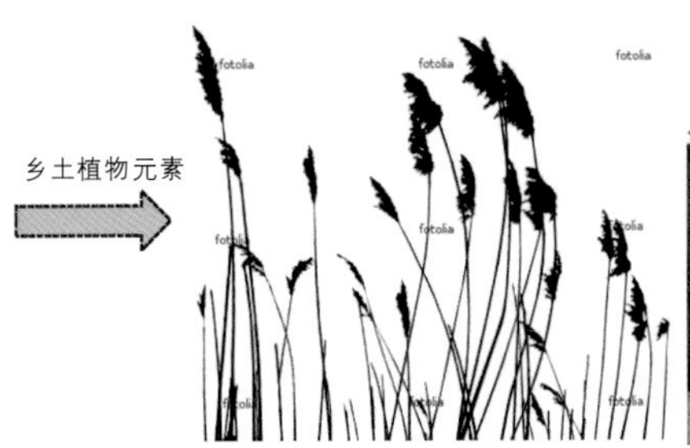

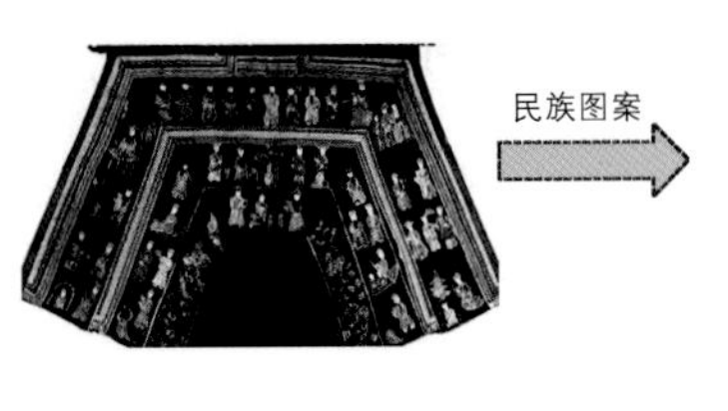

民族图案

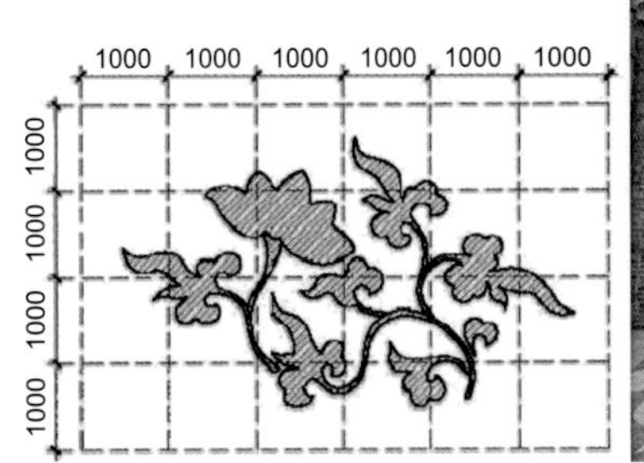

铜文化元素的运用与体现

铜文化元素景墙

及儿童乐园，体育与休闲、旅游融为一体，辅以与之配套的商业设施，构筑成一道运动休闲和商业休闲的城市亮丽风景线。

（3）商业休闲板块

在道路南侧，依托与山势地形的有机结合，将新建独特的退台式“梯田”商业建筑，在南侧水系周边，还将新建滨水商业休闲区，设置餐饮、酒吧、客栈等商业业态，与剧场演出联动，丰富夜游项目与园区配套功能。

（4）滨水艺术板块

整个区域作为滨江艺术文化展示的窗口，通过滨水区公共艺术的整体营造，增加和提升了滨水空间的美学价值和视觉形象，塑造了独特而又充满艺术气息的空间氛围，展现了城市“因水而起、因水而兴”的发展之源。

（5）山地体验板块

近电厂地段大部分为山地，其间用曲折流畅的园路与各个区块相连接，主要景观区域考虑兼顾大众活动的游戏场与部分极限运动活动，动静结合，主要为突出山体运动生态旅游。

15.8 景观小品的设计

部分景观小品考虑铜文化材料及颜色的应用，充分融入民族文化及乡土文化。

15.9 结语

此设计方案为设计投标作品，为国际招标竞赛第二名。希望如设计目的所述，通过项目的实施，能够将沿河东路延伸段地块的滨江绿地景观建成生态、自然、优美而又富有“铜都银乡”特有矿脉文化内涵的绿色长廊。

16　山东省济宁市北湖湾公园及北湖中路景观设计

◎ 上海点聚环境规划设计有限公司

16.1　北湖中路总体景观规划框架

16.1.1　设计概念

转变的设计理念体现了济宁从北面老的城市中心向南面新的现代生态新城的过渡与演变。这种从老到新的转变体现了城市形象的转型以及城市公共开放空间的品质及多种类型的滨水空间。同时景观设计还通过一系列现代感的艺术品及特色景观元素等，向人们展示济宁有形或无形的文化遗产及济宁的历史名人的形象。景观特征：自然/浓郁。

道路中段面向商务公园及城市CBD打开，沿路布置了一系列供人们休憩娱乐的现代规整的广场与公园，同时注重通向新运河以及周边商业开发地块的开放视线走廊。景观特征：规整/开放。

道路的南段主要营造一种公园尺度的道路体验，沿着城市滨水相间布置一系列自然的密林组团及向湖面打开的公共开放空间。景观特征：自然/开放。

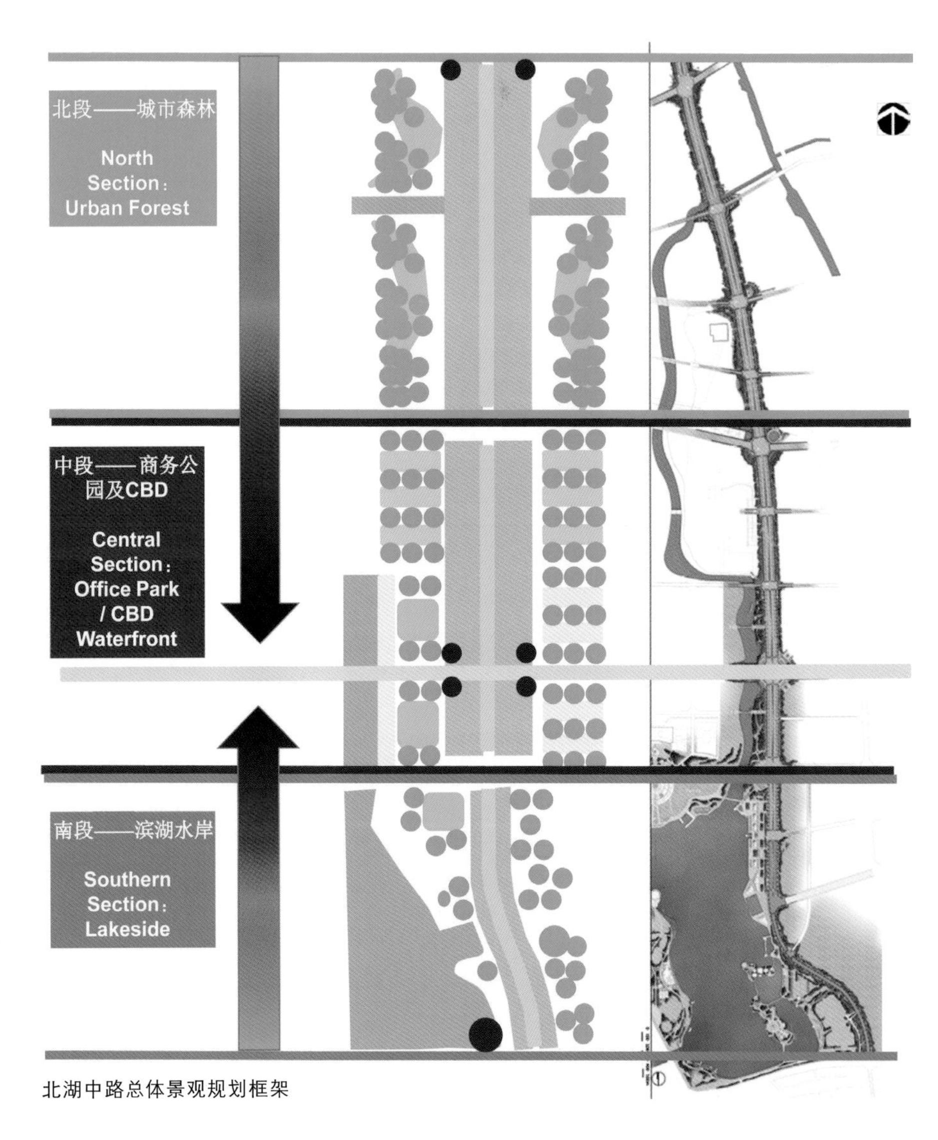

北湖中路总体景观规划框架

16.1.2 统一的景观元素——主干行道树

（1）方案一：榉树

北湖中路景观设计建议道路两侧都采用双排的主干行道树（车行道、自行车道树）作为整条道路统一的特色景观元素。这些季相性（落叶）的主干行道树能强烈地体现道路的四季变化特色。方案一建议采用榉树作为主干行道树，榉树树形中等通常可以长到30m高，树形优美挺拔，枝干向上伸展扩散；同时该树种生长迅速，有利于尽快形成北湖中路整体的近期景观效果。

道路两侧绿带内的背景树以混植的常绿树和落叶树为主，为道路在冬季提供一个常绿的绿色背景。同时常绿的背景也能突显出前景的季相行道树。

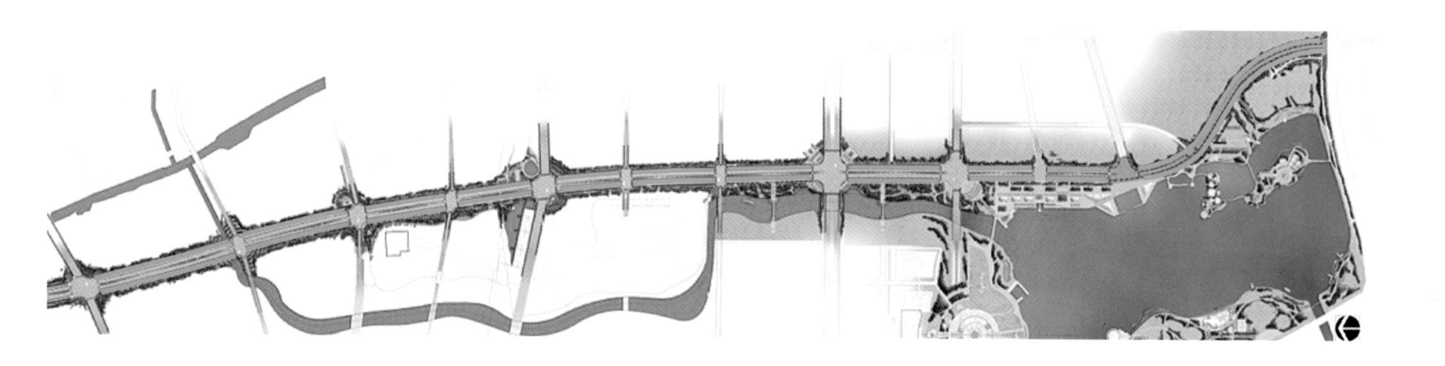

方案一：榉树

（2）方案二：栾树

栾树作为中国传统的特色树种，它在中国境内种植的历史非常久远，与济宁悠久的孔孟历史文化背景相呼应。这类树在春天有鲜嫩的树叶，夏天开黄花，秋冬季树叶落下后还有一些果实保留在树干上。这类树的形态不如方案一的榉树那么均匀，更加自然。

道路两侧绿带内的背景树以混植的常绿树和落叶树为主，为道路在冬季提供一个常绿的绿色背景。同时常绿的背景也能突显出前景的季相行道树。

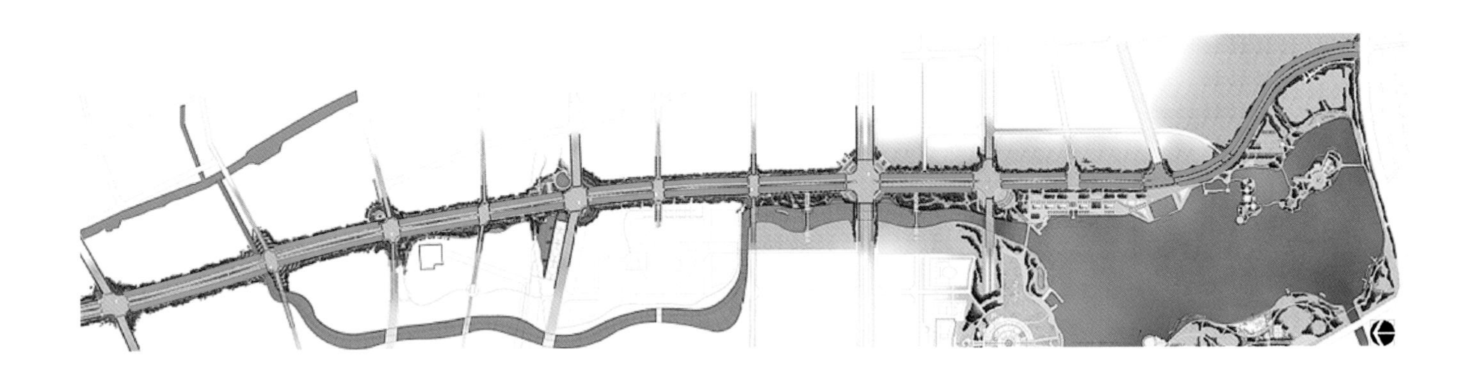

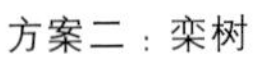

方案二：栾树

16.1.3　统一的景观元素——“转变”中央特色绿化分隔带

中央绿化带：道路第二个重要的统一景观元素是采用变化的人工地形与地被种植的中心绿化分隔带。绿带内的人工地形的变化和曲折，体现着道路不断变化的动感和韵味，道路中心绿带地形两侧的种植，一侧采用常绿的地被，另一侧以季相性色叶变化的地被为主。

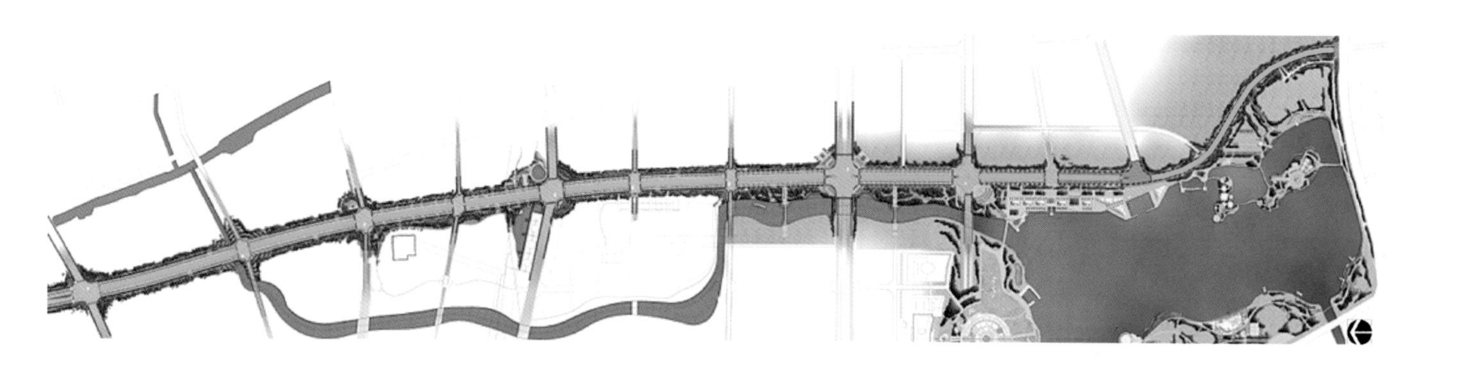

统一的景观元素——“转变”中央特色绿化分隔带

16.1.4　统一的景观元素——道路灯具及城市家具

另一个道路统一的景观元素是一系列风格一致的路灯及城市家具。这些灯具及家具的设计融入了转变的设计理念。在色彩上一面是深灰色，一面是济宁传统的红色。这些色彩都源自于济宁当地传统的文化元素和材质及色彩。同时还为新城统一设计了一个以莲花形态为标志的特色 Logo，作为新城的象征。

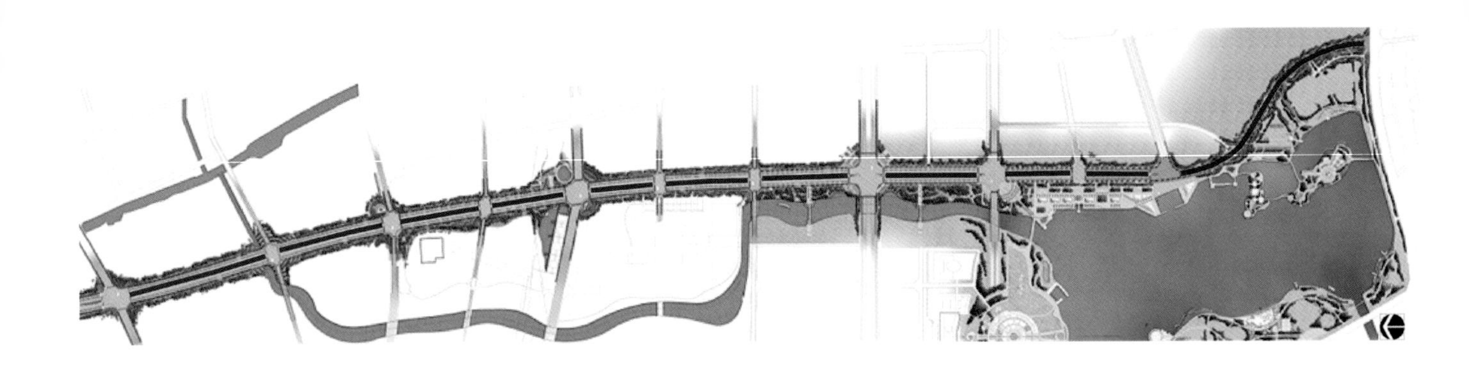

道路灯具及城市家具

16.1.5 景观特色分区

从老城区向新城区的过渡体现在城市形象、城市公共开放空间及水岸形态的逐步转变。基地可以被分成三个主要的特色景观段：

（1）城市森林段

1）目标：营造城市门户入口形象及通向新城的绿色轴线廊道。

2）功能：城市门户为两侧居住及公共地块提供绿色缓冲带，也为两侧的居民提供休闲健身的场地空间。

（2）CBD 水岸区

1）目标：强调通向水岸空间和视觉联系，打造城市生活走廊。

2）功能：为周边的办公及商业设施提供活动休闲的城市广场和庭院，同时为城市增添色彩和变化。

（3）滨湖区

1）目标：沟通城市与休闲湖岸，营造城市公园景观道路的氛围。

2）功能：营造一系列通向湖面的开放和闭合的视觉走廊，主要为城市旅游及观光功能服务，不建议作为商业及运输类的车辆通行的道路。

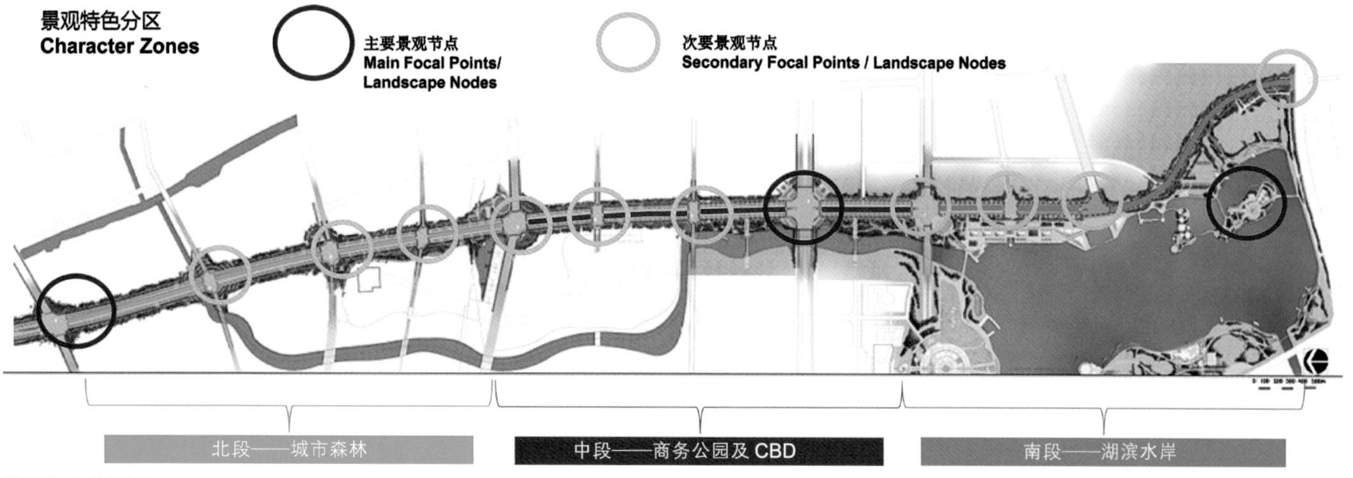

景观特色分区图

16.2 城市森林——通向新城的绿色门户

北湖中路的北段近 2km 长，周边用地以居住及城市公共服务设施（污水处理厂、变电站等）为主。景观设计将这一段打造成一个通向新城的绿色门户形象。通过营造城市森林的感觉，为周边居住及公共服务设施提供绿色缓冲及屏障的功能，隔绝噪声及污染。同时道路两侧绿带内布置供居民休闲健身的场地，这些空间与森林草地的氛围相融合，形成浓郁自然的城市森林的氛围。

景观视觉焦点：北湖中路北端的门户入口设置有两座标识性景观柱，象征着孔子与孟子两位圣贤。这两座现代的雕塑柱融合了 LED 的元素，形态上扭转变化，体现了生态转变的理念——象征着孔孟儒家思想影响着现代世界社会及生活的转型。

地形的特色：城市森林段两侧绿带内以蜿蜒起伏的自然地形为主，结合背景绿化能很好地起到绿化隔离的作用。地形的平均高度在 1.5m 左右，局部结合景观要求可以进一步抬高到 2~3m。

植栽的特色：种植采用自然的形式，背景树以常绿树种为主，松、柏、杨等常绿树与自然起伏的地形及下层灌木相结合。春天开花的樱花及其他开花及色叶的树作为前景点缀在背景的银白杨、松柏之前。

硬景的特色：铺装和景墙采用自然的材质、纹理，并且以蜿蜒曲线的形式为主。步行的主次干路，人行道等的铺装以暗灰色为主，景墙也会采用石笼包裹的暗灰色石块的形式为主。

市民活动空间特色：道路两侧绿带内的小型庭院及广场空间为市民的健身、休憩、小型聚会等提供私密和非正式的空间。这些空间可以作为健身小径、漫步道的一部分，作为非正式的游戏、运动、休息的空间之用。这些空间需要利用树木及构架等提供遮阴的功能，座椅及其他非正式的健身器材也建议采用自然原生的材质，例如自然面的大理石及木头材质等。

特色景观元素：济宁作为从山地向平原过渡的地带，地形东高西低。城市的东北面和西北面有丰富的山地资源，这些区域同时也是济宁重要的历史文化区域，利于梁山及孔子诞生地尼山等。石头是济宁当地重要的文化元素，城市也以石雕技艺闻名。城市森林段将石头作为重要的特色景观元素应用到景观设计之中。各类石景作为重要的元素被布置在所有的次一级道路交叉口及其他景观节点内。从北到南，石景从高到低逐渐过渡变化，从石柱逐渐演变到叠石、石块、旱溪等。

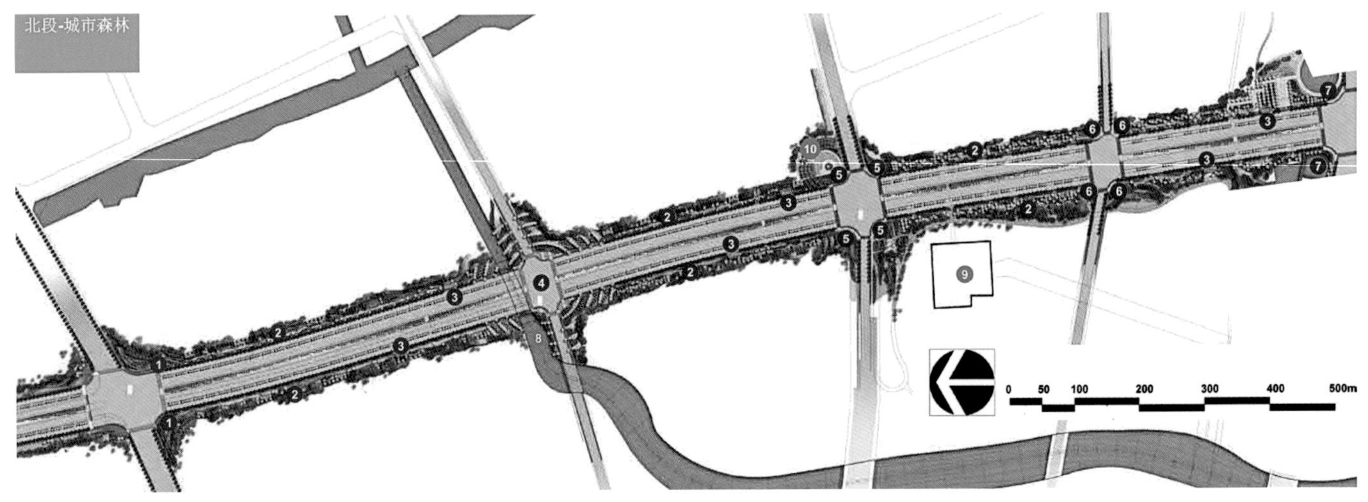

城市森林主要的景观特色元素有：

1 主要景观门户——标识性特色景观柱（圣贤柱）
2 健身及休憩庭院
3 巴士站及休息林荫广场
4 北湖中路与新运河交叉口景观节点
5 特色叠石柱道路交叉口节点
6 特色石谷道路交叉口景观节点
7 特色石景枯山水交叉口景观节点
8 新运河
9 变电站
10 污水处理厂入口

16.3 商务公园及 CBD 段——通向运河水岸的生活廊道

北湖中路中段长约 1.7km，道路两侧主要布置有规划的商务公园及城市商业中心等用地。作为未来充满活力的城市中心，道路两侧布置有现代的城市广场和公园，同时强调通向新运河水岸的空间及视线联系。

主要的景观视觉焦点：北湖中路与南外环路交叉口作为 CBD 水岸的主要景观节点，其主要的景观视觉亮点是设计的“四书”景观雕塑柱。“四书”标志性景观雕塑的概念来源于以孔孟为代表的儒家文学经典《大学》、《中庸》、《孟子》、《论语》，雕塑采用扭转的叠书造型，四面可以雕刻四书中的经典诗歌及语句，同时可以结合 LED 照明、跌水等，用现代的形式加以体现和美化。这些雕塑柱的布置同时还考虑了与背景创业大厦之间的空间及形态联系。

主要的地形特色：与商务区及 CBD 现代的氛围相协调，北湖中路中段的地形处理也主要以低矮、现代的人工地形为主。地形的变化与人工的景墙相结合，地形表面以干低矮的草坪和地被植物为主，以强化现代感的人工地形地貌的特征。

主要的植栽特色：CBD 及商务公园段的植栽特色主要以人工规整的树林、树阵、树列构成。规整的肌理结合人工的线形园路，体现出现代的城市公共开放空间氛围。种植经过修剪和维护，成为规整的形式，建议采用黄杨围合起草坪及地被的绿色空间。

主要的硬景特色：该段的铺装及景墙主要采用现代的人工造成，注重细节的打造。各类硬景元素采用平整的肌理、简洁的线条以及紧密的接缝处理。人行道及硬质场地的铺装色彩以浅灰色作为主基调色，夹杂一些其他的灰色。

主要的公共活动空间特色：该段的公共活动空间布局强调面向运河水岸的亲水性和空间联系。道路两侧需要考虑沿道路及交叉口布置相应的步行空间联系，引导

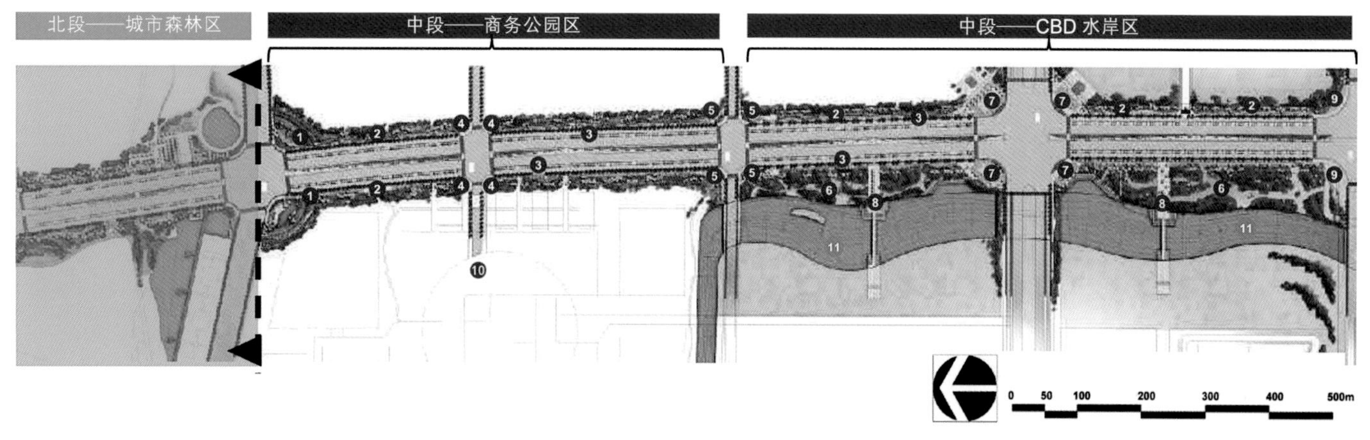

商务公园及 CBD 段主要的特色元素包括：
1 旱溪道路景观节点
2 雕塑广场及艺术景墙
3 巴士站及林荫休憩广场
4 商务公园门户节点
5 新运河景观节点
6 带状城市水岸公园
7 CBD 主要道路景观节点——“四书”标志性景观雕塑
8 步行桥
9 湖滨公园入口道路节点
10 创业大厦
11 新运河

人们从 CBD 进入运河水岸空间。

主要的特色景观雕塑：该段道路次要景观节点布置一系列线性布置的条石或者木柱。这些线条状布置的锁链、座椅、景墙以及灯柱等，象征着古运河上蜿蜒的船队造型。

16.4 湖滨水岸——将城市与湖滨旅游区相沟通的纽带

滨湖区北湖中路该段长约 1.7km。这段的道路景观风貌从城市人工又逐渐过渡到湖滨自然。这段道路的北部与湖滨的渔人码头相结合（包括酒吧、餐饮、滨湖步道以及充满活力的港口广场），设计上注重道路与湖面之间的视觉及空间联系。南段道路宽度变窄，并与北湖区的湿地、高尔夫、会议中心等旅游功能用地相联系，景观特色主要体现为滨湖公园景观路的风貌特色。

主要的景观视觉焦点：北湖湾公园湖心主岛上标志性景观塔将作为整条道路在南端的主要景观视觉焦点。该塔主要体现天地人和谐统一的设计理念，象征着孔孟儒家文化提倡的可持续及和谐的未来社会理念。景观塔设置在北湖中路南北的主轴线上。同时景观塔也是整个北湖湾公园的主要旅游景观吸引物，可以眺望整个北湖湾公园及北湖度假区。

主要的地形特色：该段主要以自然起伏的地形以及柔和的自然岸线为主。地形的处理不应遮挡人们看湖的视线，只有在停车场等需要作为绿色屏障遮掩的区域考虑设置。

主要的种植特色：该段种植以开放和自由的形态为主，树木成自然的群落状布置，同时考虑采用滨水的落叶树型。下层种植尽量打开，以保证临湖的视线联系。观赏性草坪和地被植物考虑布置在一些特定的滨水区域，以强化公园的景观氛围。

主要的硬景特色：铺装和景墙以自然的材质和肌理为主，景墙等形态上以自由蜿蜒的弧形为主。人行道及湖滨长廊的硬景颜色以暖色系的黄色、米色为主。南端的公园带主要用自然的石块和碎石路，以体现回归自然的景观氛围。临湖的采用暖色系的木平台，景墙主要采用自然的石材结合打磨过的光滑石质面，可作为座椅使用。

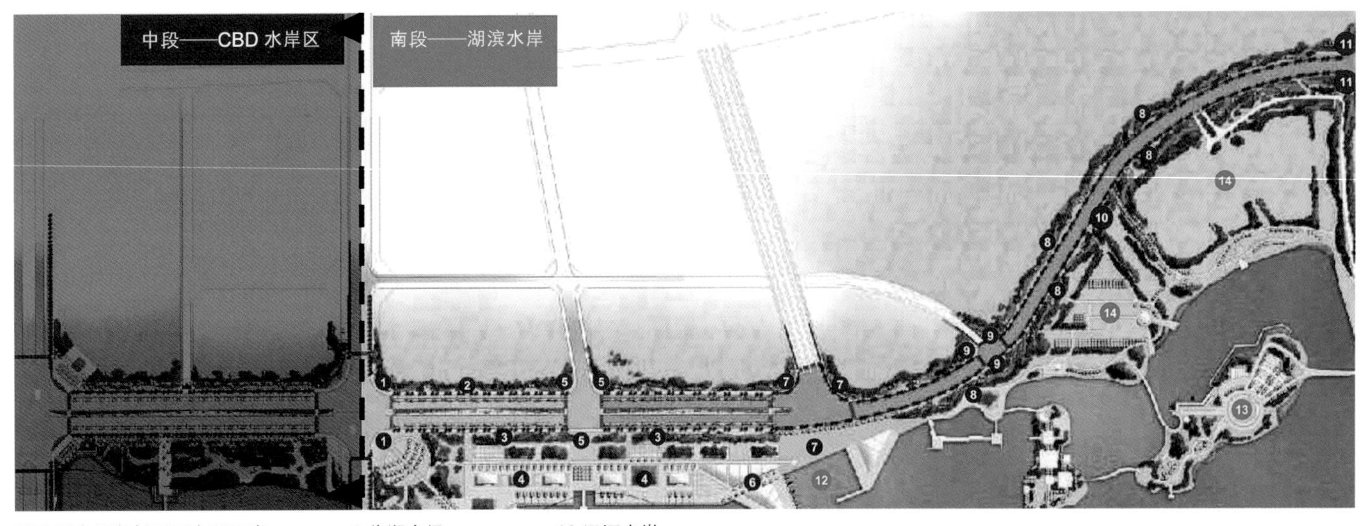

湖滨段主要包括以下主要元素：
1 湖滨公园入口广场
2 小型休憩庭院
3 停车场
4 酒吧及餐饮街
5 临湖广场
6 游客中心
7 港口广场
8 湖滨公园
9 南部公园入口
10 运河水岸
11 北湖大堤入口节点
12 水上巴士站
13 标志性景观塔
14 湖滨庭园及活动公园

湖滨区的北段主要为商业和休闲餐饮等开发地块。该段的硬景主要用现代的手法去体现济宁当地的传统文化元素，所以硬景可结合考虑采用一些济宁的当地特色，如青砖、条石等元素。

主要的市民活动空间特色：湖滨公园（北湖中路旁的绿地空间）强调最大化的体现通向湖面的步行联系。空间布局强调保留一些临湖的空间和视觉走廊，座椅和休憩空间可以考虑正式和非正式相结合的方式。

主要的景观雕塑特色：该段道路是从 CBD 向滨湖度假区过渡的区域。该段道路北区（渔人码头段）的现代景观雕塑更多的体现城市化的特色，南区则逐渐过渡到原生的材质，体现自然特色。自由形状的景观元素象征着蜿蜒的水岸空间特质。

17 江苏省连云港市新海新区景观大道绿化方案设计

◎ 江苏大千设计院有限公司

17.1 引言

新海新区景观大道沿线，蕴含着新区的文化，展示着新区的风貌，体现了一脉传承的连云港繁华盛景。作为“宁连高速城市景观轴”这一主要的城市观景廊道，我们把“绿环水绕，生态廊道；蓝绿交融，生生不息”作为设计主线。回顾规划，展望未来，从功能和设计上点名主题。

17.2 项目范围

本项目北起振华路，南至苍梧路，全长 3.3km，总用地面积约 60hm^2。

17.3 项目区位

本项目位于连云港市新海新区，新海新区是连云港市一心三级中心体系中的一级，新海新区景观大道是新区“四核、三环、四轴”空间结构“四轴”中的一轴。宁连高速作为城市外部进入、穿越新海新区的重要路径，是主要的城市观景廊道。景观设计旨在打造层次丰富的山水景观视廊，呼应新海新区“智慧新区、水映山城”的城市总体规划愿景。

17.4 设计理念

17.4.1 分析定位

此次景观设计总体定位为“湿地与防护林结合的生态廊道式的道路景观”。

新海新区景观大道沿线，蕴含着新区的文化，展示着新区的风貌，体现了一脉传承的连云港繁华盛景。此次设计重在从“一条贯穿新海新区的绿色廊道、一片彰显自然生态的城市森林、一处展示智慧文化的景观大道”这三个方面对新海新区景观大道进行考虑和设计。

通过前期分析和案例分析，总体设计定位：以植物为主的生态廊道式道路景观

分析定位

17.4.2 设计主题

“绿环水绕，生态廊道；蓝绿交融，生生不息”——作为“宁连高速城市景观轴”这一主要的城市观景廊道，我们把“绿环水绕，生态廊道；蓝绿交融，生生不息”作为设计主线。回顾规划，展望未来，从功能和设计上点明主题。

（1）绿环水绕，生态廊道

防护林性质的绿地

涵养水源，控制水土流失

（2）蓝绿交融，生生不息

水系和绿地相生相融的防护绿地

水在林中，林在路中，水林相映，蓝绿交融。

17.4.3 设计原则

（1）“景观功能性”原则

景观功能性原则即景观所发挥的有利作用，也就是人们对景观所提出的物质和精神要求。充分考虑景观所处的地理位置——宁连高速和杏坛路之间，满足两条道路景和新区规划居民的景观功能需求。

（2）“景观个性”原则

充分研究新区的景观规划，研究景观所处的地区环境，创造出个性鲜明的景观类型。

（3）“景观的尺度性”原则

尺度是研究客体或过程的空间维和时间维，时空尺度的对应性、协调性和规律性是一重要特性。生态平衡与尺度性有着密切的联系，景观范围越大，自然界在动荡中表现出的与尺度有关的协调性越稳定。

（4）“生态景观性”原则

遵循植物生态学的原理，建设多层次、多结构、多功能、科学的植物群落。种群间相互协调，有复合的层次和相宜的季相色彩，具有不同生态特性的植物能各得其所，充分利用阳光、空气、土地、养分、水分等，构成一个和谐有序、稳定的群落，达到生态美、科学美、文化美和艺术美，使生态、社会和经济效益同步发展，实现良性循环，为人类创造清洁、优美、文明的生态环境。

（5）“适地适树”原则

植物是生命体，每种植物都是历史发展的产物，是进化的结果，它在长期的系统发育中形成了各自适应环境的特性，这种特性是难以动摇的，我们要遵循这一客

景观大道平面图

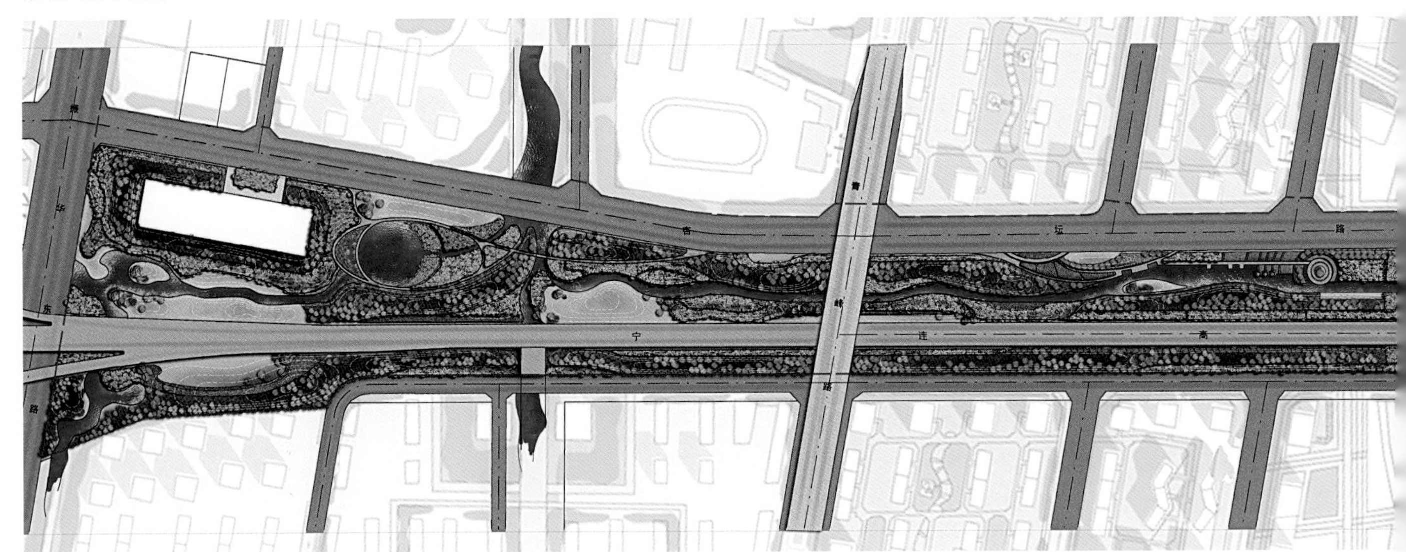

律。在适地适树、因地制宜的原则下，合理选配植物种类，避免种间竞争，避免种群不适应本地土壤、气候条件，借鉴本地自然环境条件下的种类组成和结构规律，把各种生态效益好的树种应用到园林建设当中去。

17.5 总体结构及布局

17.5.1 设计构思

此次设计构成基地内景观的三大要素：

（1）水系循环为脉 —— 净化循环，生生不息

水系位于林带之间，设计人工湿地，建成循环净化的水体。

水系设计依据上位规划中的“山水廊”展开设计，并根据“绕”字进行变化，时而向东侧放大水面，时而向西侧蜿蜒前行，灵动的水系与茂密的绿地相生相融。

（2）绿色生态为魂 —— 防风防尘，涵养水源

整体设计围绕绿色、生态展开，并且贯穿景观大道的始终，起到涵养水源、控制水土流失的作用，形成一个绿色的生态廊道，是整个设计的灵魂。

防护林带作为生态廊道的主要构成部分，设计有20m 的主林带和 10m 的副林带。林带围绕“环”字展开，通过林带与高速公路的远近变化，穿插环绕在水系之间，使高速公路景观空间变得生动并富有趣味性。

设计构思

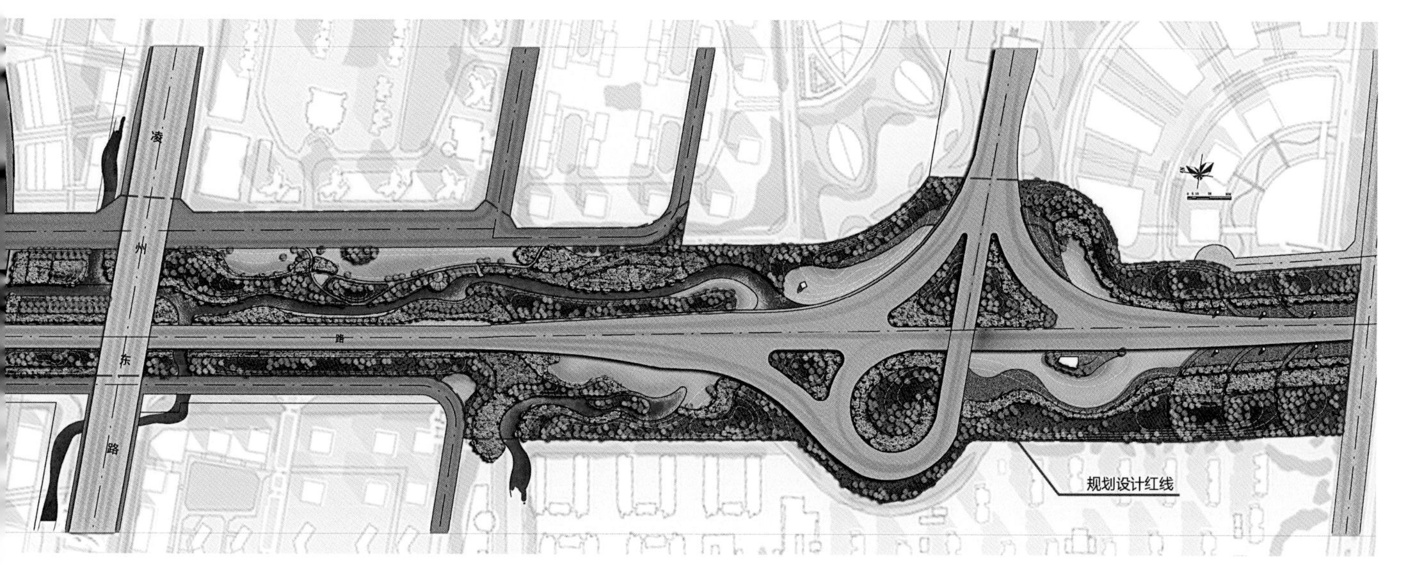

（3）空间营造为韵——景观节点，展示人文

防护林做到“一林多用”，既可绿化环境，又能展示城市风貌。结合功能在道路交叉口设置小平台及少量园路，停留驻足的同时，形成几处“看山廊道”，可尽情体验“山、水、城”融为一体的新区核心景观。

17.5.2 景观结构

依据景观大道的特殊性质和区位，打造“一脉，两岸，三片区”的景观格局。

一脉：中心水系为主的蓝色脉络。

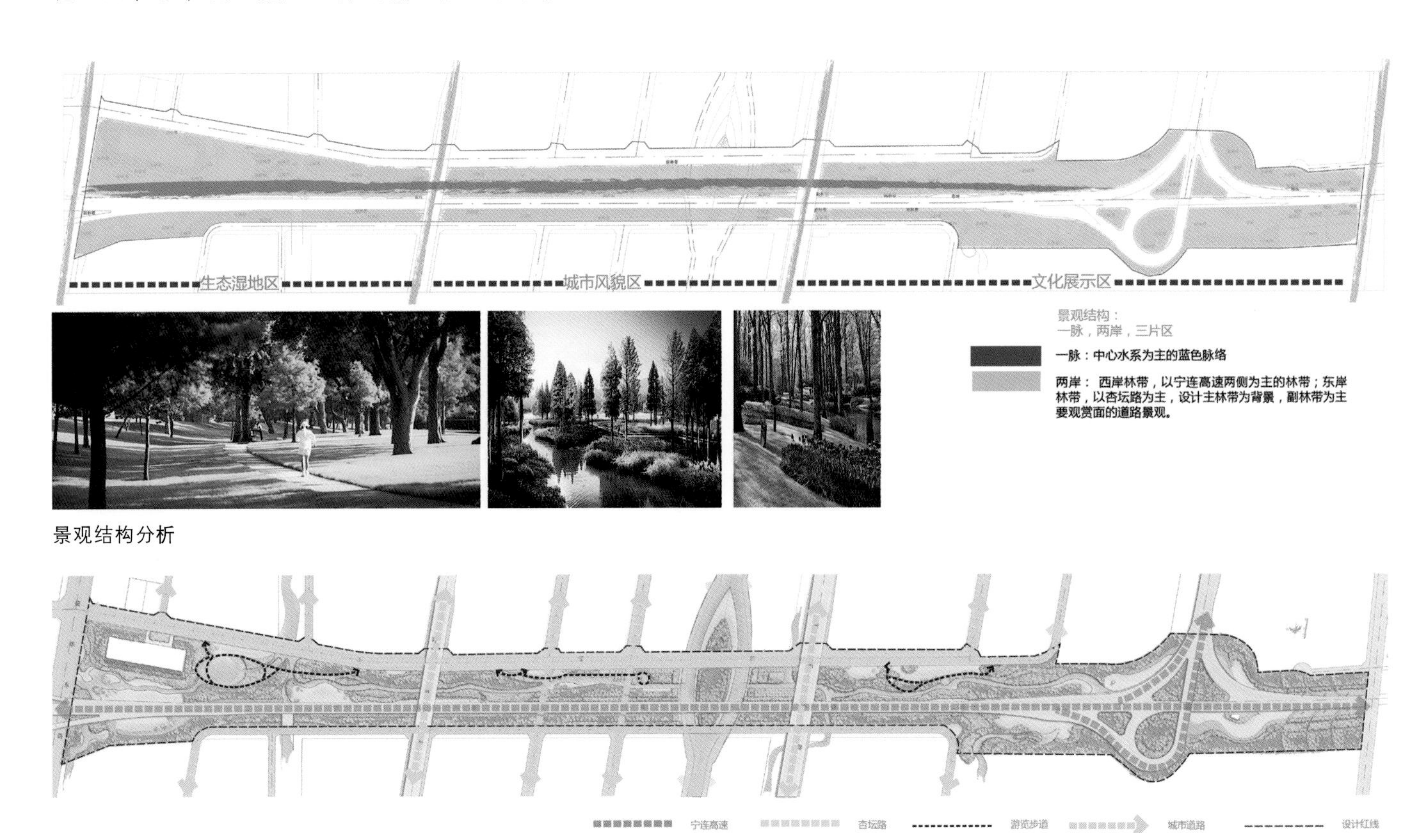

景观结构分析

交通分析

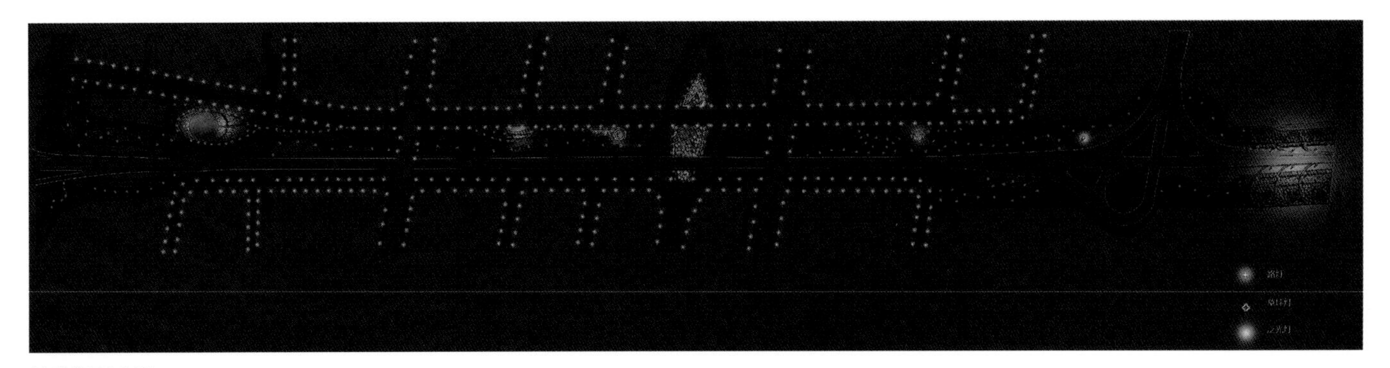

景观照明分析

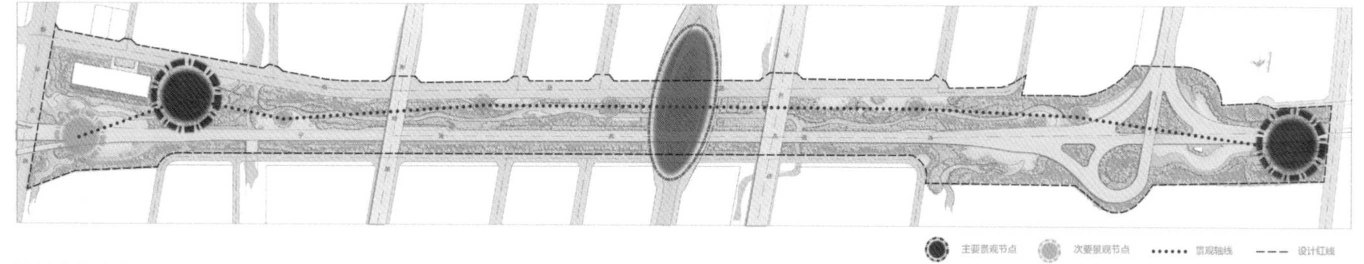

景观节点分析

两岸：西岸林带，以宁连高速两侧为主的林带；东岸林带，以杏坛路西侧为主的林带。

三片区：生态湿地区、城市风貌区、文化展示区。

整个景观结构完美地表达了“绿环水绕，生态廊道；蓝绿交融，生生不息”的设计主题和愿景，展现新海新区景观大道的绿化、亲水、望山、展示的功能。

17.6 节点设计

17.6.1 生态湿地节点

遵循上位规划中“水映山城”的城市设计愿景和宁连高速“山头水尾”的空间格局，把本段主题定位为“生态湿地区”，延续北面的湿地文脉，营造浓厚的生态气息。

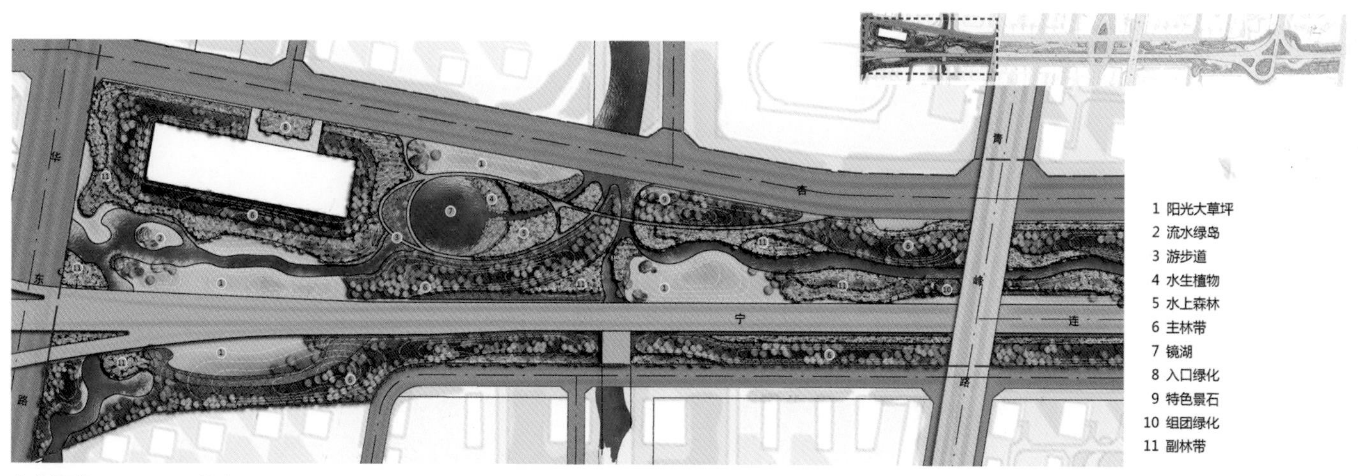

生态湿地区——景观节点平面图

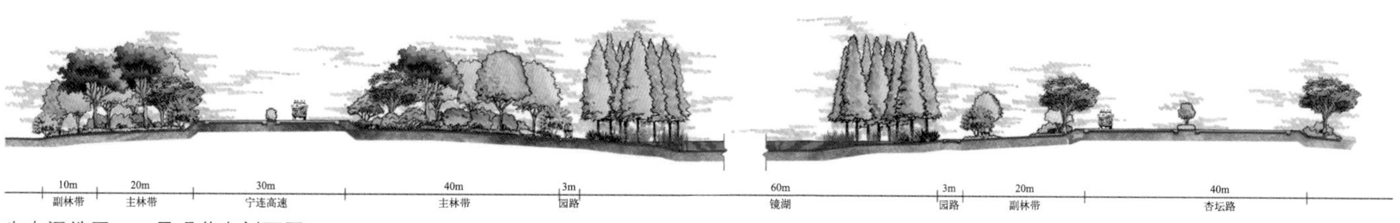

生态湿地区——景观节点剖面图

生态湿地区——景观节点效果图（一）

生态湿地区——景观节点效果图（二）

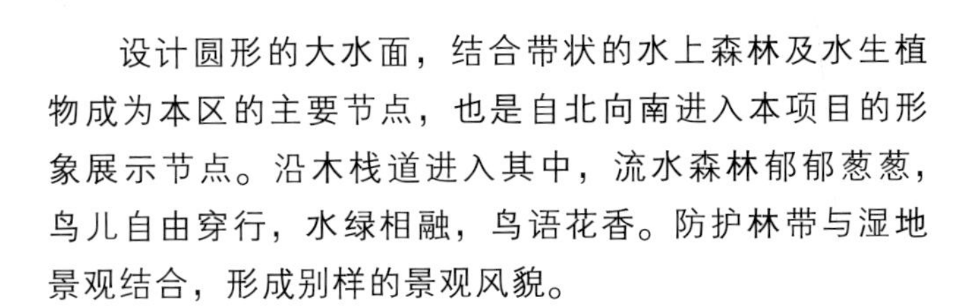
设计圆形的大水面，结合带状的水上森林及水生植物成为本区的主要节点，也是自北向南进入本项目的形象展示节点。沿木栈道进入其中，流水森林郁郁葱葱，鸟儿自由穿行，水绿相融，鸟语花香。防护林带与湿地景观结合，形成别样的景观风貌。

17.6.2 城市风貌节点

此区域设计旨在表现新海新区时尚生态，充满活力的都市风貌，展现其时尚繁华，活力四射的都市风情。

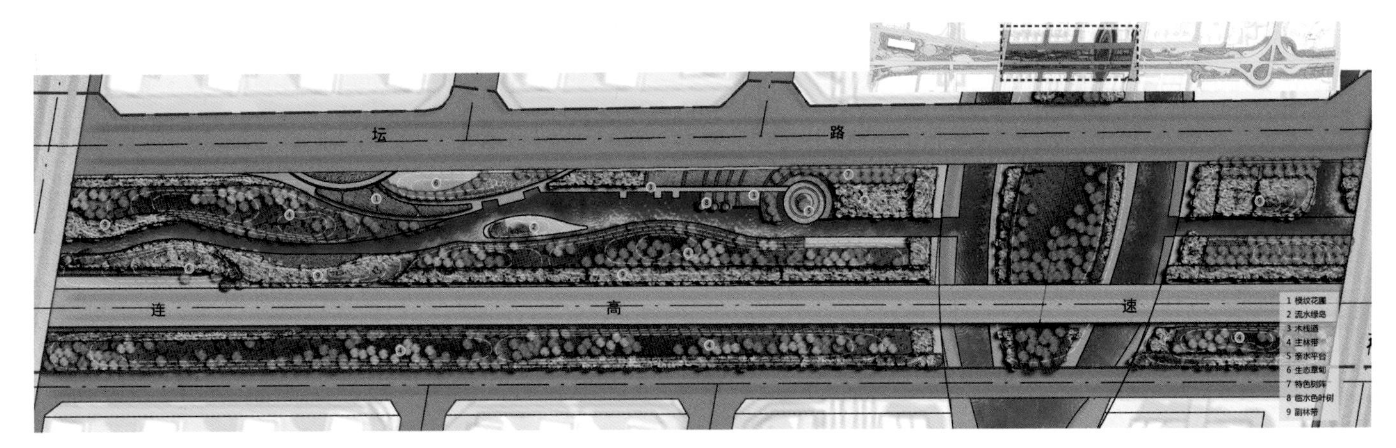

城市风貌区——景观节点平面图

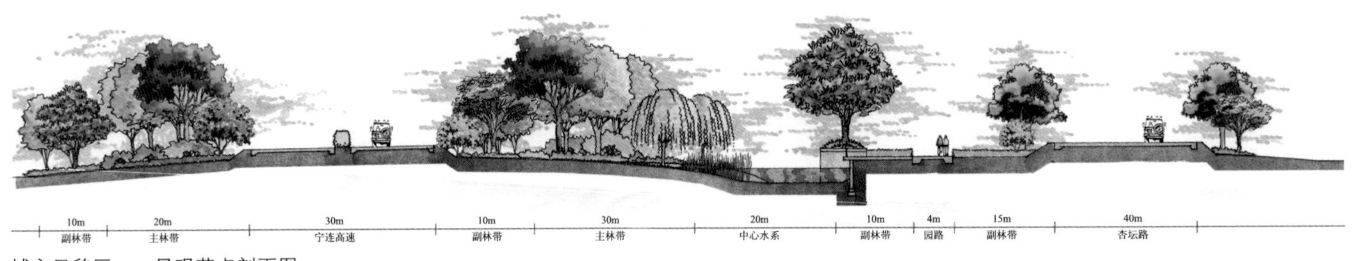

城市风貌区——景观节点剖面图

城市风貌区——景观节点效果图（一）

城市风貌区——景观节点效果图（二）

作为规划中的“山水轴”，考虑周边商业用地的性质，我们在道路节点处设置有小型休闲场地及游步道，并结合整形模纹植物的种植，满足防护林功能的同时，也体现了城市风貌。

17.6.3 文化展示节点

此段是自南向北进入本项目的开始，同时也是规划中“智慧新城”的科技智慧核心区域。入口处设计模纹

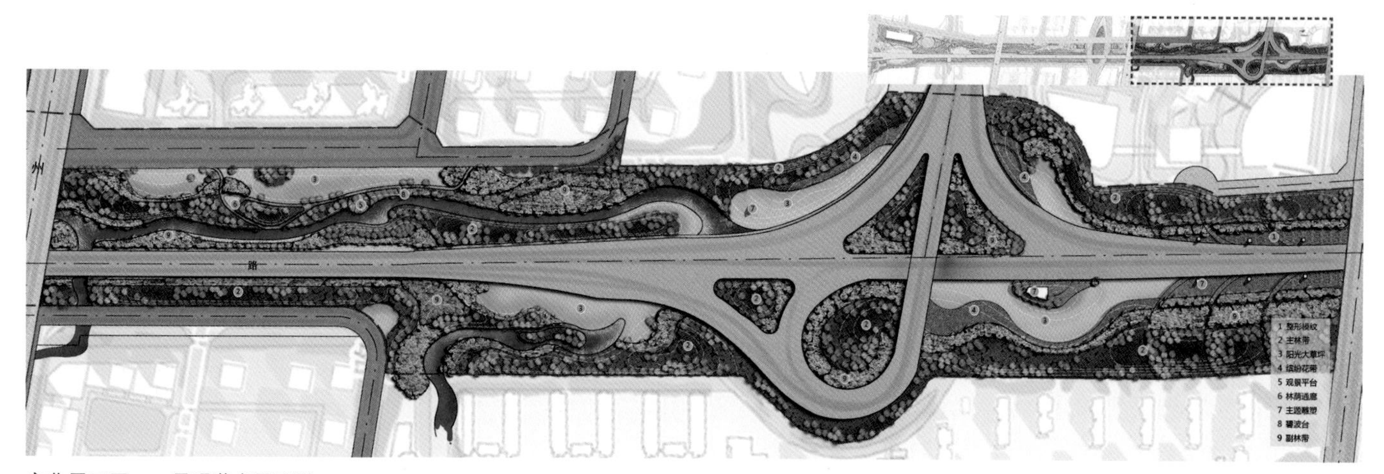

文化展示区——景观节点平面图

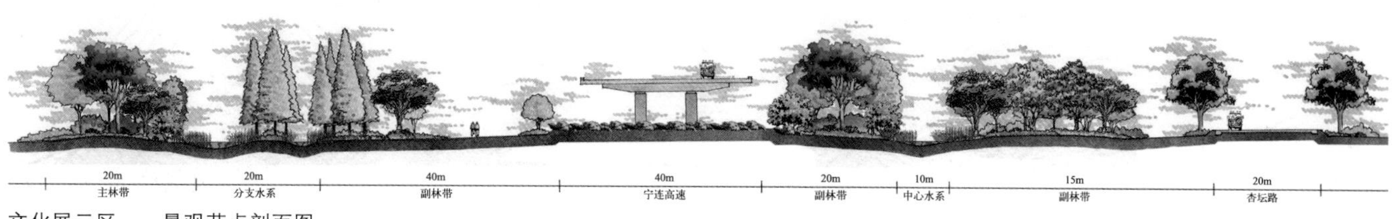

文化展示区——景观节点剖面图

文化展示区——景观节点效果图（一）

文化展示区——景观节点效果图（二）

花坛和序列雕塑，营造秩序感和庄重感；高架桥下设置大型高科技雕塑，展现“智慧与科技”的主题；大草坪的设计，给人大气简洁的感觉；停留小广场的布置，给人驻足亲水的空间。

17.7 专项设计

17.7.1 室外灯具

照明设计中所提及的各类灯具和光源严格遵循：

环保和能源持续供应的太阳能光伏发电(即光伏电池)始终保持30%~40%的年增长量，随着太阳能光电效应的发展配合风能互补、LED节能技术，在提高人们生活水平的同时，又节约了大量能源。

（1）风格统一化

做到灯具灯型与环境融合，光线色调有对比调和，注重款型的选择，令人耳目一新，且高效、节能、安全、使用寿命长等。

（2）整体美观化

注重白天的效果，设计的灯具要突出装饰性，并能与建筑、雕塑、水体、树木及其他景物完美结合，丰富商务区夜晚的空间和气氛，力求不影响景观整体的美感。

17.7.2 景观雕塑小品

景观雕塑是固定陈列在各个不同环境之中的，它限定了人们的观赏条件。因此，一个景观雕塑的观赏效果必须事先做预测分析，特别是对其体量的大小、尺度研究以及必要的透视变形和错觉的校正。景观雕塑的观赏视觉要求主要通过水平视野与垂直视角关系变化还加以调整。

17.8 结语

在充满现代气息的大都市中，道路景观绿化渐渐成为城市交通的“绿肺”，本设计团队力图把握时代的脉搏，展现“绿环水绕，生态廊道;蓝绿交融，生生不息”主题，将其打造为一条贯穿新海新区的绿色廊道、一片彰显自然生态的城市森林、一处展示智慧文化的景观大道，使其发出更加璀璨的光芒!

下篇　立交桥与高速铁路站点景观设计

18　北京市南六环路良官路立交与京石立交园林景观规划设计

◎ 北京景观园林设计有限公司

18.1　前言

北京市南六环路（黄村至良乡段）沿线占用土地多为旱地、苗圃、果园以及林地。结合沿途景观，设计时风格要注意与原有绿地相统一；要将设计理念上升到景观生态学的高度，源于自然、回归自然。

从中心市区与卫星城镇的关系和人与自然的关系中挖掘立意，本段景观设计立意定位为“具有田园风光的生态大道”，结合六环路两侧的乡村景观，以乡村生态景观为蓝本，建设一条乡村生态景观大道。六环路（黄村—良乡段）的立交桥园林景观设计应突出“田园、生态、回归自然”的设计理念。绿地形式是以圃代林结合景观，形成以自然群落为主的大手笔、大气魄的针阔、乔灌大混交的景观苗圃。本段共有六座互通式立交，分别是一标的天水大街立交、二标的芦求路立交、七标的长韩路立交、九标的良官路立交、十二标的京石立交、十五标的大件路立交。在此次进行园林景观规划设计的是九标的良官路立交、十二标的京石立交。根据其各自的地理位置和土壤条件，分别定位为：规则式景观苗圃、自然式彩叶植物资源圃。

18.2　良官路立交园林景观规划设计

本标段为南六环第九标段良官立交，占地面积 32 万 m^2，其中桥体面积 10.5 万 m^2，中心绿地 8 万 m^2，护坡 8.1 万 m^2，平台 3.5 万 m^2。立交为单喇叭立交，由于立交范围内表层为耕土及人工填土，以亚黏土为主，所以选择树种考虑满足本地生长的品种。

从收费站到六环路中间绿地为 6.5 万 m^2，东西长 350m，南北长 200m，形成完整的绿地，并与良官公路相连，交通便利，土壤条件良好，考虑作为规则式景观苗圃处理。根据行车方向的不同，从各方面分别形成不同的苗圃生态景观系统，针阔、乔灌成行成排，林际线高低错落，立体上产生动态美感，形成多层次的大体量的苗圃植物景观。以六环路为主观赏点，在视线的焦点种植不同的植物，利用植物在色彩上、高矮上的变化达到平衡和协调、韵律和节奏的不同感觉。为方便苗圃管理，在区域中增加 3.5m 的环行行车道以及喷灌等设备，并在地块中间开辟出 3~3.5m 的作业道。

由于整个桥体为填方形式，部分中心绿地就成为低洼地，在这些绿地中考虑利用不同规格、不同品种的落叶乔木造成密林的感觉。

18.2.1　树种搭配比例

落叶乔木：38%，常绿乔木：28%，花灌木：23%，地被：11%。

18.2.2　树种选择

（1）落叶乔木：毛白杨、金叶槐、元宝枫、臭椿、栾树为主栽树种，附以栓皮栎、小叶朴、白蜡等树种作为点缀。

（2）常绿：云杉、油松为主栽树种，附以侧柏等树种作为点缀。

（3）花灌木：红瑞木、木槿、金银木为主栽树种，附以棣棠、榆叶梅、紫叶李、紫叶矮樱、美人梅等树种作为点缀。

（4）地被：福禄考、马蔺、半支莲。

（5）护坡：胡枝子、紫穗槐。

18.2.3 种植说明

（1）本图尺寸单位为 m，总图尺寸为 100m×100m，分图尺寸为 10m×10m；

（2）图中放线网格与原立交桥施工坐标一致，施工前应根据线位图和数据表实地放线核实无误后，方可施工。放线时遇排水沟处种植点相应错开

（3）良官立交桥在六环路上桩号为 K15~K16，位于南六环与良官公路交接处，绿化总面积 9.45 万 m^2，其中桥区内绿地面积为 2.15 万 m^2，护坡面积为 5.20 万 m^2，平台面积为 2.10 万 m^2。

（4）设计定位：该桥区定位为景观生态林，选择树种考虑满足本地生长的品种。在考虑交通安全性、生态适应性的基础上，采用乔、灌、地被混合配置，尽可能增大绿量，组成线性人工植物群落。

（5）设计构思：由于整个桥体为填方形式，部分中心绿地就成为低洼地，最低处与桥体有 10m 的净空，在这些绿地中考虑利用不同规格、不同品种的落叶乔木形成景观片林的感觉。

（6）桥区匝道绿地范围以护栏为界，如设计与实地不符以实地为准，适当调整株行距，或减少树丛里侧（近主路一侧）的苗木数量。

（7）边坡种植地锦，2.5 株 /m^2；桥区周边内平台种植黄栌、外平台种植火炬，常绿树和花灌林下不植地被，其余落乔除特殊注明外皆种植地被，详见种植表。

（8）放线时应先满足散点树的种植要求。

（9）桥区内所有落叶乔木、常绿树、花灌木皆采用品字形种植，利于植物采光，便于生长。

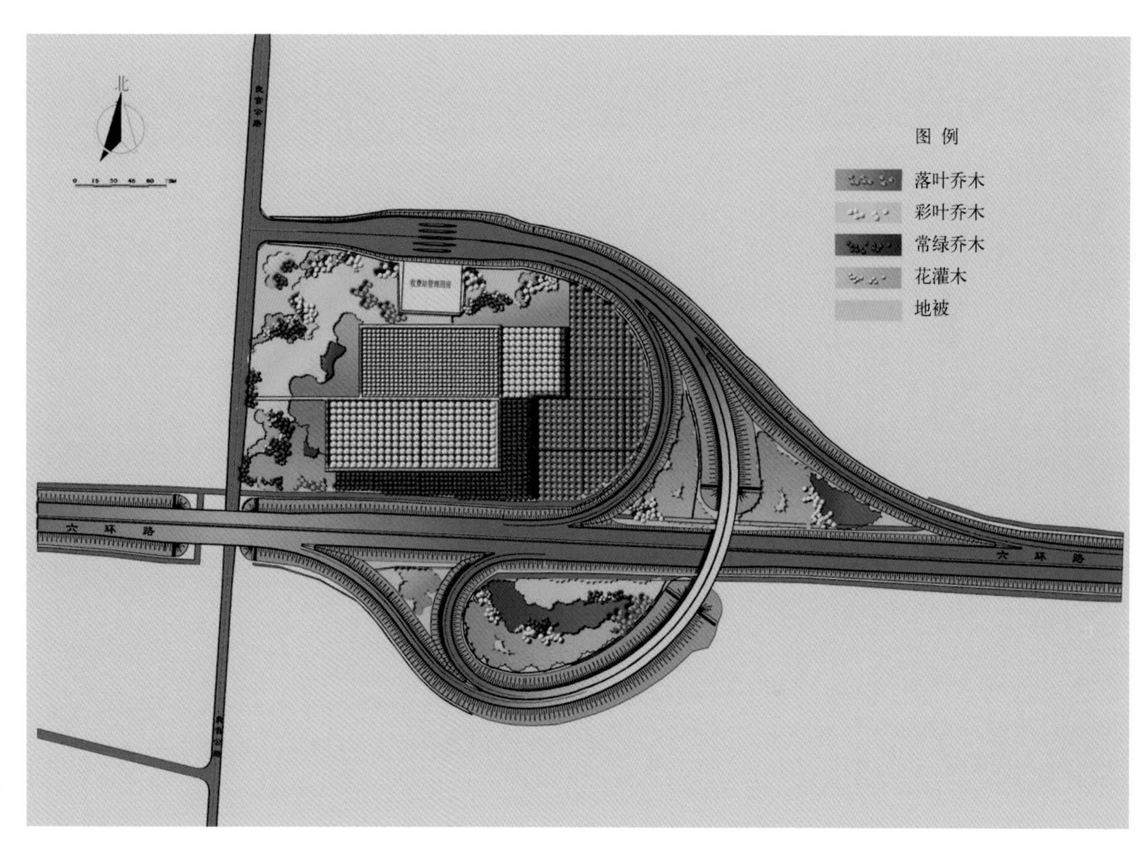

良官路立交园林景观规划设计平面图

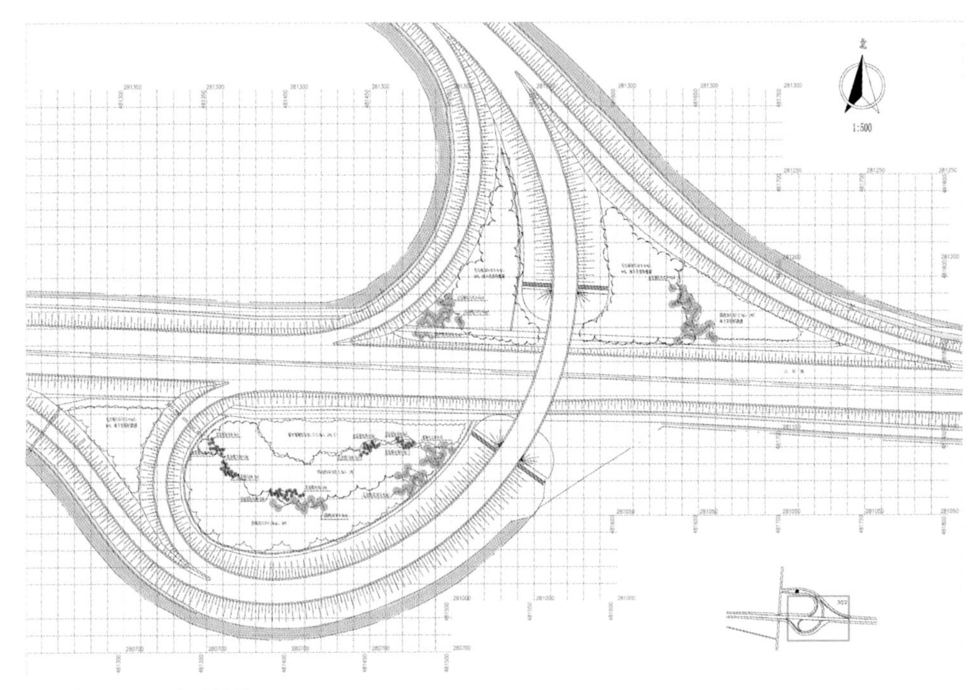

良官路立交桥绿岛种植施工图

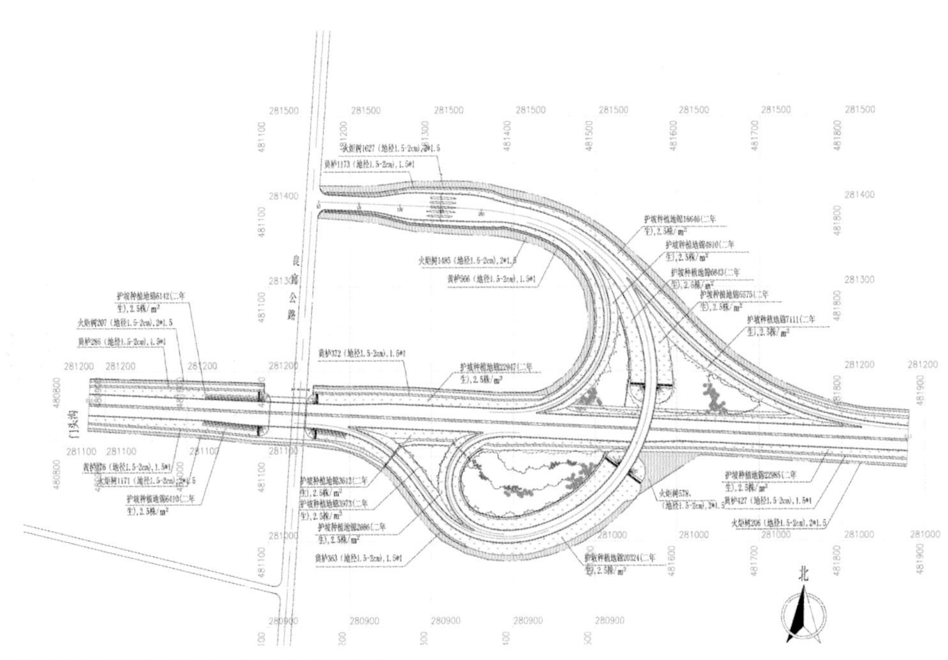

良官立交桥区边坡及平台种植设计平面图

良官立交苗木表

种类	树种（品种）	学名	单位	数量	规格质量						备注
					树高（m）	干径（cm）	修剪后主枝长度（≥m）	冠径（≥m）	分枝点高（≥年）	移植次数（≥次）	
常绿乔木	蜀桧	*Sabina komarovii*	株	363	2~2.5	—	—	0.4	—	—	林下籽播苜蓿
	北京桧	*Sabina chinensis* cv.	株	33	4~5	—	—	0.8	—	—	—
		Sabina chinensis cv.	株	31	6~7	—	—	1.2	—	—	—
	华山松	*Pinus armandii*	株	454	2~2.5	—	—	1.2	—	—	—
	常绿乔木小计		株	881	总面积 5158m²						
落叶乔木	毛白杨♂	*Populus tomentosa*	株	617	—	5~6	0.5	—	2.0	—	林下籽播苜蓿
	青桐	*Firmiana simplex*	株	327	—	8~10	0.5	—	2.0	—	林下籽播苜蓿
	元宝枫	*Acer truncatum*	株	48	—	5~6	0.5	—	2.0	—	林下籽播苜蓿
	栾树	*Koelreuteria paniculata*	株	21	—	5~6	0.5	—	2.0	—	林下籽播苜蓿
	紫叶李	*Prunus cerasifera* 'Atropurpurea'	株	15	—	地径 4~5	0.5	—	0.8	—	—
	落叶乔木小计		株	1028	总面积 13188m²						

种类	树种（品种）	学名	单位	数量	规格质量						备注
					树高（m）	主枝数（≥个）	修剪后主枝长度（≥m）	地径（cm）	苗龄（≥年）	种植次数（≥次）	
花灌木	黄栌	*Cotinus coggygria*	株	3462	—	—	—	1.5~2	—	—	—
	火炬树	*Paulownia fortunei*	株	5274	—	—	—	1.5~2	—	—	—
	紫叶矮樱	*Prunus × cistena*	株	572	1.5~1.8	3	—	2.0~3.0	—	—	—
	落叶灌木小计		株	9308	总面积 2.27 万 m²						

种类	树种（品种）	学名	单位	数量	规格质量					备注
					分枝（牙）数（≥个）	主枝长（≥m）	地径（≥cm）	苗龄（≥年）	种植次数（≥次）	
地被植物	地锦	*Parthenocissus tricuspidata*	株	130065	—	—	0.6	2	—	2.5 株 /m²
	苜蓿	*Medicago sativa* L.	m²	15777	播种	—	—	—	—	林下
		Medicago sativa L.	m²	2128	播种	—	—	—	—	非林下
	地被小计		总面积 6.99 万 m²							
总面积合计 9.45 万 m²										

18.3 京石立交园林景观规划设计

本标段为南六环第十二标段京石互通式立交，占地面积 29 万 m²，其中桥体面积 10.5 万 m²，中心绿地 8 万 m²，护坡 6.6 万 m²，平台 2.1 万 m²。立交范围内表层为耕土及人工填土，以低液限黏土为主，京石高速公路为国家级高速公路，所处位置非常重要，且公路范围绿化状况良好，本立交所处位置优越，因此选择在此建立彩叶树种质资源圃。

整个桥区面积较大，但中心绿地分散，又由于六环路在此处为高架，视线上是俯视效果，所以主观赏点是从京石高速上为主，主要原则是在面积较大的桥区绿地广植乔灌复层林，林缘边上再配植不同植物，形成自然的彩色景观。在此桥区绿地主要采用色叶树种为主，各种彩叶树种汇聚于此，形成北京的重要彩叶树种质资源圃。

景观考虑上背景林为彩叶速生树，中层种植常绿植物，

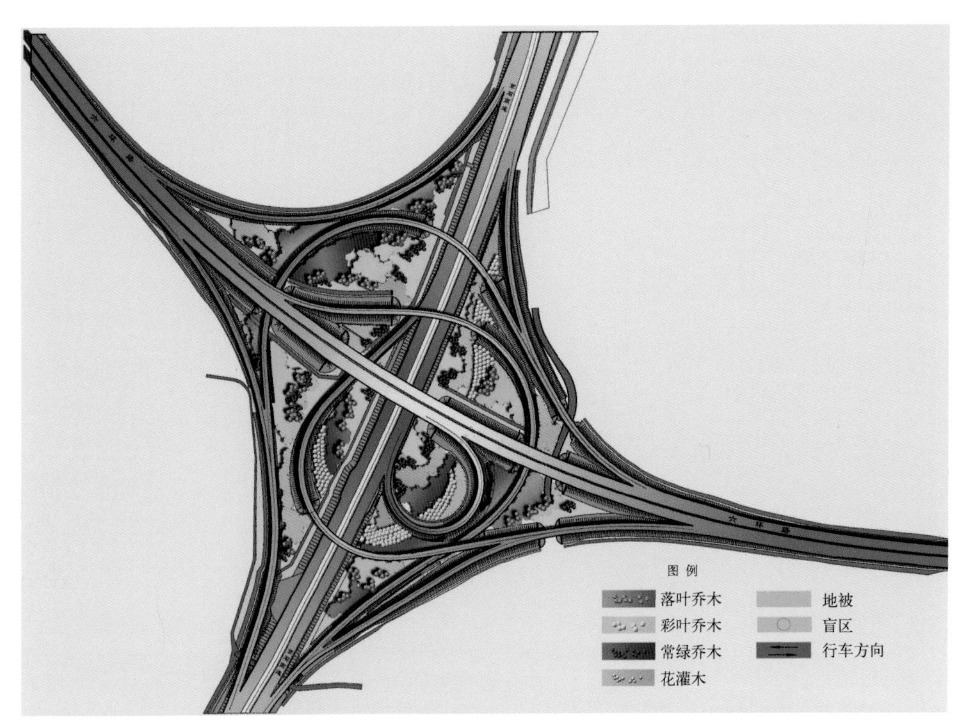

京石立交园林景观规划设计平面图

京石立交园林景观规划设计鸟瞰图

内层点缀彩叶小乔木或灌木作为主景树，再配植小灌木及地被，形成一个多层次，景观丰富，并具除尘、降噪功能、调节道路小气候的生态景观绿地，在搭配时注意树形、色彩的配合和季相的变化，充分发挥绿化生态功能效益，此外还可以串联其他各类绿地，起到展示城市景观面貌的作用，也是体现城市文明程度的重要标志。

18.3.1 树种搭配比例

彩叶乔木:43%，常绿乔木:23.4%，彩叶灌木:22.7%，地被:11%。

18.3.2 树种选择

（1）彩叶乔木：金枝槐、金叶国槐、金叶刺槐、元宝枫、红叶臭椿为主栽树种，附以栓皮栎、栾树等树种作为点缀。

（2）常绿：云杉类为主栽树种，附以油松、白皮松等树种作为点缀。

（3）彩叶灌木：红瑞木系列、紫叶李、紫叶矮樱、紫叶桃、美国黄栌、美国红栌、美国紫栌为主栽树种，附以棣棠、木槿、金银木等树种作为点缀。

（4）地被：金叶莸、金山绣线菊、马蔺、沙地柏。

（5）护坡：地锦、胡枝子。

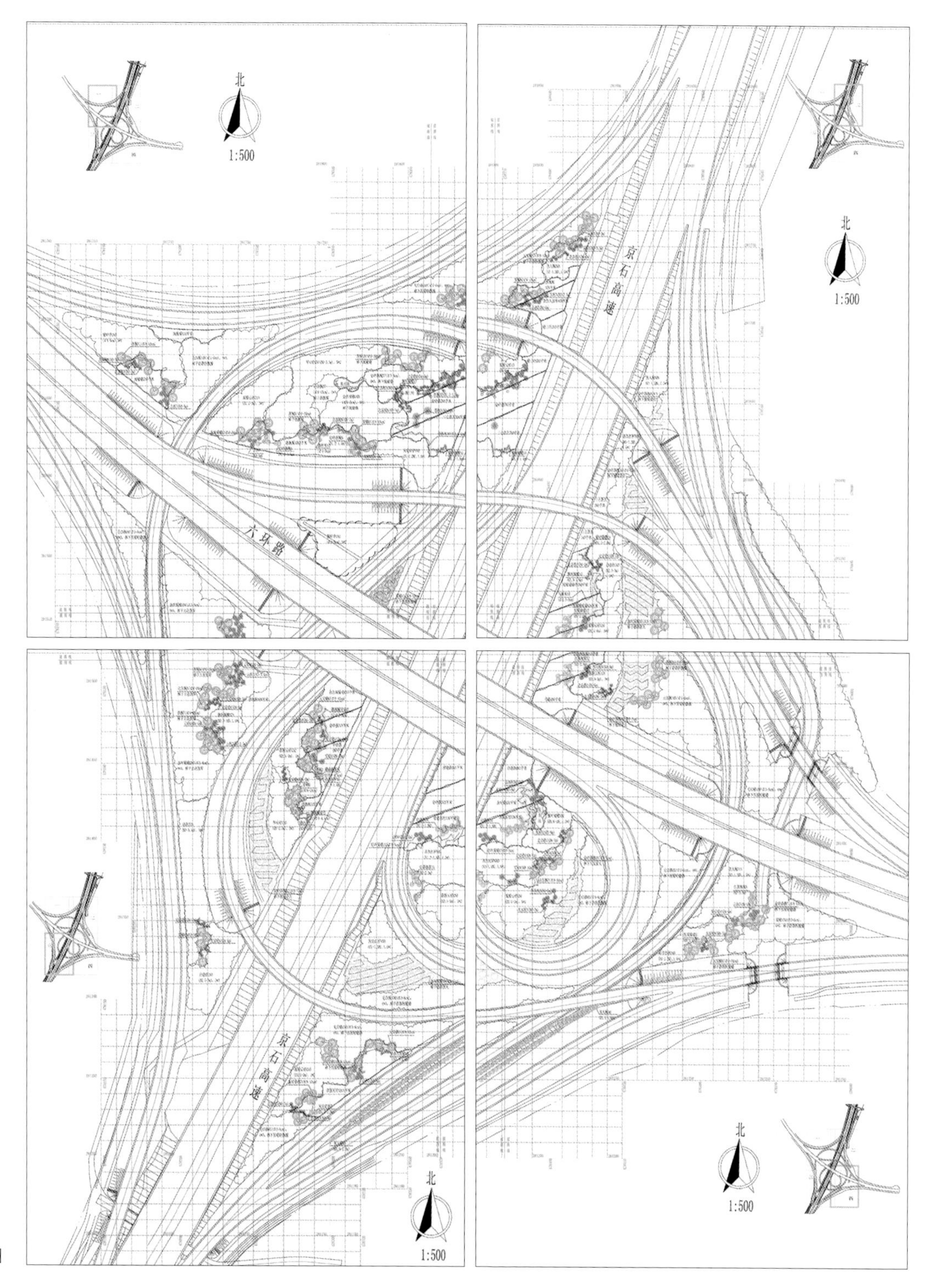

京石立交施工图

京石立交苗木表

种类	树种（品种）	学名	单位	数量	规格质量						备注
					树高（m）	干径（cm）	修剪后主枝长度（≥m）	冠径（≥m）	分枝点高（≥m）	种植次数（≥次）	
常绿乔木	蓝粉云杉	*Pieca meyeri*	株	1057	2.5~3	—	—	1.2	—	—	—
		Pieca meyeri	株	13	4~5	—	—	2.5	—	—	—
	云杉	*Pieca wilsonii*	株	26	3~3.5	—	—	1.5	—	—	—
		Pieca wilsonii	株	65	4~5	—	—	2.5	—	—	—
	油松	*Pinus tabulaeformiss*	株	238	3~3.5	—	—	1.5	—	—	—
	北京桧	*Sabina chinensis* cv.	株	43	4~5	—	—	0.8	—	—	—
		Sabina chinensis cv.	株	77	6~7	—	—	1.2	—	—	—
	华山松	*Pinus armandii*	株	460	3~3.5	—	—	2.0	—	—	—
		Pinus armandii	株	15	4~5	—	—	2.5	—	—	—
	白皮松	*Pinus bungeana*	株	286	2.5~3	—	—	1.5	—	—	—
	雪松	*Cedrus deodara*	株	10	8~10	—	—	4	—	—	—
	常绿乔木小计		株	2290	总面积 14014m^2						
落叶乔木	毛白杨♂	*Populus tomentosa*	株	813	—	5~6	0.5	—	2.0	—	林下种植苜蓿
	金叶刺槐	*Robinia pseudoacacia* var.	株	5470	—	1~1.5	—	—	—	—	—
		Robinia pseudoacacia var.	株	361	—	3~4	0.5	—	2.0	—	—
	金叶国槐	*Sophore japonica* var.	株	241	—	6~7	0.5	—	2.0	—	—
	青桐	*Firmiana simplex*	株	81	—	8~10	0.5	—	2.0	—	—
	金丝垂柳	*Salix alba* ‘Tristis’	株	105	—	5~6	0.5	—	2.0	—	—
		Salix alba ‘Tristis’	株	21	—	8~10	0.5	—	2.0	—	—
	元宝枫	*Acer truncatum*	株	277	—	5~6	0.5	—	2.0	—	—
		Acer truncatum	株	73	—	8~10	0.5	—	2.0	—	—
	栾树	*Koelreuteria paniculata*	株	134	—	5~6	0.5	—	2.0	—	—
	红叶臭椿	*Ailanthus altissima*	株	12	—	4~5	0.5	—	2.0	—	—
	杂交马褂木	*Liriodendron*	株	36	—	4.5~5	0.5	—	2.0	—	—
	水杉	*Metasequoia glyptostroboides*	株	12	—	7~8	0.5	—	2.0	—	—
		Metasequoia glyptostroboides	株	18	—	5~6	0.5	—	2.0	—	—
	挪威槭 - 夏雪	*Acer*	株	20	—	4~4.5	0.5	—	2.0	—	—
	挪威槭 - 皇家红	*Acer*	株	15	—	3~4	0.5	—	2.0	—	—
	红枫	*Acer* cv. *Arropureum*	株	30	—	地径 3~3.5	0.5	—	1.2	—	—
	紫叶李	*Prunus cerasifera* ‘Atropurpurea’	株	529	—	地径 4~5	0.8	—	0.8	—	—
	落叶乔木小计		株	2779	总面积 51000m^2						

种类	树种（品种）	学名	单位	数量	规格质量						备注
					树高（≥m）	主枝数（≥个）	修剪后主枝长度（≥m）	地径（≥cm）	苗龄（≥年）	种植次数（≥次）	
花灌木	紫叶矮樱	*Prunus* × *cistena*	株	964	0.8~1.0	3	—	1.5	2	—	—
		Prunus × *cistena*	株	62	1.5~1.8	3	—	2.0	2	—	—
总面积合计 9.45 万 m^2											

续表

种类	树种（品种）	学名	单位	数量	规格质量						备注
					树高（m）	主枝数（≥个）	修剪后主枝长度（≥m）	冠径（cm）	苗龄（≥年）	种植次数（≥次）	
花灌木	红果海棠	*Malus micromalus*	株	38	2~2.5	3	—	3.0	3	—	—
	美人梅	*Prunus mume* ‘Meiren Mei’	株	1490	1~1.2	3	—	1.5	3	—	—
		Prunus mume ‘Meiren Mei’	株	99	1.5~1.8	3	—	2.0	3	—	—
	红叶碧桃	*Prunus persica f.atropurpurea*	株	11	1.2~1.5	5	—	2.0	3	—	—
	丛生红栌	*Cotinus Coggygria* var.	株	2444	1~1.2	3	—	—	—	—	—
		Cotinus Coggygria var.	株	65	1.5~1.8	3	—	—	—	—	—
	红瑞木	*Cornus alba*	株	14	1.5~1.8	5	—	—	—	—	—
	黄栌	*Cotinus coggygria*	株	3252	1.5~2.0						
	落叶灌木小计		株	13814	总面积 14679m^2						

种类	树种（品种）	学名	单位	数量	规格质量					备注
					分枝数（≥个）	主枝长（≥m）	主枝径（≥cm）	苗龄（≥年）	种植次数（≥次）	
地被植物	地锦	*Parthenocissus tricuspidata*	株	140153	—	—	0.6	2	—	2.5 株 /m^2
	金焰绣线菊	*Spiraea×Bumalda* cv. Gold Flame	m^2	616	3	—	—	—	0.2	9~12 株 /m^2
	沙地柏	*Sabina vulgalis* Ant.	m^2	952	3	—	—	—	1.0	1 株 /m^2
		Sabina vulgalis Ant.	株	17697	3	—	—	—	0.5	2.5 株 /m^2
	马蔺	*Iris ensata* Thunb	m^2	459	5	—	—	—	—	9 株 /m^2
	半枝莲	*Portulaca grandiflora* Hook.	m^2	480	—	—	—	—	—	100 株 /m^2 或籽播
	金红久忍冬	*Lonicera fragrantisima*	m^2	440	3	—	—	—	0.2	—
	金叶莸	*Caryopteris Clandonensis* ‘Worester Gold’	m^2	1860	3	—	—	—	0.2	5 株 /m^2
	苜蓿	*Medicago Sativa* L.	m^2	15913	播种	—	—	—	—	林下
		Medicago Sativa L.	m^2	3002	播种	—	—	—	—	非林下
	三七景天	*Sedum spectabile Boreau.*	m^2	1132	5	—	—	—	0.1	9~12 株 /m^2
	八宝景天	*Sedum spectabile*	m^2	1000	3	—	—	—	0.1	9~12 株 /m^2
	德国景天	*Sedum spectabile* var.	m^2	5025	5	—	—	—	0.1	9~12 株 /m^2
	大花萱草	*Hemerocallis fulva*	m^2	3833	5	—	—	—	—	9~12 株 /m^2
	丛生福禄考	*Phlox drummondii Hook*	m^2	615	5	—	—	—	0.1	9~12 株 /m^2
	宿根福禄考	*Phlox paniculata Linn*	m^2	760	5	—	—	—	0.1	9~12 株 /m^2
	常夏石竹	*Dianthus*	m^2	1747	5	—	—	—	0.15	9~12 株 /m^2
	粉三叶	*Trifolium repens* L.	m^2	713	—	—	—	—	—	100 株 /m^2 或籽播
	菖蒲	*Acorus calamus* L.	m^2	60	5	—	—	—	—	5 株 /m^2
	地被菊	—	m^2	5023	5	—	—	—	—	9 株 /m^2
	地被小计		总面积 106756m^2							

18.4 结语

在良官路立交与京石立交园林景观规划设计中我们大胆采用了针阔乔灌大混交的规划设计模式，乔木采用景观片林式和景观苗圃式两种形式、灌木也采用景观灌木林式和灌木圃式、植被采用生态地被式和花卉圃式，从而取得了很好的效果。

乔木采用景观片林式和景观苗圃式两种形式：面积较小的采用景观片林式，植株规格大，株行距可以稍大一些，利于植株长期生长。面积加大一些的，可以采用景观苗圃式，株行距可以稍小一些，间伐后成林。

灌木也采景观灌木林式和灌木圃式：面积较小的采用景观灌木林，植物品种为普通品种，植株规格和株行距可以稍大一些，利于植株长期生长。面积加大一些的，可以采用景观灌木圃式，品种可以是新品种，株行距可以稍小一些。

植被采用生态地被式和花卉圃式两种形式：面积较小形不成规模的采用生态地被式，花卉、地被植物品种为普通品种。面积加大够规模的，可以采用花圃式，品种可以是新品种。

种植说明

（1）本图尺寸单位为 m，总图尺寸为 100m × 100m，分图尺寸为 10m × 10m；

（2）图中放线网格与原立交桥施工坐标一致，施工前应根据线位图和数据表实地放线核实无误后，方可施工。放线时遇排水沟处种植点相应错开。

（3）京石立交桥绿化设计范围在六环路上桩号为 K19+201-K20，位于南六环与京石高速交接处，绿化总面积 15.75 万 m^2，其中桥区内绿地面积为 7.31 万 m^2，护坡面积为 6.31 万 m^2, 平台面积为 2.13 万 m^2。

（4）京石高速公路为国家级高速公路，所处位置非常重要，且公路范围绿化状况良好，本立交所处位置优越，因此选择在此建立彩叶树种质资源圃。

（5）设计构思：整个桥区面积较大，但中心绿地分散，又由于六环路在此处为高架，视线上是俯视效果，所以主观赏点是从京石高速上为主，主要原则是在面积较大的桥区绿地广植乔灌复层林，林缘边上再配植不同植物，形成自然的彩色景观。在此桥区绿地主要采用色叶树种为主，各种彩叶树种汇聚于此，形成北京的重要彩叶树种质资源圃。景观考虑上背景林为速生树，中层种植常绿植物，内层点缀彩叶小乔木或灌木作为主景树，再配植小灌木及地被，形成一个多层次，景观丰富，并具除尘、降噪功能、调节道路小气候的生态景观绿地。

（6）桥区匝道绿地范围以护栏为界，如设计与实地不符以实地为准，适当调整株行距，或减少树丛里侧（近主路一侧）的苗木数量。

（7）桥区内所有落叶乔木、常绿树、花灌木皆采用品字形种植，更加有利于植物采光，便于生长。

（8）边坡种植地锦及沙地柏，2.5 株 /m^2；桥区周边内平台种植黄栌、外平台种植金叶刺槐，常绿树和花灌林下不植地被；其余落乔除特殊注明外皆种植地被。

（9）放线时应先满足散点树的种植要求。

19 北京市北六环路双横路与北清路互通式立交绿化工程设计

◎ 北京景观园林设计有限公司

19.1 前言

北京市六环路是一条连接北京市郊区卫星城镇和疏导市际过境交通的高速公路，是国道主干线的组成部分，路线全长 188km，环的半径为 20~30 km。

本项目涉及六环路的西北环，起点与八达岭高速公路西沙屯立交相接，终点与军温路相接，全长 19.6km。六环路沿线均为远郊城镇，管理上较为粗放，其周边多为苗圃、农田、果园和绿化隔离带，设计时风格要主意与原有绿地相统一。我们从中心市区与卫星城镇的关系和人与自然的关系中挖掘立意，将设计立意定位为“具有田园风光的生态大道”。绿地形式是以圃代林结合景观，形成以自然群落为主的针阔、乔灌混合配置的景观苗圃。

立交桥区以乔、灌、花草、地被相结合营造多样的复合人工植物群落景观，落乔：常乔：花灌：地被=50：20：20：10，尽量采用地被植物。每个桥区并不单纯的以一季景观为主，而是通过选用不同树种、不同花色的植物，形成“繁星满天、星光灿烂”的四季繁荣景象，让有限的绿地发挥最大的生态效益，形成多层次的植物景观，并符合植物伴生的生态习性要求。种植方式采取自然式为主，并赋予绿化带以深厚的文化内涵，再现植物的自然生态结构，同时为了展现田园风光，桥区绿化以自然式布局为主，并适当结合规则式，力图线条流畅、简单，通过植物的配置，结合桥区及周围的环境，创造以自然群落为主的大手笔、大气魄的针阔、乔灌大混交的绿地生态景观系统。使六环路绿化在满足功能需求的同时，力图展示一幅“乡村森林”的画卷。

本段共有 4 座立交，分别是双横路互通式立交、沙阳路互通式立交、温阳路立交、北清路互通式立交。在此次进行绿化设计的是横路互通式立交和北清路互通式立交。根据其各自的地理位置和土壤条件，分别定位为：规则式的常绿苗圃、自然式大混交景观林。

19.2 双横路互通式立交

绿化面积为 8.99 万 m²，其中桥区内平地面积 5.02 万 m²，护坡 3.22 万 m²，内外平台 0.75 万 m²。

地理位置：双横立交桥位于六环西沙屯—温泉段，紧挨双横路和辛店河，处于整个六环的西北角。双横路规划为县道，南段为上庄路。南起颐阳路，北至沙阳路，2001 年 7 月，为配合道路两侧开发而建设，为一上一下两幅路形式。北段起于沙阳路，终于马池口镇，路面为一幅路型式，路面宽为 5 m。在地方公路网中，双横路促进昌平区西部与海淀山后地区的发展，截流和疏导过境交通，是海淀山后地区与昌平联系的一条重要的南北通道。

桥区内共有匝道内绿地 5 块，其中最大的一块面积达 3.6 万 m²，作为苗圃。苗圃划分为 6 块，外围是一条 4m 宽的环行生产道路，兼作消防通道，内部道路宽为 3m。东南角因苗圃与道路的高差相对最小，且对进出六环车辆影响较小，位置方便宽阔，在东南角设立出入口。苗圃区划分为 6 块，建议栽植树种以白皮松、华山松和精品油松，规格以高 2.5m 为主。绿化区主要为其余的 4 块匝道内绿地，面积约为 1.4 万 m²。考虑与西山风景区遥相呼应，设计采用自然式生态混合配置手法。多采用彩叶乔木，利用季相颜色的丰富变化来渲染提升整个道路的亮丽度。

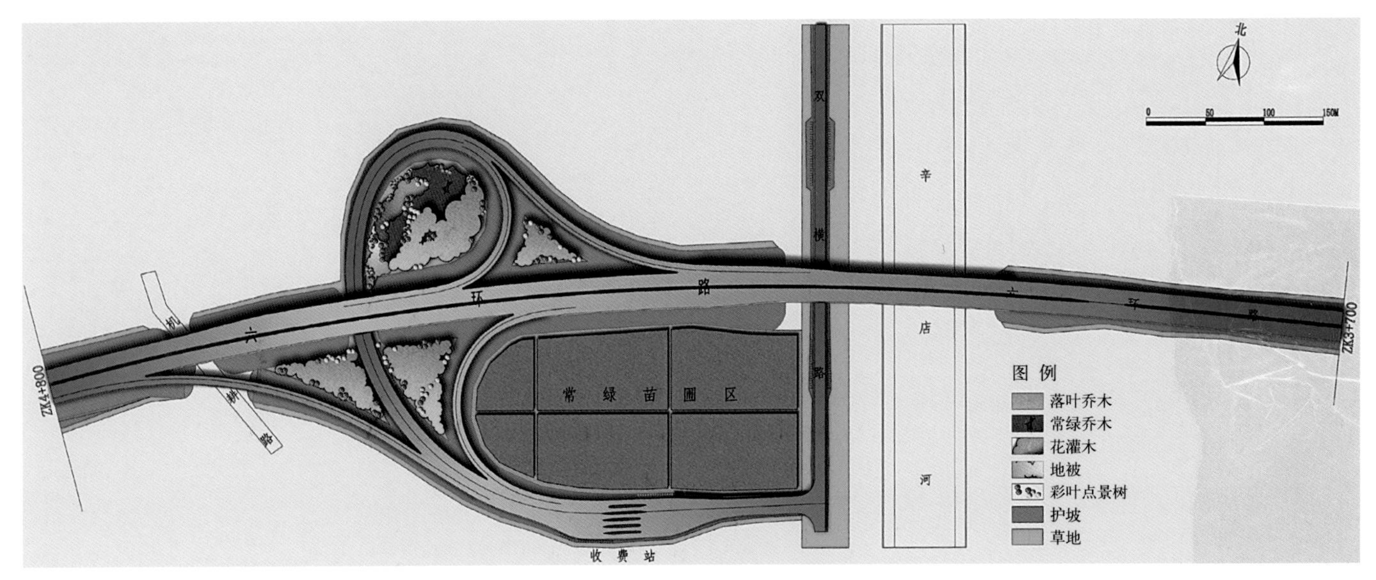

双横立交桥绿化设计平面图

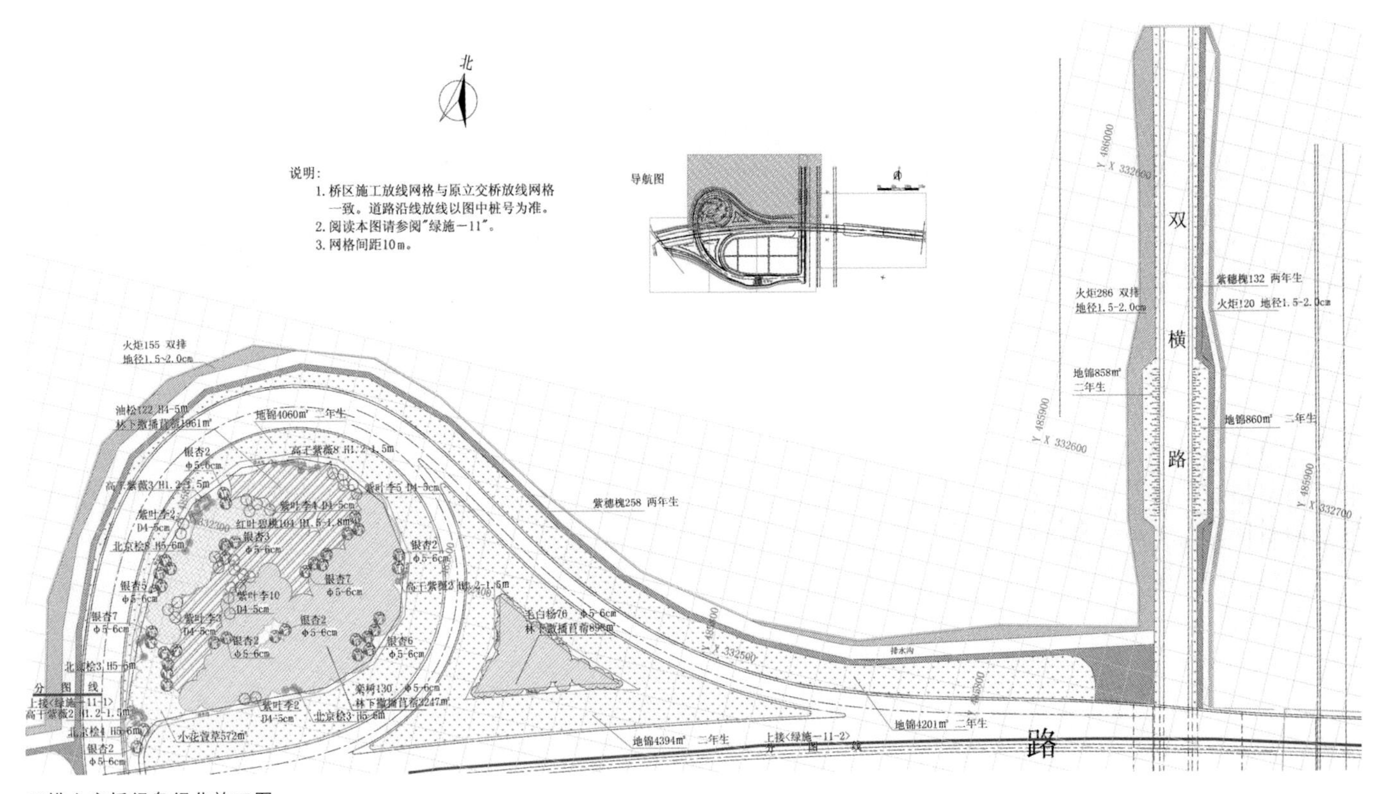

双横立交桥绿岛绿化施工图

双横立交桥绿化设计苗木表

序号	树种	规格				单位	数量	备注
		干径		分枝点高	修剪后主枝长			
1	毛白杨	Φ5~6cm		≥ 2m	≥ 0.5m	株	410	桥区内栾树群落式的栽植，株行距 5m×5m，品字栽。毛白杨株行距 4m×3m，品字栽。图中画定栽植范围仅为示意，施工时可根据实际情况调整
2	栾树	Φ5~6cm		≥ 2m	≥ 0.5m	株	130	
3	根杏	Φ5~6cm		≥ 2m	≥ 0.5m	株	38	
4	紫叶李	地径 4~5cm		≥ 0.8m	≥ 0.5m	株	26	
合计	落叶乔木	—				—	604	
		树高	冠径	—	—	—	—	苗圃区内群落式的栽植，品字栽
5	油松	H4~5m	≥ 2.5m	—	—	株	539	
5.1	白皮松	H1.5~2m	≥ 1.0m	—	—	株	1429	
5.2	云杉	H3~3.5m	≥ 1.5m	—	—	株	770	
6	北京桧	H5~6m	≥ 1.0m	—	—	株	217	
7	华山松	H1.5~2m	≥ 1.2m	—	—	株	770	
合计	常绿乔木	—	—	—	—	株	4025	
8	火炬树	—	地径 1.5~2.0cm	—	≥ 0.8m	株	1471	线型道路两侧及桥区外侧内外平台（中间有水渠相隔）
9	紫穗槐	—	地径≥ 0.6m	两年生		株	1226	
合计	平台种植	—				株	2697	
10	红叶碧桃	H1.5~1.8m	地径 2~2.5cm		主枝≥ 3 个	株	104	桥区内苗圃式栽植，株行距 2m×2m，品字栽
11	高干紫薇	H1.2~1.5m	地径≥ 3cm		—	株	15	
合计	花灌木	—				株	119	
12	苜蓿★	播种	—	—	—	m^2	16764	带★标志的为林下地被
13	小花萱草	9 株 /m^2	—	—	3~5 芽	m^2	572	
合计	地被植物	—				m^2	17336	
14	沙地柏	2.5 株 /m^2	—	枝条≥ 3 个	篷径 0.6~0.8m	m^2	1531	桥区所有护坡，按 1：1.5 坡度计算，外坡只种植地锦，2.5 株 /m^2
15	常夏石竹	9 株 /m^2	—	≥ 2 芽	蓬径 15cm	m^2	1855	
16	地锦	—	两年生	地径≥ 0.6m	修剪后条长≥ 0.3m	m^2	34253（计 85633 株）	
合计	护坡植物					m^2	37639	

植物品种的选择——常绿：以油松为主栽树种，另有白皮松、桧柏等。落叶乔木：以高干红栌和金叶槐为主栽树种，紫叶李、元宝枫、银杏、樱花为辅。花灌：以锦鸡儿、紫叶矮樱、金叶莸为主，另有碧桃、珍珠梅、金钟等。地被：以小花萱草、石竹等为主。护坡：以地锦为主。

植物种植比例：地被和草地不超过整体的 10%，常绿 < 10%，落乔 > 60%，花灌 < 20%。

19.3 北清路互通式立交

绿化面积：13.9 万 m^2，其中桥区内平地为 6.43 万 m^2、护坡面积：4.93 万 m^2，平台面积：2.54 万 m^2，

地理位置：北清路位于海淀山后地区，道路性质为县级路，规划等级为城市主干路，规划红线宽度为 70m，断面为四幅路形式，中央隔离带宽 8m，两侧机动车道分别为 12.25m。目前是海淀山后地区的一条贯穿东西方向

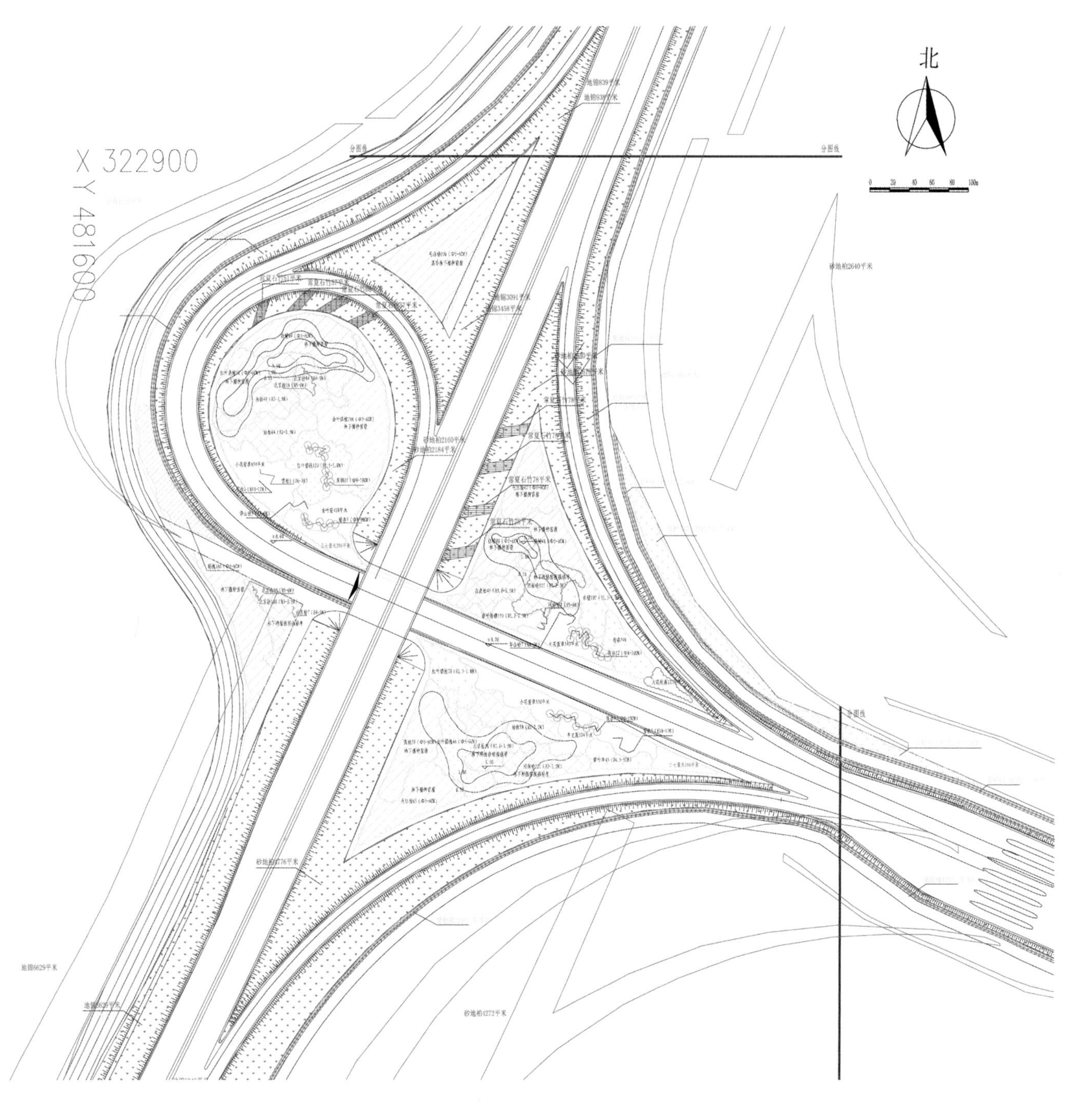

北清路互通式立交桥桥区绿化施工图（一）

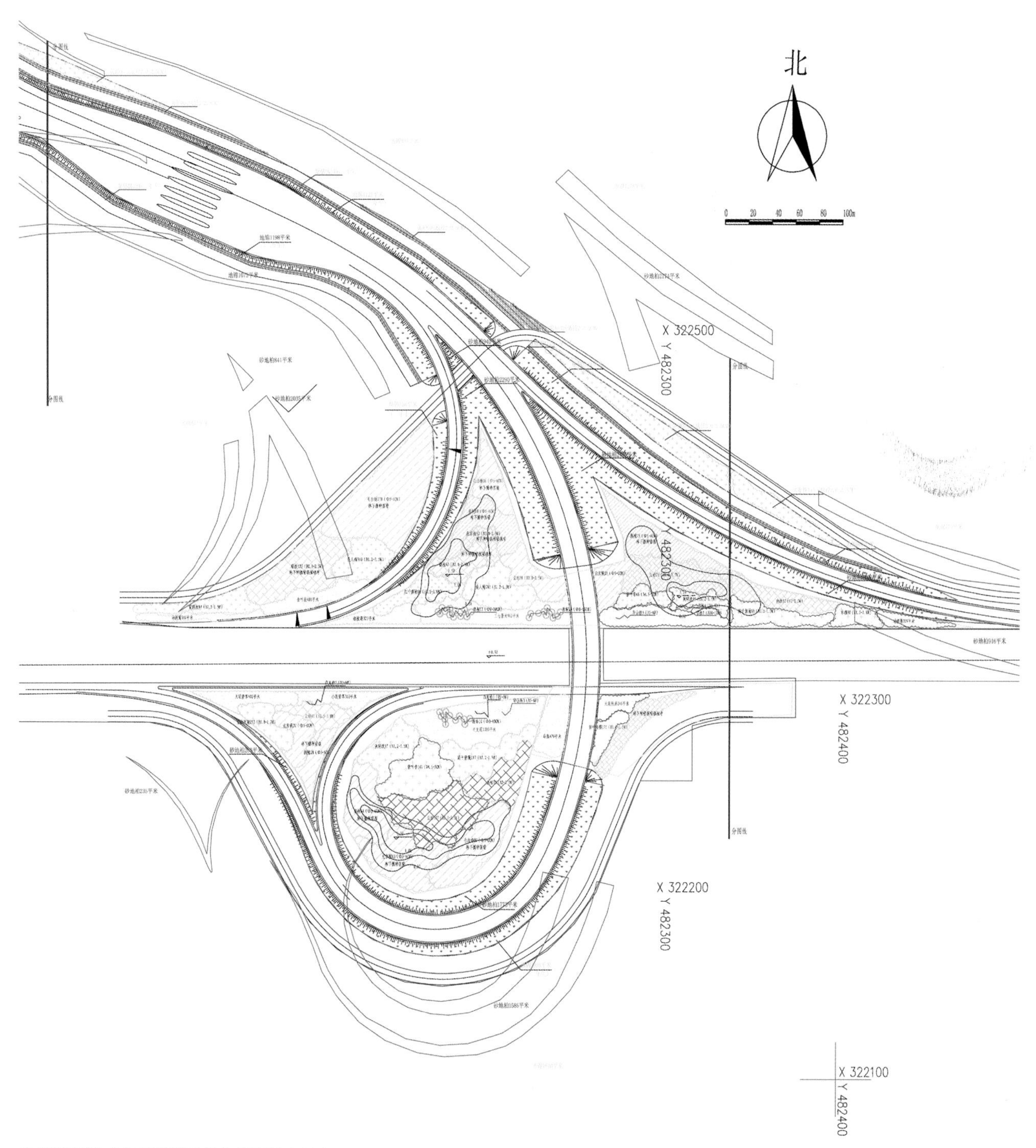

北清路互通式立交桥桥区绿化施工图（二）

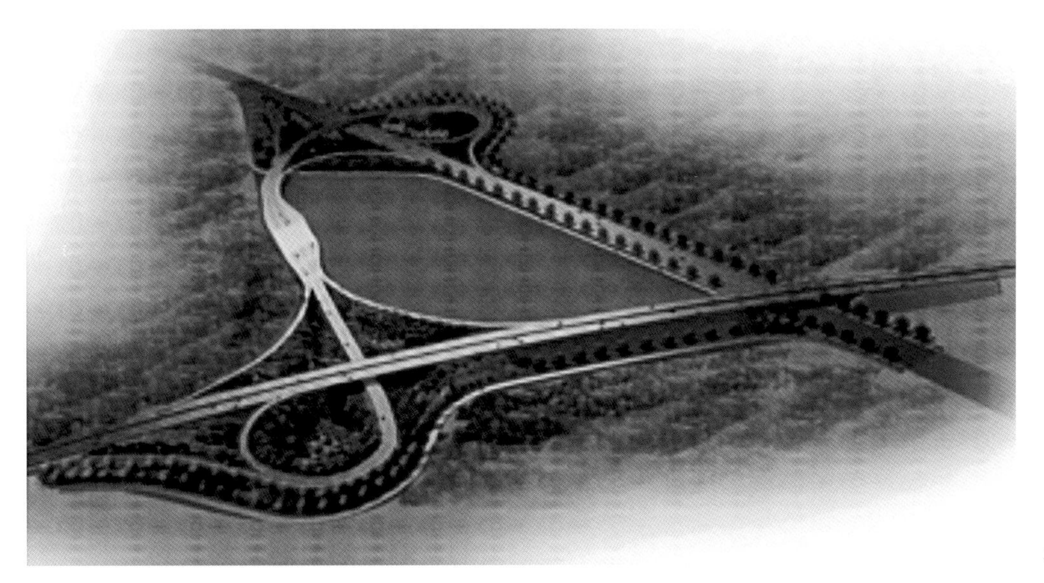

北清路互通式立交桥绿化设计效果图

的重要通道。中关村高新科技园区分布主干道两旁，中关村的发展进一步带动该地区的经济发展，该地区的绿化整体水平也较本段其他地区为高，由于地处著名的西山风景区，自然环境优美，故北清立交桥的设计应作重点处理，尽快成林，体现山林气氛。

定位：自然式大混交景观林，乔灌结合、落叶与常绿结合，配合地被、花灌木组成一些自然顺畅的林冠线，与周围环境融为一体。

北清立交选用苗木规格大，档次相对较高，乔木胸径大于 8cm，花灌木成丛栽植，并增大色叶树种的比例，用大体量的色叶片林烘托六环主路，力争达到与西山红叶特色大景观统一的效果。

主栽树种中落叶乔木以色叶树种为主，如新品种金叶槐、红叶椿、美国红栌、紫栌，推荐树种白蜡、毛白杨、元宝枫及少量银杏；常绿乔木以油松、桧柏、云杉为主，点缀雪松等其他常绿树；花灌木选择山楂、红瑞木、矮紫樱、紫叶李、美人梅、紫叶碧桃等，向游客及过往司机展示北京西山缤纷灿烂、万山红遍、层林尽染的秋天，护坡根据不同的条件种植沙地柏、常夏石竹、爬山虎等，地被栽植扶芳藤、马蔺、金叶莸、金娃娃萱草、景天类等。植物种植比例：常绿 + 落乔：花灌木：地被为 70 ： 20 ： 10（常绿：落乔为 20 ： 50）。

（1）本图尺寸单位为 m。

（2）施工前应根据放线图和植物名录表实地放线核实无误后方可施工。

（3）施工时应注意对北清路现有设施和地下管线的保护，并注意与原有绿化的衔接。

（4）北清立交桥在六环路上桩号为 zk15+200~zk16+700, 位于西北六环与北清路交接处。

（5）设计构思：该桥景观定位为自然式大混交景观林。以体现秋季景观为主，主景树毛白杨、元宝枫、白蜡、红叶椿，栽植施工时，在落叶树群落或常绿树群落范围内栽植不同品种、不同规格的落叶树或常绿树，以期形成错落有致、形态自然的混交景观。具体内容见种植设计图。尽量保留原有植物。

（6）施工放线网格与原立交桥放线网格一致，大网格 100m × 100m，小网格 10m × 10m。

（7）本图中植物范围仅为示意，栽植方式见各分图，施工放线时可适当调整。因甲方没有提供准确的排水沟图，如果有排水沟，种植点应避开。

20　江苏省南通市南川河立交桥地块景观设计

◎ 江苏大千设计院有限公司

20.1　引言

城市道路绿化，是城市园林绿地系统的重要组成部分，也是城市文明的重要标志之一。起着连接整个绿地生态系统重要的作用。

20.2　项目概况

本项目基地西起通京大道，东至通富北路，主要区块位于通启路与通京大道交叉口。南川河与海港引河交汇于此，有利于营造丰富的水系景观，形成良好的景观视线观赏带。但水系分支较多，导致绿地不完整，布局零散，缺乏整体性。绿地形式有高架绿地、滨河绿地和道路绿化三种形式。生态环境良好，有利于形成开放式公共景观绿地。但绿地性质复杂，整合与统一是设计难点。

20.3　景观结构

“一条主线，三个区域”的景观结构。

一条主线：即以“生态”为大方向，突出“绿”意。

三个区域：基地整体形成点、线、面的格局，设计中将打造绿洲、绿廊、绿带为一体的“森林式”绿色景观，营造“画中游”的优美道路交通环境。

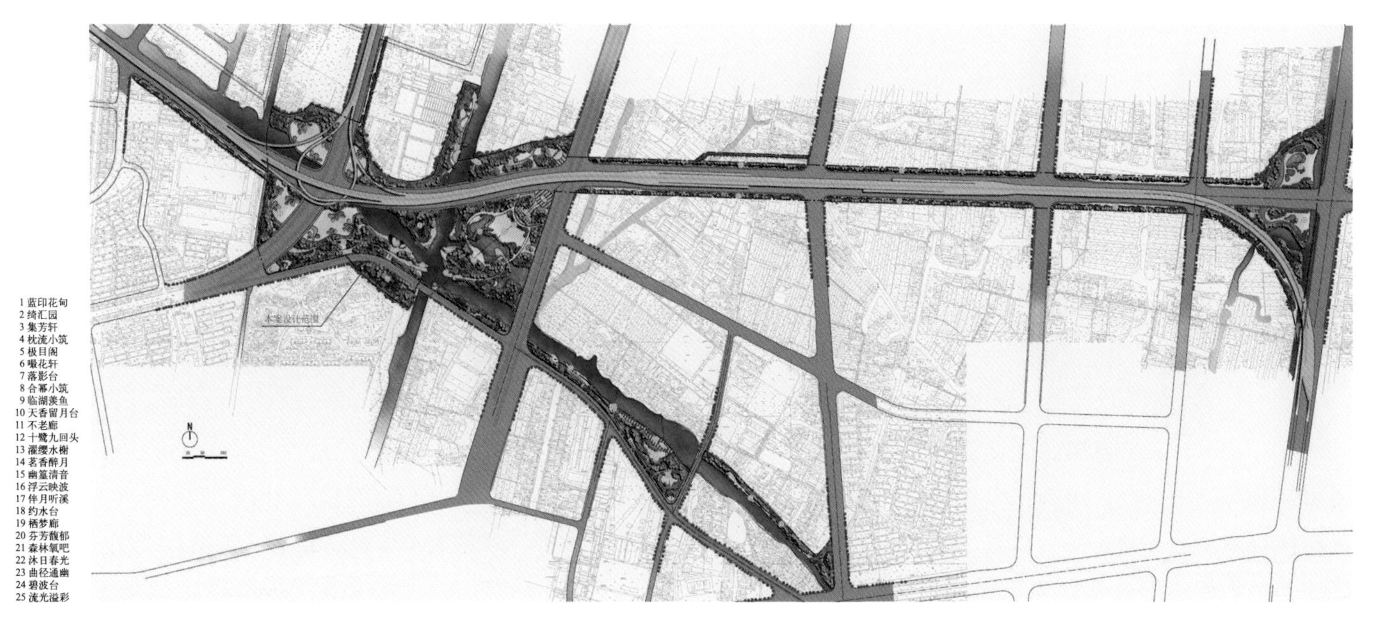

景观总平面图

20.4 设计理念与定位

基地分析透彻之后，我们对南通文化做了深入的挖掘，也对本次项目做了全面的定位分析。

（1）性质定位：把南川河立交地块打造成兼具“生态性”、“人文性”的开放和封闭相结合的道路景观绿地。

（2）功能定位：以人为本，增加绿量，营造可以呼吸的城市“绿肺”，体现城市文化，满足市民生活需求。

（3）主题定位：“蓝印花甸·活水森林”从“人文”方面入手，“古朴清雅赋蓝白”正是南通最具特色和代表性的“蓝印花布”的写照，它的艺术魅力体现在“斑”与“点”上。提取蓝印花布中的图案，简化元素，用于设计中。平面构图上以“彩色的斑块”来展现蓝印花甸，绿色的草坪，绚烂的花带，仿佛一幅美丽的画面浮现在我们眼前。

从“生态”方面入手，南川河与海港引河潺潺流过，交汇中碰撞出艺术的火花，设计中将现有水塘和两大水系沟通，在浅水里种植大片的水杉，起起伏伏的流水使水杉展现着不同的姿态，优美的生态环境也吸引了许多鸟儿栖息，鱼儿嬉戏。水系、森林、鸟儿、鱼儿融为一体，似乎在弹奏着“活水森林”的生态之曲，整个区域都“活”了起来。

日景鸟瞰图

20.5 分区设计内容

20.5.1 蓝印花甸区

蓝印花布的历史，传承千年。生态斑块以此为蓝本，演绎出生态与文化的融合。它由蓝色系的自然成形、不加修剪的多年生宿根花卉及球根花卉组成。俯瞰之下，一幅铺在大地上的蓝印花布映入眼帘，静谧而美好；纯净且淳朴；空间上，以密林为背景，草坪为前景，各种植物搭配形成高低错落的景观空间。

植物种植上，主要有远距离眺望、近距离观赏和快速通过三种不同的形式。

远望，片林绿意充盈，植物错落有致。宿根花卉、地被灌木组合成的蓝印花布抽象花纹让人眼前一亮；近赏，组团式的搭配和缤纷的花境让人感到心情舒畅。

20.5.2 活水森林区

区域内水系沟通，景观灵动，设置有亭台轩榭等亲水、观水、听水场地。水系蜿蜒曲折，森林密布，三角形的水上小岛绿意盎然，是活水森林的最佳写照。

极目阁——是森林中的观鸟台，与十鹭九回头的鸟岛形成互动的对景，鸟羽的小品外观与大自然融为一体。

嘬花轩——漂浮在水面上的平台，四周樱花花瓣片片落入水中，鱼儿与花儿嬉戏其间，自然惬意。

天香留月台——月牙形的平台，与藕塘融为一体，

夜景鸟瞰图

蓝印花甸效果图（一）

蓝印花甸效果图（二）

形成“莲叶何田田”的景观，莲香四溢，令人回味无穷。

合幂小筑——天地人三合为一的管理房建筑，共 $655m^2$，生态的景观建筑与天地间互相融合。

20.5.3 道路绿化区

根据车行速度及人行视角的综合考虑，将本次标段定为140m。其中以精致组团搭配片林丛植的种植模式为主。平面上以简洁、大方、流畅的曲线合成具有节奏和韵律性的景观构图。立面上将植物配置成高、中、低等多个层次丰富立面变化。

20.6 结语

如果说高速公路是一条绿色的“项链”，南川河立交地块就像镶嵌在“项链”上的“钻石”。在充满工业气息的大都市中，立交桥绿化景观将渐渐成为城市交通的“绿肺”，本设计团队力图把握时代的脉搏，展现“蓝印花甸·活水森林”主题，将其打造为一个充满现代感的、生态的、完美的大地艺术品，使其发出更加璀璨的光芒。

曓花轩效果图

天香留月台效果图

合幂小筑

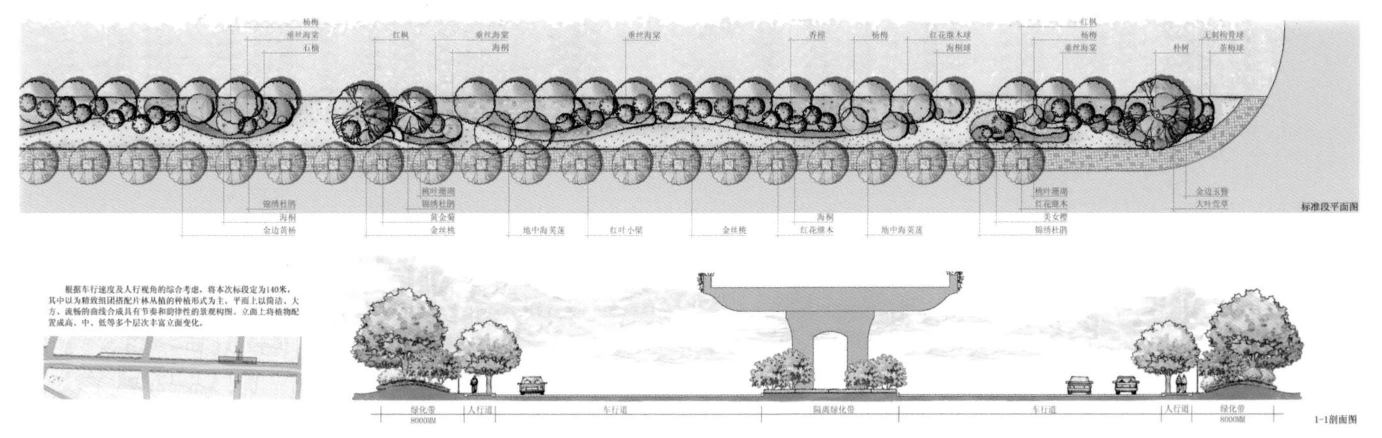

道路标准段示意

道路效果图

21 山东省济宁市南二环交通枢纽景观设计

◎ 上海点聚环境规划设计有限公司

21.1 基地分析

济宁属鲁南泰沂低山丘陵与鲁西南黄淮海平原交接地带，地质构造上属华北地区 鲁西南断块凹陷区。全市地形以平原洼地为主，地势东高西低，地貌较为复杂。全济宁市域平均海拔 38m。规划区域内部整体地势较为平坦，相对而言，南部湖泊周边地势较低。规划区域位于东亚季风气候区，属暖温带季风气候，四季分明。夏季多偏南风，受热带海洋气团或变性热带海洋气团影响，高温多雨；冬季多偏北风，受极地大陆气团影响，多晴寒天气；春秋两季为大气环流调整时期，春季易旱多风，回暖较快；秋季凉爽，但时有阴雨。具有充裕的光能资源,是区域气候的突出特点。规划区域内共有京杭大运河、北湖、微山湖三处水域，景观优势明显。

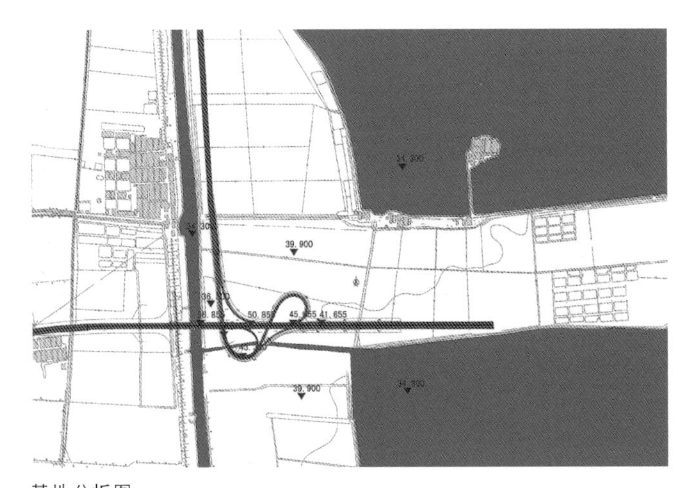

基地分析图

21.2 设计思考

21.2.1 场地属性

城市形象区域与滨水景观绿带：本案在北湖旅游度假区整体绿化结构中处于核心地位，是由外界进入北湖度假区的“第一印象区”，北临北湖，南邻微山湖，西靠京杭大运河，景观基础较好。

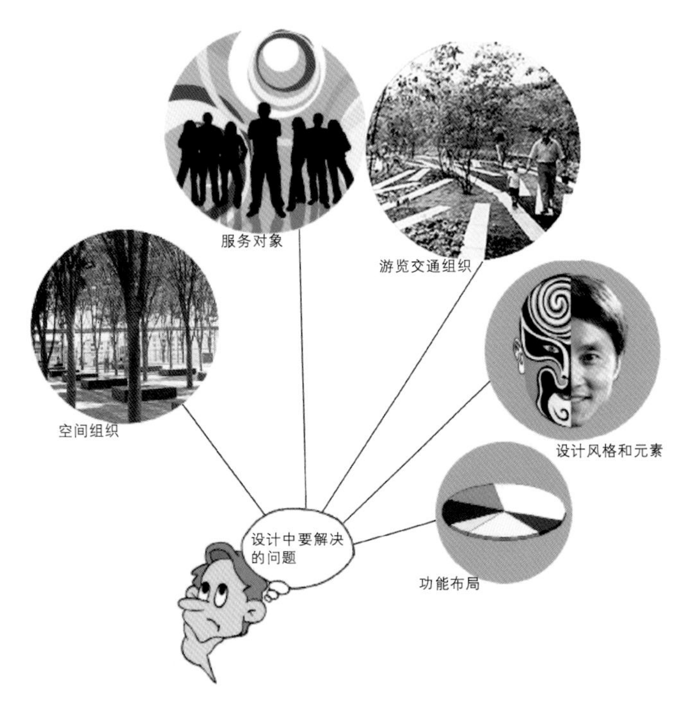

21.2.2 设计中的机遇与挑战

机遇：拥有大面积的水系开放空间，位于市区中心边缘，用地完整，立足于北湖—微山湖—京杭大运河之中心位置，自然、历史、人文资源丰富。紧临城市快速主干道，交通便捷。

挑战：运河堤坝属于防洪性质堤坝，限制了设计分布。立交枢纽两块绿地之间无沟通，被割裂成两块相对独立的空间。进入立交枢纽中心绿地的入口较少。片区总体建设面少，城市化程度低。配套设施相对缺乏，路网结构也不完善，面貌相对单一。

21.2.3 设计定位

为城市竖立良好形象，为城市居民开辟出休闲郊游、充满趣味的滨水景观绿地。为来往过客提供休息、补充以及了解济宁的场所。

21.3 设计灵感

21.3.1 京杭大运河、北湖、微山湖

京杭大运河——一条流淌了2500多年的河流，见证了多少繁华兴衰……

北湖——鲁西南的一颗明珠，与济宁城水相容、天人合一……

微山湖——景以水润，境以山幽。昔日的抗日圣地依然在述说，柔美的湖光山色依然那么美丽。

21.3.2 水

水，生命的源泉，亦滋润了万物。

生命如水。或平静，或微澜，或奔腾……

人生如水。人生之初，碧水清清。少年人生，初更人事，仿佛山涧奔流的小河，跳跃奔腾，迈着浮躁的步，抚着跌痛的伤，永无止息。情窦初开，正如那桃花流水，乍合忽分，沉迷于两岸的风景绮丽 。星移斗转，时光如白驹过隙。往日的溪流，或干涸枯竭，或流入池塘。只有最执着的，才会一路奔腾，汲取雨精雪魄，冲向深涧峡谷，冲撞出生命的欢歌，跌宕出人生的坚韧与瑰丽。待到韶华已逝，便似东流入海。日日沐浴着日辉月华，时时聆听鸥歌鱼鸣。海风袭袭，潮落潮生，生命便在这涨涨消消中永恒。人生如水，水本无形。

上善若水。水善利万物而不争，处众人之所恶，故几于道。

京杭大运河、北湖、微山湖

景观设计

21.4 设计主题

立足三水之间，点亮北湖新城：

以“城水相容”作为设计的出发点，利用北湖新城的特殊气质，充分挖掘新元素。

以“齐鲁文化”作为文化基础，将整个景观设计融入该文化体系。

以“水之形态”作为设计元素，融入现代理念，体现“水城一体”的北湖新城。

21.5 设计语言

以“水之形态”作为视觉语言来体现旋律的概念，主要体现在流线感的游园步道、柔美的植被种植等景观空间上，以水的动态来命名功能分区，并且使其氛围与主题相切合。同时，我们从对水文化的感触上，提取抽象的符号和材质，构成室外构架、雕塑、灯具等景观家具设计，运用全新的设计语言和设计手法，打造北湖新城的全新形象。

21.6 设计目标

21.6.1 全面提升城市形象

立足于北湖新城门户，体现度假区的发展魄力。重新梳理水系，完善公共绿地系统，全面提升城市的品质及形象。

水之形态

21.6.2 打造滨休闲滨水景观

新立交景观、滨水景观、主题文化、防护绿地、游船码头等景观空间形成了一个独特的游览系统，让来此游玩的人趣味无限、流连忘返。

21.6.3 引领优质生活

打造美妙惬意的景观环境，为家庭活动、社区互动、郊游健身等等提供新的去处，倡导优质的生活方式。

21.7 设计构成

21.7.1 构思过程

原高架中由两个面积相当的类似圆组成，形成一个平衡空间，从两者之间的轴线关系以及道路之间的轴线关系，形成了以A圈为焦点的中心。故枢纽的中心广场在A圈形成，在未来运河联通微山湖的新开河道上滨水广场则落在了此焦点的延长线上，从而形成了景观主轴线。

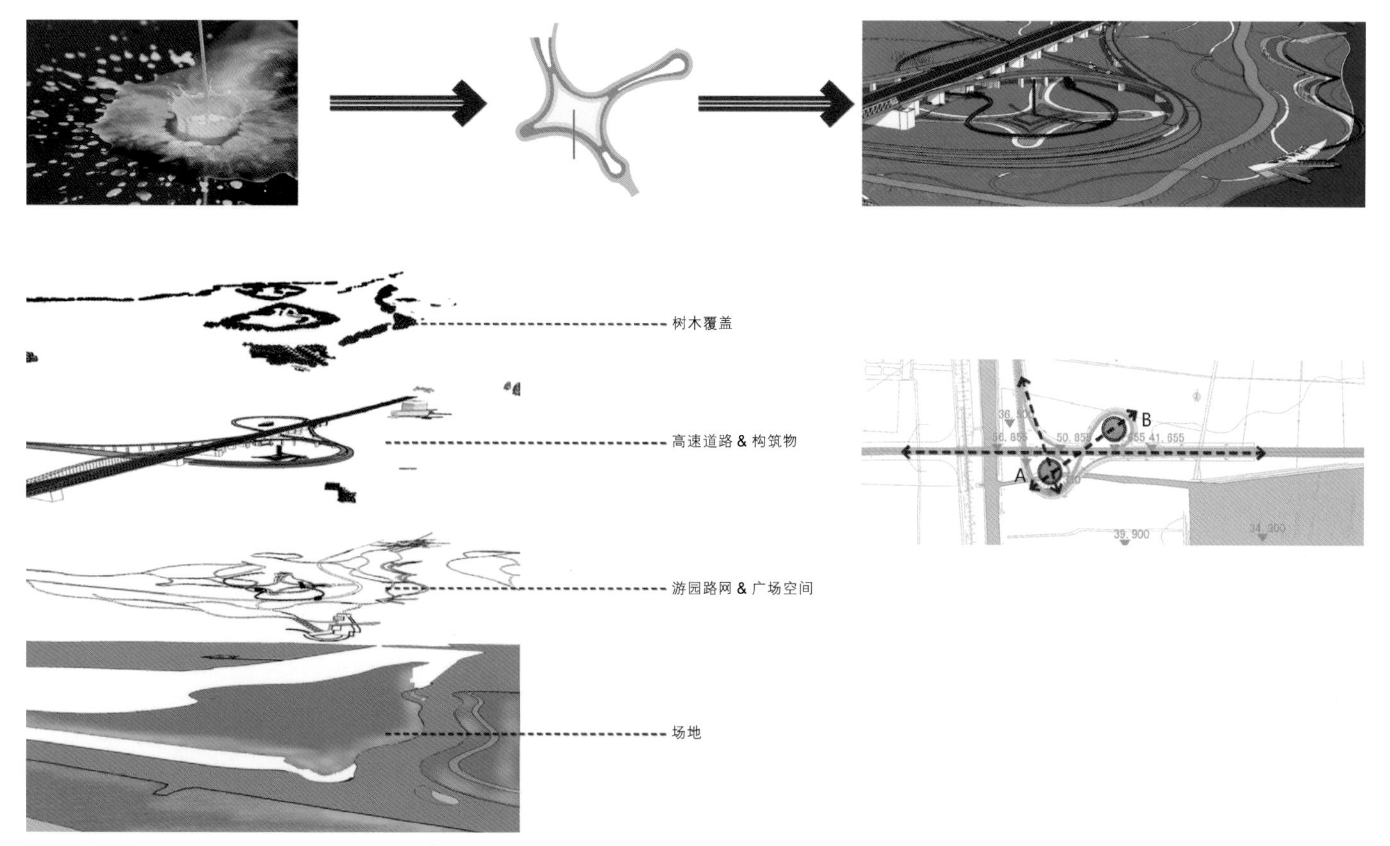

设计构成图

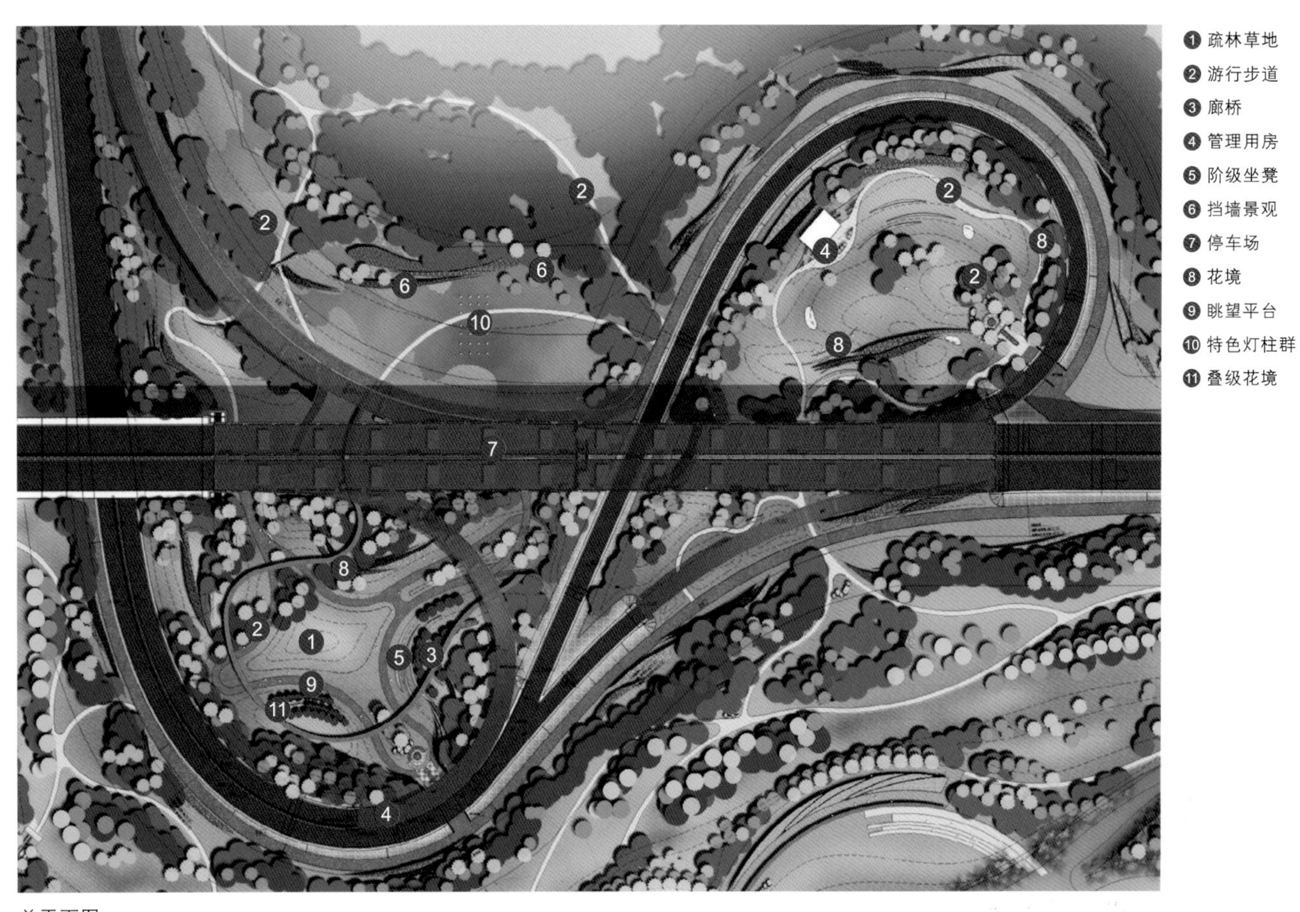

总平面图

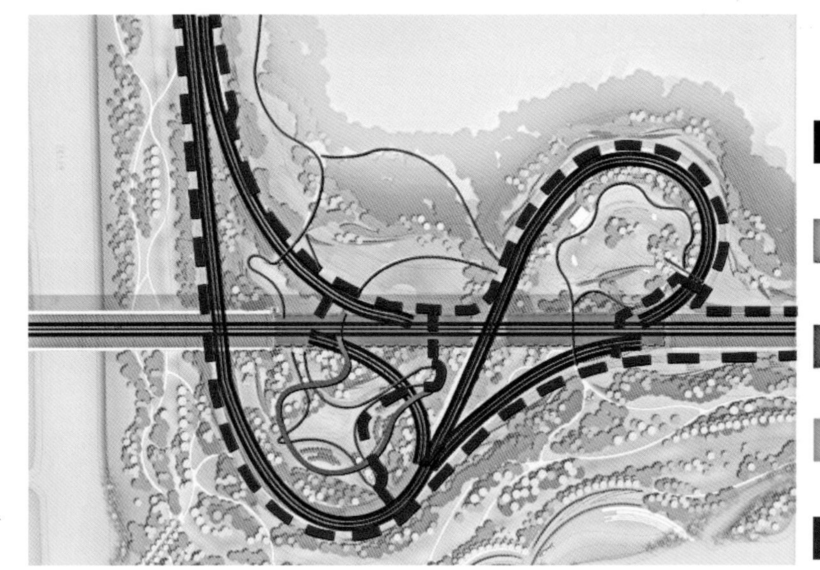

交通组织图
机动车进入高架景观场地内，必须遵循南进北出的单向行驶原则

整体鸟瞰图

局部透视图（一）

局部透视图（二）

局部透视图（三）

我们从京杭大运河、北湖、微山湖三个水系中提取出“水”的共同点，便由“水”的特质展开设计构思。想象出水滴撞击而形成的图案，组成了枢纽广场的形态。碰撞出来的激情四射则象征着北湖新城热情开放，迎接四方来客，以及蓬勃发展的活力。

21.7.2 断面设计

在场地关系中，利用地形和护坡挡墙营造空间变化，丰富游园内容的情节。同时在植被上，疏密有致，控制空间的节奏。

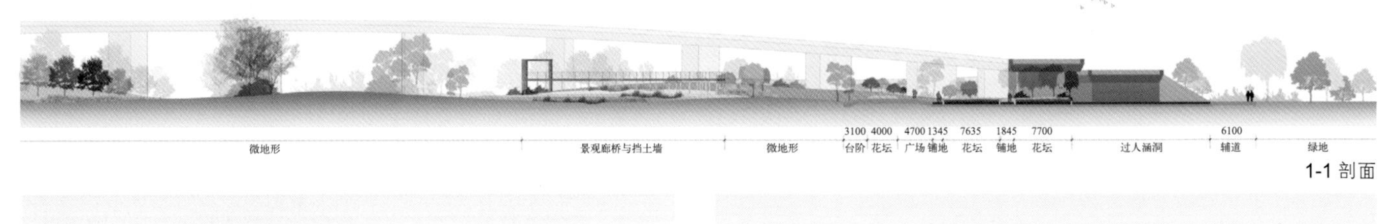

1-1 剖面

2-2 剖面

3-3 剖面

剖面图

同时利用廊桥，串联了内外关系。同时也丰富了高处的行人观景空间，也为场地增添了层次的变化。

21.7.3 廊桥设计

廊桥在本设计中不仅仅承启了一个串联沟通的作用，它还将不同高差的地形有机结合，穿梭在林荫之间，点亮场地景观。

整体构架采用型钢结构，局部配合红色彩门，显得桥体轻盈，婉转灵动。

21.7.4 护坡设计

护坡的设计打破了传统的护坡做法，利用浇制的混凝土，形成立体交错的形态，结构牢固扎实。整体几何感强烈，能形成视觉冲击。局部立柱顶端还可以形成绿池，种植小型乔灌木。在不阻挡道路视线的前提下，丰富了护坡的序列感和美感。在排序手法上，采用传统手法和立体手法分段使用，极力降低视觉疲劳，形成有节奏、有变化的坡地景观。

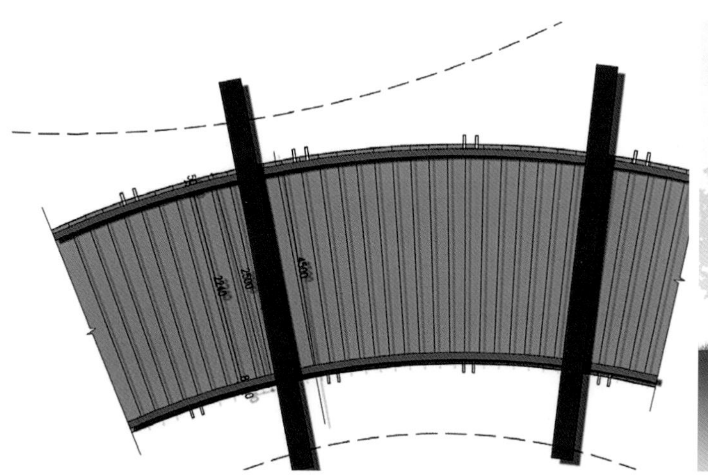

廊桥设计图

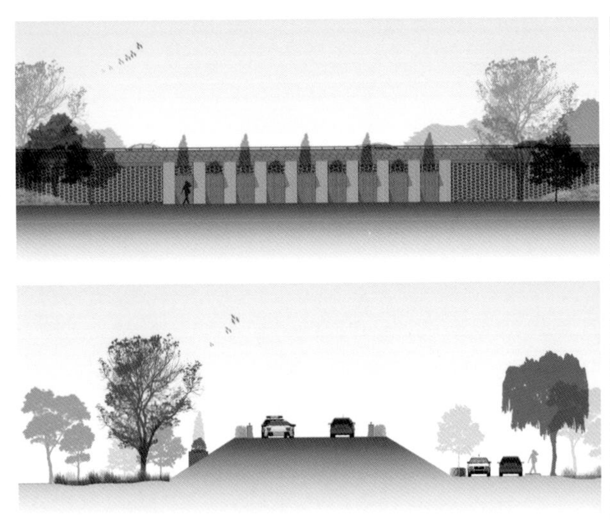

护坡设计

21.8 种植设计

21.8.1 规划设计理念

设计坚持以人为本、人与自然和谐相处的原则，以生态学、园林学、规划学的理论为指导，结合地形、水岸合理布置层次化的植被，以提升园区的亲和力与区域空间的使用效率。

21.8.2 生态与景观

以自然、整洁的景观，科学、生态的技术，将公园式景观、步行空间景观，庭院式景观的格局融入其中，营建现代化的“人与自然和谐共处”的景观格局，规划以植物造景为主，坚持生态效益优先，在追求景观最大化的条件下，保障人们在良好的生态环境中的安全和舒适。

21.8.3 生长和色彩

以营造适地生态绿地结构为目标，在适地适树原则的基础上，充分利用地形、河岸、水系递变的环境，因地制宜创造多样化的立体植物景观。通过绿地植被结构的多样性，保护和提高生物系统的多样性。以乡土植物为主要种植题材，采用背景树、骨架树、景观林、花境草甸、水生花卉等形式。植物品种多样化的同时以先锋树为背景树，中慢生乔木为骨架，辅之以小乔木、灌木、草木、水生植物，因地制宜地进行理水造坡种植造景，种植环境从水生到岸坡过渡，充分发挥植物四季的变化，色彩形态的互映。

营建舒适健康的生态环境，创造丰富多彩的植物群落，以达到植物与植物之间、植物与其他生物之间、生物与环境之间关系和谐、系统稳定、功能高效的目的。以开发绿地特有的彩色植被为亮点，发展适地的季相植物，形成规模化的彩色林与四季花境。设计不同主题的花园序列，结构上由紧凑至松散转变，色彩由深到浅过渡，规则式和自然式交替，形成特色花园与浓郁的绿网相互交织的构架，充分发挥世博园的综合生态效益，形成多功能符合结构的绿化网格。

呼应与和谐景观的自然化、风格化和个性化，从硬质到软质的过渡中，寻求动与静的变化，最大限度地柔化、美化园区的空间。以编织手法，将不同色块穿插，与整体的景观设计融合，植物结合地形形成“波浪”与整体景观相呼应。 以城市与地域特有的民族风的生活内涵，通过景观寓教于乐的表达，从建筑到小品体现现代与传统的呼应，形成植物与建筑、环境、水岸的结合文化，柔和的绿化体系，使人的思绪与自然般的环境间有着和谐的传达。

22　台湾高铁嘉义站景观设计

◎ 台湾老圃造园工程股份有限公司

22.1　引言

嘉义地处台湾南部，为嘉南平原文化及农业之重要枢纽。自古人文荟萃，是许多文人雅士聚集的地方，城市东侧紧邻中央山脉。著名的阿里山风景特定区，是台湾颇具盛名的景点，阿里山之“日出、云海”与日月潭湖光山色齐名，所以在着手进行设计之初，便希望以当地之“人文”特色与地方之“景观”特色，作为高速铁路嘉义站的景观设计构想，表现地方独特色彩。

22.2　基地说明

本基地地势平坦，原为农业用地，种植甘蔗，基地规划后，车站将站前广场作为景观主体向外扩展，周边景观皆为功能性空间，如停车场、候车亭、乘客等待空间或人行道，以实际功能性空间为主，故实际可进行的绿化范围有限。因此，设计除了着眼于车行及人行空间之方便及舒适性外，希望广场设计及其他艺术品部分，应赋予当地的人文特色。

22.3　景观设计构想

22.3.1　主题特色一：阿里山“日出、云海”

嘉义古称诸罗，远在明朝时期，就成为汉人屯垦的地区。到了康熙末年时，原来是平埔族猎鹿的嘉义平原大致已经开拓。乾隆时期，嘉义地区的汉人遂逐渐进入阿里山山区拓垦，和邹族人发生接触，早年阿里山因狩猎闻名，猎人进入宝山总能满载而归，原住民依族长之名将此山奉为英雄之山。日据时代，因丰富的林业资源，进行开垦建造铁路。虽然林务事业渐渐没落，但因为风景优美，每年观光客络绎不绝，闻名于世历久不衰，尤其以阿里山日出、神木及观光铁路最为出名。广场铺面主体便以阿里山日出、云海的意象，作为景观设计的主题。

22.3.2　主题特色二：人文资产“交趾烧”

嘉义地区人文色彩浓厚，文化遗产方面，首推叶王交趾烧。交趾文化于清代引入，在台湾生根发展至成熟，交趾陶用于庙宇或宗祠装饰，内容叙述忠孝节义的历史典故，叶王于台湾早期交趾艺术及技术上有长足的贡献，其作品更分布于全台各地。嘉义是交趾陶的故乡，日本人甚至称之为“嘉义烧”，所有艺师都在嘉义学艺。叶王作品参加世界博览会，技惊各国，堪称国宝级作品。

本景观设计，亦将此独具特色之元素运用于入口大门之装置艺术上，并提供交趾陶造型墙，将嘉义地区新创作的艺术作品，提供不定时的动态展示空间，创造嘉义高铁站多样化的景观面貌，此造型框架除了提供艺术展示以外，亦提供格栅供爬藤植物攀爬，形成立体绿墙，在原有大型广场前提供有限的绿化空间，只可惜此一构想因经费不足，尚未实现，只是先将空间留设出来等待日后再行施工完成。

22.4　植栽设计原则

站体主要道路两侧种植行道树，延续铺面设计“日出”的设计概念，选择台湾原生树种——台湾栾树为主

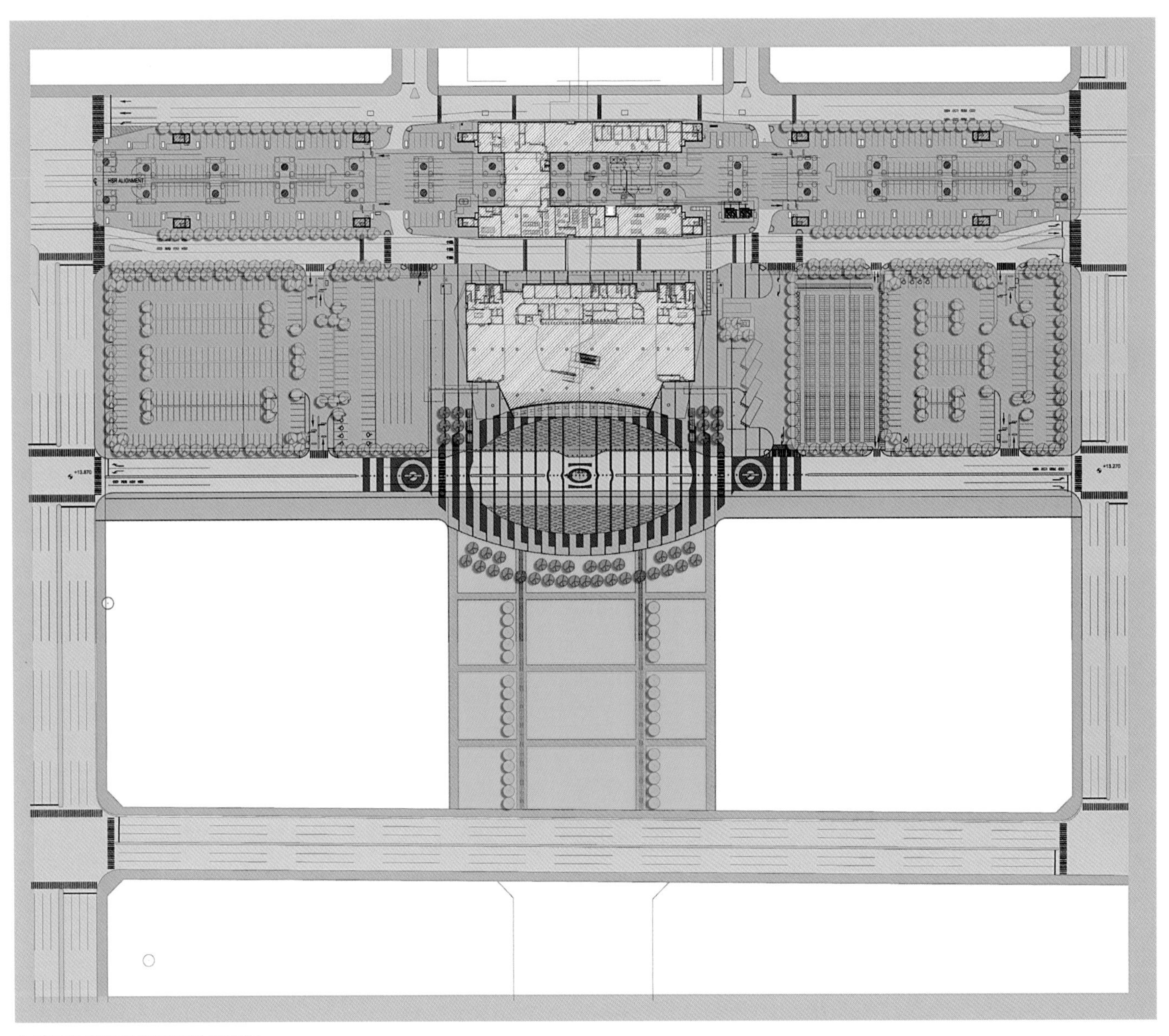

台湾高铁嘉义站景观设计平面图

树，取其秋天花色由黄转红的特性，象征日出光影一般的炫耀光彩，其他停车场及外围人行空间以雨豆树为主，雨豆树花期甚长，由春天至秋天，花期与台湾栾树相连接，灌木类以不同品系之常绿朱槿类为主，亦是花期长而颜色多样之植物，与乔木相互辉映，表现此站体区花团锦簇的丰富林相，站体两侧种植高耸笔直的大叶桃花心木，象征阿里山的另一特色——“神木”，期望“日出”及“神木”两大特色在广场区能相互呼应，南侧以大片草坪为主，与未来都市计划商场用地连接，提供不同功能的场所目标使用。

站体主要道路两侧行道树绿化

南侧绿地景观

22.5 铺面及街道家具设计

广场范围提供多样的活动空间及步行空间，故在有限的范围内，将道路也纳入景观空间设计范围内。将道路两侧整合成大片广场，并且以阿里山日出当作此设计的主题，仿真“日出、云海”的意象，以水平分割表现朝阳从云层脱出的灿烂色彩，材质以窑烧彩色止滑地砖，取其多色彩及止滑耐磨性佳之安全功能，车道及广场周围以花岗块石及6cm厚高压水泥砖，可承受一般道路之车行荷重。水平分割图案亦巧妙解决车道分割及人行斑马线划设问题，使整体铺面设计不至于因为油漆烧制而破坏，其他街道家具如车阻设计，亦是以阿里山之意象为原型，设计成简约的锥形体，LOGO设计亦延续此一特色。

站前广场景观

站前广场景观

夜间照明景观

站前广场景观

夜间照明景观

22.6 夜间照明设计

夜间照明的设计分为气氛照明及功能性照明，气氛性照明以地底LED灯为主，强调广场周边，尤其是条状铺面的秩序性，并且以地底灯区隔车道与广场的界线，大叶桃花心木的高耸气氛，也以投射灯呈现古木参天之意象；功能性照明部分，依据不同区域，以时间控制器控制不同时段之空间氛围，分为节庆照明、气氛照明及基本照明，并依照使用频率及需要照度，提供独特及节能的夜间照明效果，庭院灯、树底投射灯及人行高灯则以目视防眩光设计为主要选择机能考量，期望提供舒适的人行夜间环境，停车场照明则考量安全及功能性，提供高效率及节能照明。

23　台湾高铁台南站景观设计

◎ 台湾老圃造园工程股份有限公司

23.1　引言

本站位于台南县归仁乡，台南自古即为台湾发展历史的重要城市，浓厚的历史人文风味、各具特色的民间风俗及生态资源等等，皆是本案设计上重要元素。

23.2　设计构想

因地处历史文化悠久的台南县，在建筑体上以充满人文精神及绿色思维为概念，车站内部以树枝状矗立之室内露明结构柱列，延伸室外之自然景观，提供自然、科技、人文整合之新世纪园林景观；减少建筑外壳耗能，应用挑檐、复层玻璃及百叶等设计元素，呼应嘉南平原的气候特色；采用符合环保精神可回收再利用的外壳与结构建材；通过开窗设计适度达成室内自然通风，以符合绿建筑设计精神。

在户外的景观设计构想上亦以台南历史意象为主，着重于对台南古城意象的转化应用及荟萃之人文历史背景之反映；以造型墙及水景作为广场景观设计之焦点元素，转化台南安平渔港及古城墙之空间形象，缅怀先人拓垦之筚路蓝缕，并以类似的建筑框架共同标志嘉南平原之地域特色；利用草地与铺面交错，编织古城都市空间纹理，反映台南古城旧街之古朴景观风貌，赋予广场之历史导览意义；在空间形式、材质或公共艺术设置上，宜用台南当地代表性文化象征性元素转化的手法，适度传达传统与现代并存之多样化都市面貌，以期能赋予站区独特之空间自明性及地域性格。

23.3　站前广场

站前广场由草坪、PC 地坪、混凝土预铸砖及花岗石砖交织活泼搭配，塑造自然、透水性良好及人潮集聚之硬铺面之广场空间；以 PC 地坪搭配透水性材质，塑造排水良好实用性价之停车场地坪；站前大尺度广场铺面适度增加植栽，人行步道创造为绿色轴带，有绿色隧道之林荫感，并于沿街人行步道及林荫道两侧设置座椅，灯具及指针等街道家具，另配合景观家具、铺面计划，以水池、草地及增加植栽处理，在东西向的主要人行通廊列植高枝优形且穿越性好的树种，创造绿色隧道之感觉。

站区广场配合整体计划将开放空间做有层次之串联安排，以延续南北向公园绿地及东西向绿色轴线；并配合广场活动内容及空间属性，设置供旅客休憩之座椅、导览设施及夜间照明灯具等设施。于水池端点设置了别具台南当地风味的彩印陶砖，以当地最负盛名的人文历史文化或地方风俗，及自然生态资源，再次导引出台南站的地区特色。

植栽选用原则上广场以树干直立、高分枝之群树植栽搭配地景草坪为主，并搭配季节变化，配置优质树种及植栽；人行廊道上列植开展型之遮阴树种；于候车区配置常绿、遮阴效果佳，树姿优美、耐旱之树种为主；停车场则以具季节变化性、耐旱、低维护管理、生长强健之树种为主；边界植栽藉枝叶较浓密之树种以列植或复层自然植栽方式种植。

造型墙围绕主要庭园，犹如台南古城守护着这里的人民一般，只是设计时以不等高度表现，希望展现透视

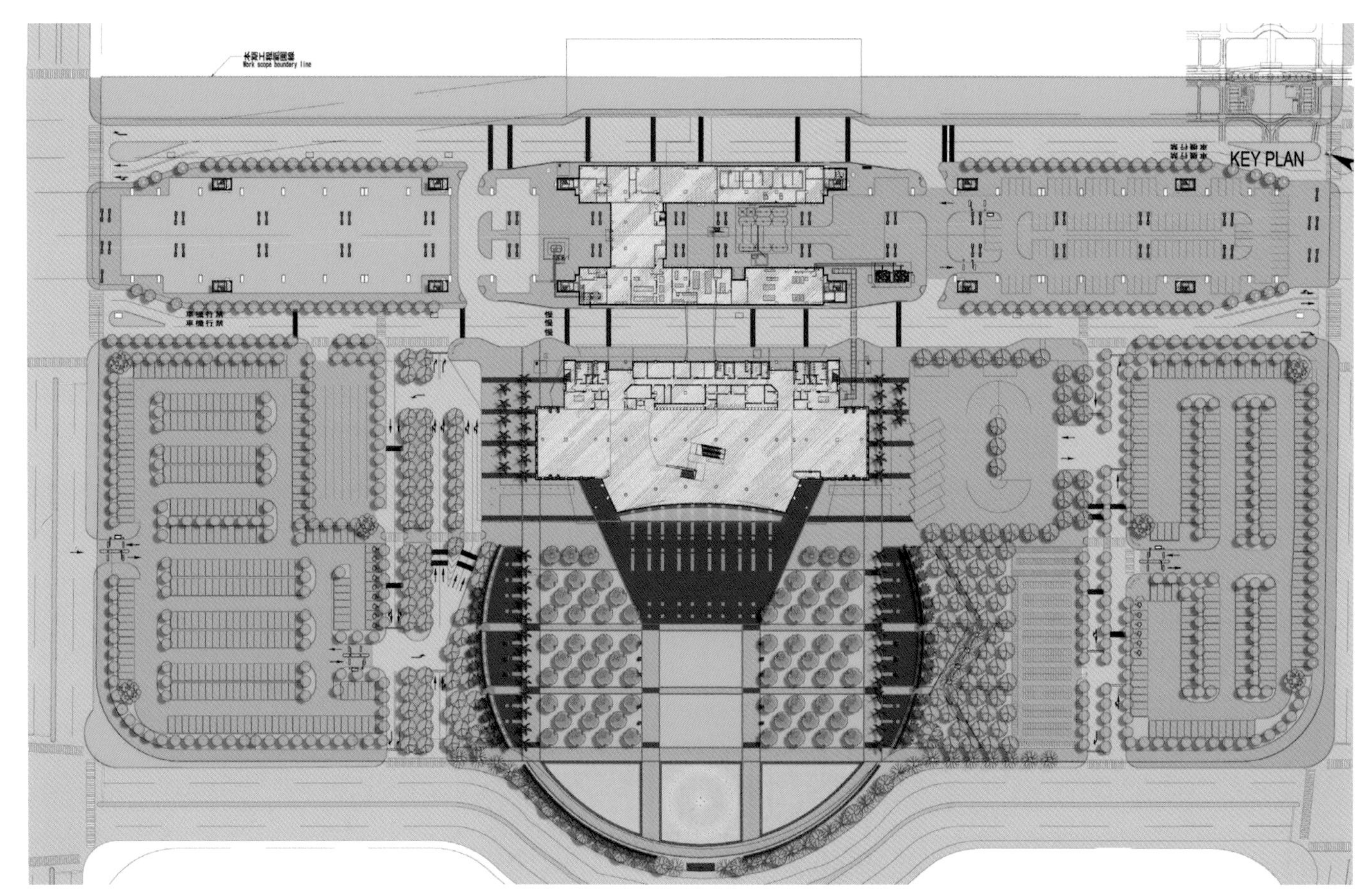

高铁台南站景观设计平面图

站区广场景观

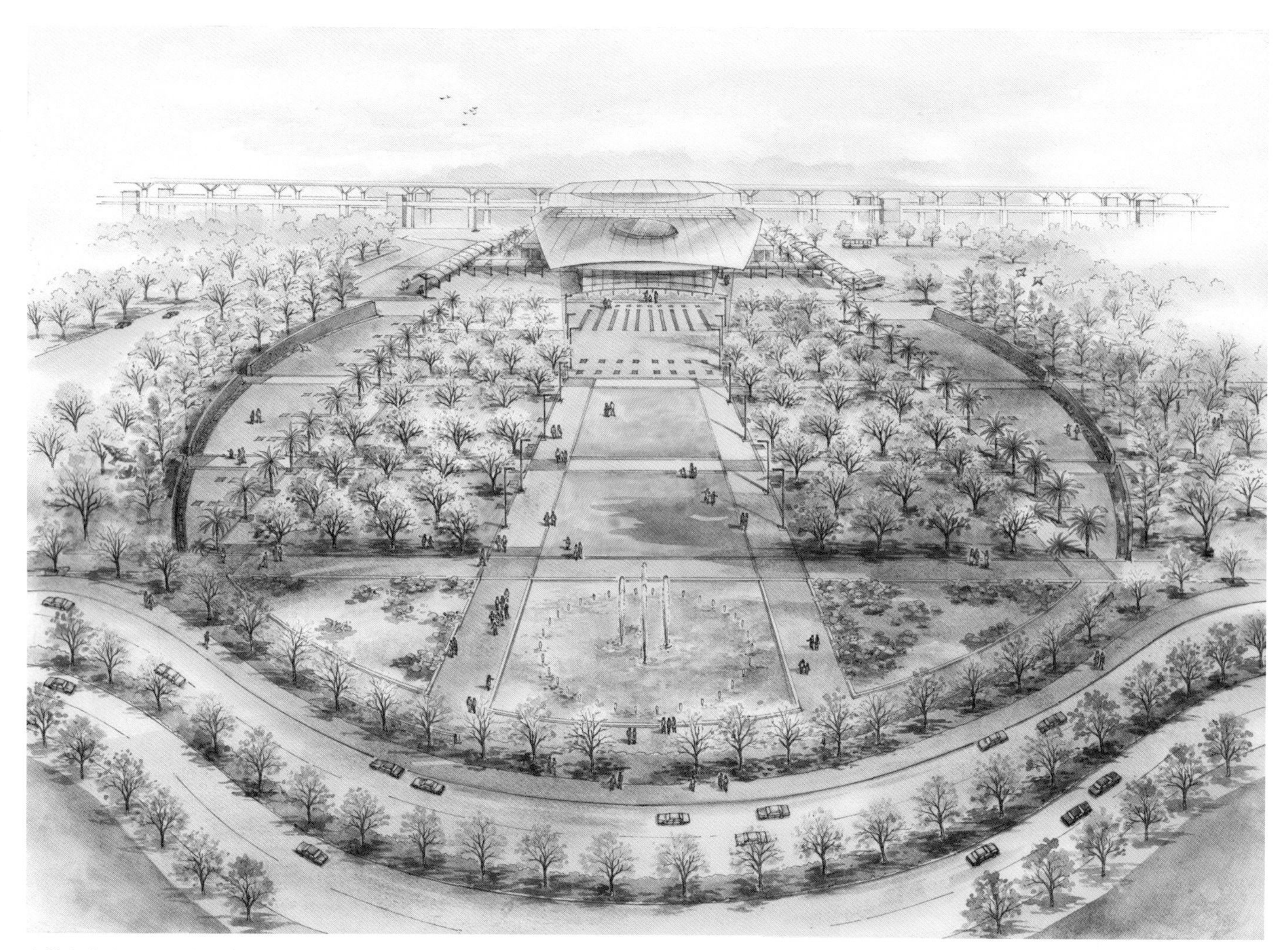

高铁台南站景观设计鸟瞰图

型的意象，也不希望因为围墙过高增加空间的压迫感。另外，墙上的装饰物以台南孔庙特有的乳钉作为装饰，乳钉为清制官设之象征，亦是象征“全台首学”之正统精神。

站前水景设计分为喷泉区及荷花池区，由于两者之水循环及过滤系统有不同之需求，前者强调干净低杂质之水质，须以机械加药过滤，以避免树叶泥土堵塞喷头，后者则强调生态水质，必须以生化过滤系统维持其有氧及有机水质，以维持荷花池之永续管理。另外，主喷头向上喷高 10m，为免强风吹出水池外，影响行人之舒适感，装设风速传感器，依不同风速调整水柱高度，并且控制喷泉喷出时间，使水景亦成为整点之地标景观。

夜间照明的设计将强调城墙及水景的质感，呈现古意之质感，并且依据分不同区域，以时间控制器控制不同时段之空间氛围，希望营造独特的夜间照明效果，远景区如造型墙以间接照明强调洗墙效果，其他如树底投射灯及人行高灯则以防眩光设计为主之灯具，提供舒适的人行夜间环境。于广场照明上呈现出纪念性及休闲性兼具的照明特色，以提供安全之夜间照明为目的；停车场照明则考量安全及使用功能性，提供高效率及节能照明。

23.4 公交转运站

配置候车亭、导览设施及休憩座椅等设施，造型、材质及色彩呼应站体建筑造型，以简洁、金属材质为主，搭配暖色系色彩。候车亭为太阳膜结构，强调台湾南部热带的氛围，也在夜间提供特殊的夜间照明效果。

室外喷泉景观

站区广场植栽景观设计

夜间照明景观

站区广场造型墙景观

造型墙墙上的装饰物以台南孔庙特有的乳钉作为装饰

图书在版编目（CIP）数据

生态网络：绿道景观规划设计 / 么永生，黄生贵，吕明伟主编. 北京：中国建筑工业出版社，2017.11
（新城镇田园主义　重构城乡中国丛书）
ISBN 978-7-112-21307-8

Ⅰ.①生…　Ⅱ.①么…②黄…③吕…　Ⅲ.①城市道路－景观设计 ②公路景观－景观设计　Ⅳ.①TU984.11

中国版本图书馆CIP数据核字（2017）第245138号

责任编辑：杜　洁　李玲洁
责任校对：芦欣甜

新城镇田园主义　重构城乡中国丛书
生态网络：绿道景观规划设计
么永生　黄生贵　吕明伟　主编
*
中国建筑工业出版社出版、发行（北京海淀三里河路9号）
各地新华书店、建筑书店经销
北京富诚彩色印刷有限公司印刷
*
开本：889×1194 毫米　1/20　印张：$10\frac{4}{5}$　字数：373 千字
2018 年 1 月第一版　2018 年 1 月第一次印刷
定价：95.00 元
ISBN 978-7-112-21307-8
（30900）